环境心理学

主 编 张 媛

副主编 刘登攀

陕西师范大学出版总社

图书代号　JC15N0164

图书在版编目(CIP)数据

环境心理学／张媛主编. —西安：陕西师范大学
出版总社有限公司，2015.3
　　ISBN 978-7-5613-8062-8

　　Ⅰ.①环…　Ⅱ.①张…　Ⅲ.①环境心理学
Ⅳ.①B845.6

中国版本图书馆 CIP 数据核字(2015)第 026139 号

环 境 心 理 学
HUANJING XINLIXUE
张　媛　主编

责任编辑	古　洁　高　歌	
责任校对	郑若萍	
封面设计	鼎新设计	
出版发行	陕西师范大学出版总社	
	（西安市长安南路 199 号　邮编 710062）	
网　　址	http://www.snupg.com	
经　　销	新华书店	
印　　刷	陕西金德佳印务有限公司	
开　　本	787 mm×960 mm　1/16	
印　　张	18.75	
字　　数	259 千	
版　　次	2015 年 3 月第 1 版	
印　　次	2015 年 3 月第 1 次印刷	
书　　号	ISBN 978-7-5613-8062-8	
定　　价	39.00 元	

读者购书、书店添货如发现印刷装订问题，请与本社高教出版分社联系调换。
电　话:(029)85303622(传真)　85307826

前　言

环境心理学于 20 世纪 60 年代初在北美兴起，是一门应用性较强的课程。纵观环境心理学发展脉络，其研究主题随时代发展而发生变化。20 世纪 60 年代末到 70 年代初心理学家关注环境污染和治理等问题；80 年代后随着能源和技术等对人们生活的影响加剧，心理学的关注点随之转变；此后由于国际范围内的频繁交往以及地区冲突的加剧，环境、犯罪、文化等方面的研究成了新的研究主题。环境心理学思潮的兴起标志着心理学研究视域的转换和对生态文明心理层面的解读。

呈现在读者面前的这本《环境心理学》，是长期从事于一线教学的教师集体智慧的结晶，也是个人辛勤努力的成果。本书结合当前环境心理学研究的主要方向，从三大部分十一个主题入手对环境心理学的内容进行了较为系统的阐述，并将一些新的研究内容和取向融入本书中。本书是陕西师范大学校级教材建设项目的主要成果，参与本书调研和编写的学校有陕西师范大学、西安政治学院、西安建筑科技大学等。各章撰稿人分别是：第一章，张媛；第二章，王平；第三章，张宇；第四章，刘登攀、董薇；第五章，李瑛；第六章，郭晶晶；第七章，刘登攀、贾宁；第八章，戴琨；第九章，杜鹃；第十章，张媛、王小娇；第十一章，晏碧华。本书由张媛拟定编写提纲并统编定稿，刘登攀承担了第三章、第五章、第六章、第八章和第九章的统稿工作。

本书在撰写过程中，借鉴吸纳了中外许多心理学家和同行的思想观点及研究成果，有些已经在书中注明，书后还列出了参考文献，在这里一并致谢。

限于我们的视野和水平，书中难免有不少舛误之处，诚望读者批评指正。

编　者

2014 年 11 月

目　录

第一编　环境心理学导论

第二编　环境问题与心理行为

第三编　环境—行为问题及对策

第一编 环境心理学导论

第一章 环境心理学：人类与自然和谐相处的探索之门

学习目标

1. 准确理解环境心理学的含义和学科特点，了解环境心理学的主要研究内容。

2. 完整理解研究环境心理学的意义。

3. 掌握环境心理学的发展历程及新动向。

引言

在环境问题日益凸显的年代，人与自然如何和平共处、平衡发展成为当今最为紧迫的问题。其实在生活中很多地方都存留着人与环境相互影响、相互作用的痕迹，而我们人类也在为人与自然之间的平衡努力着。

例如，世界文化遗产保护组织正在做的工作——对人与环境之间问题的思考可以体现在世界文化遗产标志之中。

> **知识链接**
>
> **世界文化遗产标志的含义**
>
> 它是珍贵的，像中国的古铜钱，但比钱还要珍贵；它是世界的，如同地球是圆的，属于全人类；它需要保护，像双手合十在认真地呵护；手下是打开的，说明它可以对全世界开放。

又如,我们在银行等涉及个人隐私的公共场所排队时,经常会看到"请在黄线外排队"字样,一般情况下,黄线与柜台距离为一米,我们称之为一米黄线。这是心理学应用在我们生活环境中的一个范例,也属于环境心理学的范畴。一米外是给予当事人充分的个人空间,不仅保护了个人隐私,从心理学角度来讲,也是帮助当事人在公共场所建立充分安全感的一种有效方式。

由此可见,环境是我们生活中不可分割的一部分,如何能够与环境和谐相处,怎么样在人类与环境斗争的过程中寻找彼此之间的平衡点,是需要我们好好研究的课题。而这一切都可以通过环境心理学找到方向。

第一节 环境心理学研究的是什么

环境心理学是一门新兴学科,是基于心理学和其他学科产生的交叉学科,是社会科学与自然科学的结合,是建筑环境学和应用心理学的结合,是关注人与环境相互作用和相互关系的学科。它根植于心理学的一些基本原理,通过研究在不同社会文化和环境下人们的心理活动规律,从而寻求人与环境相互适应的可持续模式。在环境心理学中的一个核心命题就是环境。那么,到底什么是环境呢? 环境心理学的研究内容又是什么? 在此,我们对环境心理学进行一个系统而简要的介绍。

一、环境心理学的概念

(一)环境的定义

传统的环境是指作用于一个生物体或生态群落上,并最终决定其形态和生存的物理、化学和生物等因素的综合体。环境心理学是研究环境与人的心理和行为之间关系的一个应用社会心理学领域,又称人类生态学或生态心理学。因此,环境心理学中所指的环境虽然也包括社会环境,但主要是指物理环境,包括噪声、拥挤、空气质量、温度、建筑设计、个人空间等。

环境科学考察的是人类环境,即以人为事物主体的外部世界,它是以人为中心的充满各种生命体和无生命体的空间,是人类赖以生存、发展、从事生产和生活的外部客观世界。人类环境划分为自然环境和社会环境两种:自然环境是指我们周围自然界中各种自然因素的综合,包括生物和非生物两大部分,是人类和其他一切生命体存在和发展的物质基础,对人的心理也会产生直接或间接的影响;社会环境是指人们所在的社会经济基础和上层建筑的总体,包括社会的经济发展水平、生产关系及相应的政治、宗教、文化、教育、法律、艺术、哲学等,对个体的活动起着调节作用。自然环境和社会环境既有区别又有联系:自然环境是社会环境的基础,它影响和制约着社会环境;社会环境又作用于自然环境,在一定程度上给自然环境"立法"。

在人与环境的关系中,人通过行为接近环境、觉察环境,从环境中得到关于行为意义的信息,并运用这些信息来决定行为方式,进而根据行为的实施来确定与环境的理想关系。环境心理学就是用心理学的方法来研究人与环境之间的这种关系,然而,对于环境心理学中"环境"的内涵,不同学科、专业的学者从各自学科概念出发展开了激烈的讨论。由表1-1可以看出,环境的概念逐渐变得既抽象又具有功能性,心理学家强调的是引起心理反应的刺激特性,关心的是形成人的知觉过程的心理学模式。生态学家认为心理环境以外的环境因素属于生态学领域,人们由自然环境引起行为的根源,行为具有随时间而连续变化的特征(行为的流动性)。[①]由此可以看出,在心理学意义上,环境具有两个特性。

表1-1　环境心理学中"环境"内涵的学说[②]

代表人物或流派	学说要点	内涵
早期行为主义理论学者	环境的各个特性独立于环境所包围的行为有机体的特性而存在;行为是外界的物理环境和内在的生理环境中所发生的连锁生理反射,而在环境中发生的物理的、生理的变化和有机体的行为,则要根据时间的接近原理而结合成稳定状态(刺激—反应学说)	强调物理特性
格式塔学派考夫卡(1935)	地理环境以人的经验为媒介,为人们提供行为环境,人的行为发生于行为环境中	强调现象的性质

①　江红,陶宏:《"环境心理学"中几个问题的探讨》,载《山东环境》2001年第1期,第23—25页。

②　参见[日]相马一郎,佐古顺彦:《环境心理学》,周畅,李曼曼译,中国建筑工业出版社,1986年,第20—24页。

续表

代表人物或流派	学说要点	内涵
勒温（1943） （psychological ecology）	人的行为是由于生活空间（包括涉及人行为的一切因素，并由过去、现在、将来、现实、非现实的因素组成）内各个领域间的相互作用而产生的	强调环境的功能
霍尔	与行为有机体的要求有关的不均匀状态，使行为有机体发生运动，从而与环境连接起来。若其对环境而进行的行为能够得到理想的结果，可以降低与其要求有关的不均匀状态，使有机体的行为效率提高 （"要求降低"学说及"强化"原理）	强调环境知觉性
艾穆兹	人的知觉世界是物理和行为有机体二者相互依存的活动和相互作用的产物	强调相互作用
巴克（1956） （ecological psychology）	以包括物理事物和实体二者在内的"人的社会集合"作为围绕着人的环境；人的环境是行为场所的集合	勒温"生活空间"的发展
西蒙（1969）	环境是与有机体的感觉器官、要求、活动相依存的，并将它称作有机体的生活空间；有机体在生活空间中总是朝着自己认定的目标前进	强调有机体的生活空间是由很多路线的分支体系组成，分支点是行动的选择点

第一，环境始终是和行为联系在一起进行考虑的。最早使用与现代环境心理学中环境概念相近的人是格式塔心理学家勒温（K. Lewin），他在 20 世纪 40 年代提出个体的行为决定于人格和环境之间的交互作用，认为行为（B）是由人格（P）和环境（E）决定的，即行为是人格与环境的函数 $B = f(P, E)$。勒温所使用的环境尽管大多涉及社会环境，但也具有自然环境的含义，在某种意义上可以说是指整个环境，而不是从环境背景中提取的孤立因子，因此它对后来环境心理学家使用环境概念有很大的启发作用。到了 20 世纪 50 年代，巴克（R. G. Barker）提出人类的环境就是物理环境和行为有机体二者之间的"人的社会集合"。1969 年，西蒙（H. A. Simon）指出环境就是有机体的生活空间，是与有机体的感觉器官、要求和活动相互依存的。

第二，心理学家把环境当作一个整体看待，强调环境和行为的相互影响，即行为和产生行为的前后环境之间的关系。在环境心理学的研究领域中，环境和行为始终联系在一起，两者彼此影响，不可分割。

(二)环境心理学的界定

环境心理学兴起于20世纪60年代，70年代开始逐渐形成一门相对独立的学科。起初心理学界认为环境心理学很难用确切的定义解释清楚，只能简单地解释为环境心理学家所研究的内容。后来认为环境心理学是研究行为与构造和自然环境之间的相互联系，研究物理环境和人类行为及经验之间的相互关系，关注人与环境相互作用和相互关系的学科。它更多地强调物理环境，还特别强调主体与环境作用的相互性———一方面强调人们怎样受环境影响，另一方面也关注人类对环境的影响和反应。

1978年，贝尔(P. A. Bell)等人在《环境心理学》一书中为环境心理学给出一个确切的定义：环境心理学是对行为与构造和自然环境之间的相互关系进行研究的科学。直至1990年，普罗夏斯基(H. M. Proshansky)进一步提出环境心理学的概念，认为环境心理学是一门研究人和他们所处环境之间的相互作用和关系的学科。

总的来说，虽然学者们对环境心理学的概念有不同的见解，但是从中可以看出，环境心理学的任务就是从客观方面和主观方面去研究环境和心理之间的关系，既研究环境问题下人的心理、行为现象，也研究动物的心理、行为现象，既研究个体的心理、行为现象，也研究群体的心理、行为现象，是通过对行为的观察和分析，客观地研究环境问题下心理的发生发展规律，并研究行为和心理的相互关系以及它们对环境的反馈作用。

二、环境心理学的学科特点

环境心理学是用心理学的方法探讨人与各种环境关系和行为的一门学科。环境心理学的出现，既是多门古老学科的综合发展、相互渗透的结果，又是时代要求的产物。这样一个特殊的时代和学科环境，使环境心理学具有以下几个特征：

1.环境心理学将环境—行为及其关系作为一个单元整体来研究，强调环境和行为是一个整体，而不是把它们区分开来作为两个独立的成分研究。一方面，环境影响和限制人的行为，另一方面人的行为又可以改变环境。

2.环境心理学的研究以问题为指向。不仅要寻求问题的解决,也要力求寻找问题背后的规律性,建立起理解相似问题的理论框架;环境心理学可以用于改变人类行为、保护生存环境以及设计合理环境适应人类行为。在这个问题上,要求采取折中的态度,不能一味地适应环境,也不能一味地改变环境。

3.环境心理学是一门交叉学科,是一个综合的、跨学科的领域。它涉及人类对环境的感知、评价,自然环境、人工环境和环境污染对人行为的影响等方面;涉及自然环境的管理与规划、建筑设计、城市规划、环境意识及环境教育等学科领域。环境心理学的背景多种多样,但其研究成员主体还是社会心理学家。环境心理学与社会心理学是密切联系的,社会心理学理论可以解释很多环境心理学问题。

4.从方法学的角度来说,环境心理学家采用综合、折中的方法,而且环境心理学研究的自变量,往往是其他学科研究中需要控制和消除的"环境",因此,研究方法除常规的程序外,还有些特别之处。

三、环境心理学的研究内容

环境心理学主要研究自然环境、人工环境、环境污染与人类行为之间的关系。环境心理学的早期研究主要是人为环境,如建筑物和城市,对人的心理行为的影响,特别是建筑物导致的拥挤。近年来,学者们对环境心理学的研究范围进行了扩展,开始关注有关自然环境对人的影响的研究。从目前环境心理学的发展来看,环境心理学的研究内容主要集中在以下六个方面:

1.环境认知。对环境的知觉和认识,包括环境信息的获得、对潜在环境的知觉、影响环境知觉的因素、认知地图、城市和建筑物的表象以及环境与保护等。

2.环境压力。研究紧张环境引起的心理变化,环境危害和自然灾害,个体对环境压力的反应,极端环境的形式与表现,减轻环境紧张和压力的策略。

3.个人空间和领域性。研究个人空间的形式、功能和测量,人与人之间的距离,影响个人空间的因素,个人空间的使用与侵犯,领域性的控制与组织,动物、人类的领域行为。

4.密度、拥挤和环境类型。研究密度和拥挤感的关系,高密度对动物和人类的影响,拥挤感的不同体验以及如何减少拥挤,人类的环境类型,不同的自然环境、工作环境、学习环境和居住环境对个体心理和行为的影响。

5.空间行为。研究空间行为和环境的易识别性,空间的生气感和舒适感,空间的秘密性和公共性,空间的使用方式,特别是建筑和布局方式对个体人际关系与交往方式等的影响。

6.环境问题与行为对策。研究行为技术干预环境的问题,环境对人类健康的影响,环境概念和活动的个体差异性。

四、环境心理学的重要研究领域

当代环境心理学的研究热点集中在新形势下出现的新环境条件和因素上,如城市化进程不断推进、电子信息技术广泛渗透、社会人口日益老龄化等对人的心理和行为造成的影响。[①] 互联网环境心理学研究、社区环境心理学研究等专门领域越来越引起环境心理学家的兴趣。

1.互联网环境心理学研究

人们形容信息科学领域在20世纪后20年发生了两次科技革命:一次是"台式计算机革命",80年代以后台式计算机开始普及,并大量进入人们的办公室、家庭及教育、商业机构等等;另一次就是90年代的"互联网革命"。随着数字通讯技术的进步,互联网及相关设施应运而生。这两次革命的间隔时间虽然短暂,却以前所未有的速度席卷全球,对人类社会产生了巨大的影响,深刻改变了人们的生产和生活方式。当今社会中,互联网无处不在,人们再也不会问"互联网是否会改变我们的生活",而是问"互联网将如何改变我们的生活"。

尽管互联网实现了地理意义上的远程信息资源交流,提供了电子虚拟空间,但也带来了人与环境互动的生态关系的变化。互联网环境心理是当今环境心理学发展的一个热点,许多心理学家对互联网时代环境和行为的理论问题与实证研究表现出极大的兴趣。互联网对人们生活的渗透,既给环境心理学家带来全新的研究课题,又使得环境心理学家重新审视传统理论,不少传统理论面临冲击,甚至被颠覆。

---

① Bronfenbrenner, Urie, *Making Human Beings Human : Bioecological Perspectives on Human Development*. Thousand Oaks : SAGE Publications, 2005.

2. 社区环境心理学研究

现代社会人们追求有质量的生活,而科学、健康、合理的居住环境是追求有质量的生活的重要前提。人们要求社区居住、生活和休闲等场所的环境设计、规划和运行体现以人为本,社区休闲设施能够缓解和释放居民生活压力,社区健康保障与医疗机构能够预防和诊治居民身心疾病,社区房屋建筑能够照顾和保护居民生活隐私,全面提高公众居住水平和利于身心健康。[①] 人们越来越注意到发展更全面的针对社区规划和改善健康的环境心理学研究的重要性,可以说这方面的研究工作将成为未来几十年环境心理学的主流任务。

社区环境心理学研究出现的新趋势,是情景化的理论和方法论取向会得以加强,采用更综合性的跨多重环境和人群的研究形式,解释多重背景和年龄团体间的相互依赖。面对社会老龄化的趋势和老年人比青年人更多地承受慢性疾病和身体衰弱的事实,对老年人健康的生活环境的设计在未来研究方向中显得更为重要。社区环境心理学研究除了关注在特定地点个体的行为,更关注团体与社区环境全方位、多区域、跨时间的互动关系。环境心理学家希望把建立在理论基础上的行为—环境互动的研究成果应用于社区干预策略的制定、实施以及社区问题的解决。

对于社区居住环境的规划和设计,从社区环境心理学的角度出发,有一系列的因素需要重点考虑。社区居民健康也是社区环境心理学关注的一个重要课题。现在人们普遍追求科学健康的生活理念,要求高质量的社区健康保障与服务,这就需要心理学家创造性地整合环境心理学与健康心理学的概念、理论和方法,将环境心理学中人与环境的科学生态观融入健康心理学关于健康与疾病同行为和心理相关联的理论之中,让人们更关注环境的因素,如地理的、建筑的、技术的因素和社会文化对健康状况的影响,将积极"主动干预"的预防策略和"被动干预"的治疗策略有效地结合起来,从而最终致力于发展出居住、生活和休闲等方面全面健康的社区体系。[②]

---

① Robert J. Calsyn & Joel P. Winter, "Social support, psychiatric symptoms, and housing: A causal analysis," in *Journal of Community Psychology*, Vol. 30, No. 3(2002), pp. 247-259.

② Darrin Hodgetts, Bruce Bolam & Christine Stephens, "Mediation and the construction of contemporary understandings of health and lifestyle," in *Journal of Health Psychology*, Vol. 10, No. 1(2005), pp. 123-136.

3. 休闲环境心理学研究

休闲是一个重要的社会问题，也是生活质量中的一个积极因素，与人们的生活息息相关。休闲作为见证社会变化的一个载体和象征，已经成为社会发展和文化生活中的重要议题。[①] 任何社会类型中的人们都不可能脱离休闲而生活，只是因为各自时代发展水平的不同，人们休闲的思想、方式和程度才呈现出明显的差异。休闲不仅对人们的身心健康、工作与学习效率、家庭和谐与幸福大有裨益，而且对整个社会的经济、文化和政治发展有着深远影响。

在现代社会，生活节奏加快、竞争加剧、知识更新加速，人们致力于通过从事的工作，也通过他们的休闲来追求个人成长和自我实现，休闲越来越成为个体自我同一性中的重要组成部分。人们前所未有地表现出对健全人格的追求、对个性生活的崇尚、对自我实现的渴望。人们对休闲的认识日益成熟，越来越重视休闲在生活中的重要作用，人们比以往享受和利用更多的休闲机会，要求接受更高质量的休闲服务，同时更加普遍认同休闲体验的丰富性，尊重休闲形式、选择、场合以及时间的多元化。[②]

社会的深刻变革使休闲研究的具体问题凸显出明显的时代性。比如，从工作、家庭与休闲的角度看，传统工作模式的动摇、结构性失业的来临、家庭结构和规模的变化、女性受教育程度的提高及其大量进入劳动力市场，都需要我们重新考虑工作与休闲、家庭与休闲、经济收入与休闲、性别与休闲等种种问题；从文化、卫生与休闲的角度看，日益增多的国际、区域性文化交流，迅捷的文化信息传递，健康生活理念与方式的普及，生命周期的延长，特殊群体的权益保护等都将作为影响休闲的重要社会背景，推进人们对休闲的全面理解；从环境、生态与休闲的角度看，工业社会带来的环境污染、能源危机以及人口膨胀，使得我们需要认真考虑休闲资源的开发、管理与环境保护之间的关系及休闲的个人自由和公共利益的冲突等问题。[③]

---

① Mary Greenwood Parr & Brett D. Lashua, "What is leisure? The perceptions of recreation practitioners and others," in *Leisure Sciences*, Vol. 26, No. 1 (2004), pp. 1-17.

② Troy D. Glover, "The 'community' center and the social construction of citizenship," in *Leisure Sciences*, Vol. 26, No. 1 (2004), pp. 63-83.

③ 伍麟：《当代环境心理学研究的任务与走向》，载《西北师大学报》（社会科学版）2006年第 3 期，第 37—42 页。

总的来说，随着社会的不断发展，环境心理学这一应用性学科的研究内容越来越丰富，越来越具有时代的气息，形成了一种多学科融合、多领域开展的现象。

第二节　环境心理学研究的意义

环境心理学产生于 20 世纪 60 年代的美国，它的产生与发展被视为 20世纪 70 年代西方经济危机爆发前，英美等福利国家模型所提供的历史建构之社会计划的一部分，也是福利国家意识形态层次的"人道主义"论述的一部分。环境心理学研究已得到心理学界的承认，并被列入《心理学年鉴》和《沃尔曼百科全书》。2001 年 Noel W. Smith 所著的《当代心理学体系》一书将环境心理学视为非中心论体系或背景的交互作用论体系。国内学者车文博教授在开展可持续发展心理学研究中，把环境心理学和生态心理学视为实现可持续发展心理学的途径。

环境心理学作为一门应用学科有其重要的实践意义。环境心理学能够运用心理学的手段调整人类行为进而达到保护环境创造人类适宜生存空间的目的。民众在环境问题中所受到的心理影响及由此产生的行为关系到社会的稳定，而决策者和专家们在环境问题中所受到的心理影响及由此作出的决策和研究行为更是关系到国计民生的大事。因此，决策者和专家们应该将环境心理学这一学科进一步完善并提高到"双学科"的认识水平，提高政策制定者们对心理学用于改善环境管理的敏感性，加深他们对环境政策的心理学理解，从而正确有效地进行决策工作。环境心理学为心理学所作出的贡献已融入心理学的主流。

一、环境心理学促进环境保护的全面开展

21 世纪以来，由于工业和科技的飞速发展，人类在科技和经济方面取得了巨大的飞跃。与此同时，资源的不合理利用却带来了一系列环境问题，如资源破坏、环境污染、水土流失、生态平衡破坏等。环境污染、环境破坏等环境问题的日益严重，及环境规划和建筑设计的不合理给人类的生理、心理和行为带来了很大的影响，最直接的影响就是环境污染引起的各种疾病，如水俣病、美尼尔氏综合征、空调综合征以及重金属污染引起的生理疾病和心理

变态等等。伴随生理疾病，病人往往表现出心理和行为失常，如恐慌、焦虑、心神不宁等。环境污染已直接危及人类的生理健康和心理健康。

1972 年，联合国在瑞典的斯德哥尔摩举行第一届国际环境保护会议，把环境保护列为人类亟待解决的问题之一，引起了许多国家政府和公众的关注。自此，人们越来越关注环境保护问题，并从科技发展和政策制定上在这一领域作出了不菲的成绩。然而，单纯从环境的角度考虑环保问题并没有从根本上消除环境问题对人类的影响。由此兴起了一个新的领域——全球环境问题与心理学的联系，这一领域的基础是早先出现并一直在进行的、通过对基本动机理论和运行模式的研究来改变生态破坏行为的工作。这项工作的另一个方向是对有关判断和决策探索法的社会和认知心理学概念的整合。自此之后，环境心理学逐渐出现在环境保护研究者的视野中。

环境心理学是环境科学的一个重要分支，对环境保护工作的开展有着重要的意义。环境科学从环境地学、环境生物学、环境化学、环境医学、环境物理学、环境工程学、环境经济学等领域对当代环境问题进行研究，使社会经济的发展达到环境效益、社会效益和经济效益的统一，人与环境的冲突得以解决，人类行为与环境的关系趋于协调，而这些也是环境心理学尝试从心理学角度所要解决的根本问题。

二、环境心理学促进多学科、多领域的融合

环境心理学是研究环境与行为之间相互影响的一个领域。在这一领域中，除了关注物理环境对行为的影响之外，还特别关注文化环境中的行为状态。环境心理学认为文化对理解人类行为关系具有关键作用。近年来逐步发展的跨文化研究其本质就是对文化环境在人类行为和心理发展中的作用的探索。

利用对环境与心理行为之间的联系所进行的成因探索还延伸出了一个新的学科——调查心理学。该领域研究和讨论的话题主要是犯罪行为，研究人员和设计人员利用环境心理学的理念来探索自然环境对犯罪行为的直接影响和对犯罪恐惧的影响。在许多国家的执法系统中，调查心理学正在发挥着越来越大的作用。

由此可见，随着科技的日益发展，多学科合作已经成为必然的趋势，而环境心理学作为研究自然（环境）与人文（心理）两者间相互影响的科学，必

然会逐渐向各个领域渗透,成为学科交融的一个最佳的方法学途径。

第三节　环境心理学研究的进程及展望

虽然环境心理学学科是伴随 20 世纪 70 年代环境科学的兴起而出现的,但是人类在很早以前就开始了对生物(人)—环境关系的研究。许多学科的早期研究都体现出了环境心理学的思想。

一、早期环境心理学思想

1. 人口学研究中的环境心理学思想

早在 18 世纪,马尔萨斯(T. R. Malthus)就建立了"人口论",他提出,人口增长的趋势永远快于生产的增长,如果不加控制,人口总是按几何级数增长,而生活资料只能按照算术级增长,人口扩张到生活资料仅能够维持生存的极限时,就会出现饥饿、战争和疾病。虽然这一论述揭示的是人口与食物供给量之间的关系,但不可否认,马尔萨斯的人口论对生物—环境关系的研究作出了开创性贡献。

2. 博物学研究中的环境心理学思想

19 世纪 30 年代,英国的达尔文(C. R. Darwin)用 5 年的时间周游世界进行考察,在他的《物种起源》《动物和植物在家养下的变异》《人类起源及性选择》等书中详细叙述了各种生物的地理分布情况,阐述了揭示生物和环境全部情形的经济观点,为生物的起源、进化和以后的生态学研究奠定了基础。

3. 生态学研究中的环境心理学思想

1866 年,德国动物学家恩斯特·海克尔(E. Haeckel)将生物与环境之间的相互关系作为一个科学领域,并命名为生态学(ecology)。它探讨个体、种群、群落、社会、生态之间的相互作用。生态学是研究有机体与其周围环境相互关系的科学。环境包括非生物和生物的因素,前者指光照、温度、水、盐分等理化因素,后者指同种和异种的有机体,同种生物有机体间的相互作用构成种内关系,异种间的相互作用构成种间关系。1935 年,英国植物学家坦斯利(A. G. Tansley)又提出了生态系统的概念,正式确立了它的科学领域。

生态学"ecology"一词来源于希腊语,有"家庭""住所"之意,eco 表示住所或栖息地，logos 表示学问。按字面解释，生态学的含义是在生物居住的地方来研究生物与其周围的生物和非生物环境的全部关系。生态学与达尔文的自然经济"economy"有相同语源，可见，早期博物学和生态学研究领域互相渗透，并在很早以前就展开了生物与环境的周密探讨。生态学通常按个体、种群、群落和生态系统四个水平来研究生物与环境的相互关系，基本上属宏观生物学范畴。20 世纪 60 年代以来，由于人类面临着环境、资源、人口和全球性变化等关系到自身生存的一系列问题，而这些问题的解决又与生态学紧密相关，因此，生态学便成为受世人瞩目的科学。

4.人类生态学中的环境心理学思想

美国社会学家派克（R. E. Park）提出的人类生态学是以人类为中心，研究在当前的社会和自然环境条件下如何使人类的福利得到合理的满足，并且使生态与社会系统能够长久协调地运转下去的学科。它涉及的范围很广，主要包括两方面因素，即自然因素和社会因素。人类作为物种具有双重性，即生物性和社会性。在人类进化和社会历史发展过程中，这两种特性日益紧密地结合起来。人类生态学主要涉及人口、资源和环境等三方面问题。

20 世纪以来人口急剧增长，近几十年更是达到惊人的程度。到 1987 年，世界人口已经达到 50 亿了，如果不采取有效控制措施，而任其按目前平均增长率继续增长下去，那么世界人口在 50 年后或不到 50 年将再增加一番，自然环境与人口增长之间的矛盾会越来越突出。如何控制人口并保护环境和改善环境，使其与增长中的人口相适应，这是人类生态学的主要课题之一。当今人类所面临的是人口继续增长、资源逐渐减少、环境不断恶化。对此，人们提出了各种方案，设想使人口数量控制在最适水平，合理使用现有资源并开发新的资源，保护和美化环境，使之免受人为的污染或破坏。

工业革命以后，人口逐渐扩展并集中在某些地点，形成了现代大城市。大城市的出现使人们居住的环境有很大的变化，使城市人民的生活需求（物质的和精神的）与供应发生巨大的矛盾，上述人口、资源和环境问题在城市中表现得最为突出。因此城市生态已成为人类生态学重要内容之一。

地球能养活的最适的人口量取决于多种因素，例如可耕土地的面积、获取资源（包括能源、矿产和水源等）的技术水平、粮食生产的潜力以及保证生物系统在各种人类活动的侵扰下仍能维持人类生存的必不可少的条件等等。地球本身最大负荷量随时随地在不断地改变。有人提出最适的人口数量可能变动在 50 亿到 150 亿之间;甚至有人提出,如果按富有者现有的生活水平和全球农业和工业的实际水平计算,地球只能维持 10 亿人口,这样说,时至 2002 年,世界人口已经超额 40 亿;还有人认为,最适人口应该按人类的需求而定,人口低于某一最适人口数时,每人的福利并不随人口的增长而减少,但超过时,每人的福利将随人口的增长而减少。因而在贫富不均的社会里,确定人类福利的合理标准仍是一个实际问题。①

5. 我国古、现代生物学研究中的环境心理学思想

我国古人对于生物与环境的关系早就有较深的认识,有关物候的记载,亦甚早,例如:"东风解冻,蛰虫始振""仲冬……行春令,则蝗虫为败"(《礼记·月令》)。战国时代唯物主义思想家荀况说:"物类之起,必有所始""积土成山,风雨兴焉;积水成渊,蛟龙生焉""树成荫而众鸟息焉,醯酸而蚋聚焉"(《荀子·劝学》),"万物各得其和以生,各得其养以成"(《荀子·天论》)。以上都说明了环境与生物之间互相协调、互相依赖的关系。

到了现代,我国著名生态学家马世骏教授把生态学研究成果归纳为相互制约和相互依赖的互生规律、相互补偿和相互协调的共生规律、物质循环转化的再生规律、相互适应与选择的协同进化规律和物质输入与输出的平衡规律。

由上可见,在整个自然界演化、发展过程中,生物(人)与环境之间相互制约、相互依存的关系一直存在着,人们对它的认识也逐渐深入。而近现代以人口学、博物学和生态学为主对其进行的系统、全面的研究和认识奠定了环境心理学的重要基础。

二、环境心理学的起源

环境心理学是从工程心理学或工效学发展而来的。工程心理学是研究人与工作、人与工具之间的关系,把这种关系推而广之,即成为人与环境之间的关系。环境心理学之所以成为社会心理学的一个应用研究领域,是因为社会心理学研究的是社会环境中人的行为,而从系统论的观点来看,自然

---

① 中国大百科全书总编辑委员会:《中国大百科全书·生物学Ⅱ》,中国大百科全书出版社,2002 年,第 1210—1211 页。

环境和社会环境是统一的，二者都对行为产生重要影响。虽然有关环境的研究很早就引起人们的重视，但环境心理学作为一门学科还是20世纪60年代以后的事情。

1. 环境知觉研究受早期格式塔知觉理论的影响

格式塔心理学家认为人类趋向于把他们的知觉环境尽可能简单地组织起来，研究环境知觉的心理学家为了支持这一观点，强调人们有在知觉场景中确定一个有别于背景的清晰图形的强烈需求。

著名的布鲁斯威克（E. Brunswik）的透镜模型更接近现在环境心理学家应用的知觉体系。他认为，建构环境知觉时，主体（人）起着非常主动的作用，尽管我们从世界上接受的原始信息常常有缺陷或被歪曲，但当我们把得到的感觉信息与过去的经验结合起来时，我们就会对环境的真实状态作出正确的评估。人是主动的信息加工者的思想，是目前探讨人们如何加工环境信息的理论前身。

2. 环境心理学也可从社会心理学中追溯研究的源头

勒温将格式塔的观点引入社会心理学的研究中，他提出的场理论（field theory）是第一个考虑摩尔物质环境的心理学理论。勒温认为从外界来的力量会达到意识中并影响心理过程，他建议将该领域称为心理生态学。他还提出，人的情感和行为在任何时候都是其知觉到的环境中各种事物之间的紧张引起的，这些影响称为心理事件（psychological facts），这些心理事件集中组成了个体的生活空间（life space）。心理事件对人可能产生积极或消极的影响，这一观点成为社会心理学最具影响的理论先导。

勒温还认为，实际的物理环境是心理事件之一，它与人类行为之间存在着紧密的联系，这种倾向以及对研究的浓厚兴趣可直接作用于解决"真实世界"中的问题。这些观点为现代环境心理学理论观点的形成奠定了基础。

3. 生态心理学是环境心理学的先导

勒温的学生巴克和赖特（H. Wright）创立了第一个环境心理学研究机构，专门用来研究真实世界对人行为的影响。他们在堪萨斯州开展的研究中产生出一个新的领域——生态心理学（ecological psychology）。生态心理学是环境心理学的前身之一，它强调物理情景在整合人类行为中的作用，并将兴趣集中在物理环境对生活在这一环境中的人的影响。生态心理学认为，人类行为乃是个体内在因素与外在环境相互作用的结果，即行为是个人与环境的函数:B = f(P,E)。这一行为生态观(ecological theory)强调内外因的互动与平衡。

此后,巴克和他的同事根据勒温的场理论发展出行为情境论(behavior setting theory)。行为情境指的是引发行为的小生态系统,不同的情境引发出不同的行为。人患有心理障碍或疾病表示个体行为与环境配合不良,是生态系统失衡(discordance)的结果。(Baker,1978)

三、环境心理学的诞生

毋庸置疑,环境心理学作为一门学科的出现,应归功于 20 世纪 40 年代末巴克等人对自然定居点中居民行为的生态学研究、20 世纪 50 年代霍尔(E. T. Hall)从文化人类学角度对个体使用空间的研究以及 20 世纪 60 年代城市规划师林奇(K. Lynch)对城市表象和环境认知的研究。在这些研究基础上,加上当时环境恶化、自然资源减少等现实困境,20 世纪 60 年代科学家对人类的生态环境产生了特别的兴趣,心理学家也更加重视环境对个体心理、行为的影响,纷纷研究与环境心理学有关的课题。环境心理学作为一个以问题为指向的应用性研究领域出现后,许多心理学家逐渐习惯把自己认同为环境心理学家。

20 世纪 60 年代初期,环境心理学初步形成。在这一时期,环境心理学得到巩固并在心理学领域中被看作有其自身地位的一门先进学科。一方面,在现实社会及社会科学中发生了一系列的事件,特别是在美国,这些事件作为整体共同推动了环境心理学的发展。由此,环境心理学家意识到在众多的社会群体中盛行着各种社会问题,而这些问题导致人们讨厌都市生活而向往乡村生活。另一方面,社会心理学研究的"关联性危机"促进了实验室外的研究,并发展了现场研究,这就让更接近现实的、多学科交叉的研究方法走到了前沿。

1961 年和 1966 年在美国犹他大学举行了最初的两次环境心理学会议,1964 年美国医院联合会会议上正式提出了"环境心理学"这一术语,此后,哈佛大学、麻省理工学院相继开设了环境心理学的课程。1968 年美国心理学会议上建立了代表美国研究潮流的环境—行为学术组织——环境设计研究学会(EDRA,这个学会每年都举行年会)。同年,纽约市大学建立了第一个环境心理学博士点。

1970 年,伊特尔森(W. Ittelson)和普罗夏斯基等人合编的第一本环境心理学教材《环境心理学》正式出版,同年,代表欧洲研究潮流的国际建筑心理学会在英国金斯顿成立。1971 年,美国建筑学会费城分会等团体组织了"为人的行为而设计"讨论会。1973 年,英国的萨里大学开始把环境心理学作为其研究生的课程。1975 年有了第一个环境心理学的博士。1978 年美国心理学会(APA)正式创建了以"人口与环境心理学"为名称的第 34 个分会。

第一批环境心理学的杂志也是在 20 世纪 60 年代后期创刊的,最著名的《环境和行为》杂志创办于 1969 年。根据萨摩(R. Sommer,1997)的观点,直到 1973 年,"环境心理学"这个术语才得以固定下来并且包含了其他一些术语,如建筑心理学、人—环境关系和生态心理学。因此,一般认为作为心理学一个分支的环境心理学诞生于 20 世纪 60 年代初,距今已有 50 多年的历史。

四、环境心理学的发展

20 世纪 80 年代,环境心理学开始进入了蓬勃发展的时期,环境心理学已经取得了巨大的进步。这一时期发生了三个关键事件,第一个是 1981 年欧洲成立了国际人类及其物理环境研究学会,并出版发行《环境心理学杂志》,它与《环境和行为》杂志一起,成为与环境心理学领域的两种权威学术研究期刊。另一个有重大意义的里程碑事件是"人类行为与环境:理论和研究进展"这套系列丛书出版,在 1987 年末期,又有另一套题为"环境、行为与设计心理学"的丛书出版。第三个重大事件是由斯托考尔斯(Stokols)和奥尔特曼(Altman)主编的《环境心理学手册》在 1987 年面世。从那一时刻起,环境心理学可能已被看作一个固定的研究领域,一个被世界上许多所大学共同研究的学术主题,一门有着自己或多或少在实践中运用它的人所一起认同的表达方式的科学。

1987 年,普罗夏斯基观察到在这一时期有许多因素促使心理学分化出环境心理学。例如,对于越来越迫切的社会问题如人权问题、环境问题及妇女运动,研究者转向从社会心理学的角度来解决这些困扰社会的问题,遗憾的是这些尝试的效果并不明显。一贯依赖于人为创设的实验室研究的社会心理学家,对突然出现在他们面前的一系列复杂、令人迷惑的问题感到束手无策。社会变化带来的强大压力,要求放宽严格的传统实验方法。环境心理学这一新领域则更折中,与理论的联系也不是很严格,而且更具有跨学科的特点,这些都为环境心理学的出现作好了准备,因而,第一批环境心理学家结合社会心理学和灵活的方法来解决社会问题。

当今,环境心理学中社会心理学的痕迹仍很明显,因为许多环境心理学家都受过社会心理学的训练。然而,这种"联姻"也造成了一些麻烦。传统上,社会心理学依赖于由理论构建的实验和接近科学的假设检验方法。普罗夏斯基(1976)曾多次声明,社会心理学的理论和研究方法最终会被证明是环境心理学家的巨大财富。① 社会心理学对环境心理学的影响无疑很大,但我们相信,当一批在某些领域(发展心理学、艺术、建筑、社会学)受过训练的环境—行为研究者成长起来时,这种影响将会减弱。②

在 20 世纪末,"绿色"问题和生态学已经成为最引人注意的主题③。当环境心理学出现并在这一新的研究方向上产生相当大的影响时,西方社会的中产阶级开始非常关注这些社会运动。心理—环境研究将其焦点集中在了调查人们对环境的价值观和态度以及分析这些价值观和态度与保护环境行为之间的关系等问题上。所谓的"新环境范式"就反映出一种与保持和环境相联系的新信念和价值观。一个经常可以得到的调查结果就是,人群中对环境关注程度得分高的人并未表现出相应的重复利用或节能行为。对这一矛盾结果的一种可能的解释是对环境价值观的理解存在多个不同的维度:一方面,是自我本位的或以人类为中心的倾向;另一方面,是以生态为中心的倾向。这两种倾向都肯定了环境的重大价值,但两者的动机不同:前一种肯定环境的价值是因为环境对人类的贡献及它满足了人类的需要;后者肯定环境的价值则是站在一个超越的角度上,而不是很功利主义地看它的价值。

20 世纪 90 年代初期,环境心理学研究开始关注居住环境、工作场所、医院、学校、监狱、大型社区环境的特点。在这个时期,越来越多的环境心理学研究开始采用现场研究的方法和多学科间的合作形式进行展开,研究者们

---

① Harold M. Proshansky, "Environmental psychology and the real world," in *American Psychologist*, Vol. 31, No. 4(1976), pp. 303-310.

② 俞国良、王青兰、杨治良:《环境心理学》,人民教育出版社,2000 年,第 16—17 页。

③ Enric Pol, "Blueprints for a history of environmental psychology (I): From first birth to American transition," in *Medio Ambientey Comportamiento Humano*, Vol. 7, No. 2 (2006), pp. 95-113.

开始注意研究工作的连续性，开展了大量纵向或跟踪性的研究以及多种研究方法并用的较为系统的研究。

至于国内环境心理学研究，自 20 世纪 80 年代左右从国外引进到现在为止，基本处在学习和模仿的阶段。与环境心理学的起源背景较为类似的是，国内对环境心理学的重视基本也是开始于建筑学、城市规划和园林设计等非心理学领域。近年来，心理学界对环境心理学的重视逐渐加深，明显地表现为相关内容的论文和图书数量基本呈递增趋势。1986 年周畅和李曼曼翻译出版相马一郎与佐古顺彦合著的《环境心理学》。90 年代开始，中国环境心理学开始步入发展期。在常怀生、蒋孟厚、朱敬业、杨公侠、杨永生等人的倡导下，1993 年 7 月 20 日在吉林市召开了首届"全国建筑与心理学学术研讨会"，大会论文在《建筑师》杂志上专刊出版，标志着我国环境心理学初步形成。1995 年又正式成立了"中国建筑环境心理学学会"，现更名为"中国环境行为学会"。2000 年，林玉莲和胡正凡编著出版建筑学和城市规划专业的教材《环境心理学》。同年，在心理学范围内俞国良出版了应用心理学书系的《环境心理学》。2002 年，徐磊青与杨公侠编著出版《环境心理学——环境、知觉和行为》。此外，秦晓利的《生态心理学》一书与易芳的博士论文《生态心理学的理论审视》也在一定程度上对中国环境心理学的发展进行了梳理。

由于环境心理学是一门以问题为指向的学科，其研究多与当前存在的问题相关联，且环境心理学虽然有着近 50 年的发展，但还不够成熟，因此，环境心理学研究发展中仍然存在一些问题：

1. 研究人员不注意先前的文献，缺乏对以往研究的必要重复，缺乏知识的积累；

2. 研究者过度关注本学科内的问题，没能充分关注其他领域的研究和理论；

3. 每个研究者的研究彼此孤立，不能够经常、及时地进行研究回顾，综合研究成果的努力不够；

4. 过度偏向于应用性研究，不注意理论的建构；

5. 研究中采用的术语和概念的界定、使用缺乏一致性；

6. 欠缺对关键问题开展定期的、开放的、有组织的讨论。

五、环境心理学的研究进展

1995 年,Joseph P. Reser 在《环境心理学学报》上发表了一篇题目为《环境心理学何去何从? 超个体的生态心理学的十字路口》的文章。文章中提出了环境心理学面临的三个大问题:心理学为生态心理学提供什么? 生态心理学为心理学提供什么? 环境心理学能包含生态心理学么? 并作出了环境心理学和心理学的绿化的预测[①],这为环境心理学的发展提供了思路。

(一)环境心理学在环境认知方面的研究进展

环境认知是指人对环境进行储存、加工、理解以及重新组合,从而识别和理解环境的过程。Evans 和 Stecker(2004)对环境压力的动机结果的研究发现:暴露在无法控制的刺激环境里会使学习过程产生严重的习得性无助,而且这些刺激大多数是环境紧张性刺激源(environmental stressors);严重和长期的噪声、拥挤、交通堵塞和污染能导致大人和孩子产生习得性无助;预先暴露一个简短、严重、不可控制的环境紧张性刺激源,会使被试者因为错误以为自己无法影响环境而表现出无法学习新任务的无助;暴露无法控制的紧张性刺激源会使个体在面临挑战时缺乏坚持性。研究还表明,通过严重的无法控制的刺激,长期的环境刺激源还可以提高习得性无助的脆弱性。[②] Evans 还认为长期的环境紧张性刺激源对个体心理无助的研究是未来一个重要的研究领域,而且环境紧张性刺激源引起的动机赤字的全球化趋势也是一个需要被研究的课题。

(二)环境心理学在环境应用方面的研究进展

环境心理学是建筑环境学和应用心理学的结合,当代的成果主要集中在环境应用方面。环境心理学为心理学所作出的贡献已融入了心理学的主流,在环境设计领域对行为科学研究的兴趣日益高涨。《室内装潢设计杂志》(*Journal of Interior Design*) 这个主要的学术期刊反映出了室内装潢设计界对社会科学研究的极大兴趣。在北美以外的许多国家,建筑学和环境心理学之间的合作更为有效和持久,这一点在发展中国家和一些小国中体现

① Joseph P. Reser, " Whither environmental psychology? The transpersonal ecopsychology crossroads, "in *Journal of Environmental Psychology*, Vol. 15, No. 3(1995), pp. 235-257.

② Gary W. Evans & Rachel Stecker, "Motivational consequences of environmental stress, "in *Journal of Environmental Psychology*, Vol. 24, No. 2(2004), pp. 143-165.

得更加明显。

1. 环境心理学在工业建筑设计方面的进展

随着社会发展和人们物质生活水平日益提高，建筑设计已经不仅仅局限于简单的平、立、剖面的单体设计，建筑师越来越注重"建筑—人—环境"三者之间的相互关系，即建筑与周围环境如何协调、建筑如何为使用主体——人创造一个舒适的活动空间等。作为建筑的一种重要形式并对现代建筑的发展作出很大贡献的工业建筑，面对不同的劳动强度和工作状况，在设计过程中更应注重环境和人的关系。建筑师罗奇和丁克鲁设计的卡明斯元件厂建造在城郊林木丛中，厂方为了保护环境并使工人生产不易疲劳而增加产量，将厂房建在地面下 90 厘米之处，使窗台与室外地面平行，这样全厂 2000 名职工均可经常看到窗外草地和林木的景色，还不时可见林中奔跑的野兔和鹿群。另外，厂房四角设茶座供休息与午餐之用，停车场设在厂房屋面上，有楼梯可以直通工作间。这类厂房因考虑到与环境的结合，避免了工人在生产时的过度疲劳，而被誉为"未来工厂原型"。

2. 环境心理学在室内装修方面的进展

现实的环境是人们追求便利和享受的结果，环境心理学应探索人类生活、工作时所需的环境（湿度、温度、光照、色彩、气味等）、饮食等最佳心理学感受时的条件，增加人类生存的舒适性、愉快感和美感。在生活中，住宅是与个体关系最密切的环境，现代人讲究健康住宅，要健康就要研究环境心理学。因此，要想把家装饰得美观舒适就要注意环境和心理的关系。室内装修离不开合理的布局和设计，研究表明，不同的住房设计可引起不同的交往模式，房间内部的安排和布置会影响个体的知觉和行为，室内颜色布局可产生冷暖的感觉，家具布置可产生开阔或挤压的感觉，甚至影响人际交往。

在工作中，美国一份著名的"罗·哈里斯"民意调查报告指出，现代化办公室较理想的条件为：①恰当的照明设备；②舒适的座椅；③空气流通良好；④室内温度适宜；⑤机件与各种参考资料靠近身边，伸手可及；⑥周围有足够的可供旋转的余地；⑦有一个可以集中思考的地方；⑧办公桌上有足够的空间地位；⑨安静；⑩有一扇窗子；⑪有一个在必要时可以稍事休息的地方；⑫具备随时可把室内办公用具移动的条件。

3. 环境心理学在教育教学环境方面的进展

教学环境一方面是指师生双方活动所处的客观的物理环境，它包括教室、活动区域、户外教学区、窗户、照明、课桌椅、座位等。另一方面是指通过人与人相互作用而形成的心理环境,包括学生群体、师生关系及学生问题行为的影响与控制等心理因素。人们都在一定的环境中进行活动,在与环境的相互作用中受到环境的影响。人们要学会控制和改造环境、适应环境,使之更好地为自己服务。教育教学活动也是如此:学生活泼好动、思维活跃、富于想象,易于受到周围环境的感染,这种潜移默化的影响会渗透到学生的心灵,上升到比知觉更高的层次。所以,教育工作者要重视教学环境的创设与利用,只有了解、适应、控制教学环境,才能获得最理想的教学效果。调查表明,让教学的物理环境生动起来,营造愉悦的教学心理环境,使教学环境的心理功能更好地体现,可以在很大程度上改善教学质量。

4. 环境心理学在犯罪行为学方面的进展

所谓诱惑侦查,是指侦查机关为逮捕犯罪嫌疑人,以实施某种行为有利可图为诱饵,暗示或诱使其实施犯罪,待犯罪行为实施或犯罪结果发生后,将其逮捕的特殊侦查手段。在实践中这一方法也成为警方破案惯用的侦查手段。例如,警方得知有一抢劫团伙欲在某银行运钞途中行动,遂在大庭广众之下将作了记号的大量现金用运钞车运往银行,而暗中却布下严密的控制,待犯罪分子全面行动之时将其一网打尽。在这个案例中,犯罪嫌疑人实施犯罪的决定性因素是其早已产生的犯罪意图,警察的行为只是提供了其实施犯罪的有利场合与环境,目的是获取证据,擒获隐蔽的罪犯。尽管诱惑侦查在破获一些重大疑难案件中发挥了重要作用,但是其合法性仍受到质疑,尤其是现在的一些警察为了"立功"而误用诱惑侦查,如有些警察在无人的环境中提供一些可以被偷去的物品(如钱夹或者没有加锁的自行车等)诱惑人们犯罪,从而以擒获犯罪分子为功。其实这里是运用环境变量来诱发个体的犯罪本能心理,在这种情境下,多数人都不能保证自己的行为会和公共场合下的行为一致,包括一些受到过高等教育的群体。因此,在案件侦查一致对准犯罪分子的同时,也要对一些执法人员进行监督,而这是环境心理学在犯罪行为学中比较热门的研究领域,在许多国家的执法系统中, 环境心理学正在发挥着越来越大的作用。

六、环境心理学的发展趋势

在环境心理学的研究中,不同国家的环境心理学家虽然使用同样的研究方法和技术,运用相同的环境心理学思想,但他们的兴趣和研究问题的特点是不同的,不同国家在进行环境心理学研究时也会受到其特定的环境特征和问题的影响,出现一些独特的研究领域。然而,随着社会的发展以及环境问题全球化进程的推进,不同国家不同地区往往面临共同的问题,以往各自独立的状态必然会被打破,从而形成一种全球化的环境心理学研究领域。

斯托考尔斯提出,在21世纪环境心理学也许会在其他领域或主题上有更突出的发展,例如,外层空间生活和工作的特点,如何形成有效的政策以减少工业化和发达国家对自然资源的无限度消耗,等。未来的研究或许会受到以下因素的影响:①全球环境的变化;②群体间的暴力和犯罪;③新的信息技术对工作和家庭的影响;④人们健康花费的提高,对促进健康的环境策略的关注,以及社会老龄化进程的加快。①

有专家预测,心理学是21世纪最热门的十大学科之一。环境心理学虽然起步较晚,但是其发展是迅速的。目前环境心理学家已经很清楚地意识到,环境质量低下通常是贫困人口生活条件恶劣的主要因素。这种趋势在第三世界国家尤其明显,已经影响到当前对诸如城市紧张性刺激、流浪儿童和住房等的研究。与此相关的问题是精神因素的潜在作用,即它对建立良好的健康与收入关系以及贫困和发展精神病理学联系的贡献。所以环境心理学在未来具有很好的发展趋势。

(一)环境心理学将逐渐渗透各个学科领域

环境心理学在未来发展中,会更加拓宽其应用领域,不仅在环境建筑学和应用心理学方面,它还会涉及音乐、美术、中文等学科,比如现在的音乐环境心理学已经成为热门研究,而且还会在犯罪行为学方面有新的突破。正如 Joseph P. Reser 所作出的绿色心理学的预测,环境心理学会在我国成为一个"绿色"亮点,为构建和谐社会作出贡献。

(二)环境心理学将继续关注有关环境紧张性刺激的研究

噪声、拥挤、污染以及自然和技术灾害都对人们有精神心理、健康和认知方面的影响。人们在紧急情况下的表现使研究者对人类行为有了更深刻的认识,从而在制定应急政策和设计建筑空间时将可能造成灾难的危险降

---

① D. Stokols,"The paradox of environmental psychology," in *American Psychologist*, Vol. 50, No. 10(1995), pp. 821-837.

到最小。

(三)环境心理学会更加关注文化的作用

文化的重要性已经使心理学界对它的关注日益提高,主要表现在对文化人类学、本土心理学以及跨文化心理学的研究。因此,在环境心理学中开展社会环境文化作用的研究,进行社会环境中文化媒介作用的研究,探索文化在提高人类环境意识和生存文明(道德、伦理等)中起到的作用,就显得尤为重要。

(四)环境心理学为高科技服务的趋向越来越明显

在美国和欧洲,为航天飞机上的宇航员和工作人员设计生活空间的专家对环境心理学同人类因素与人类工程学之间更直接的关系极感兴趣。随着环境心理学对人类—技术微观方面的研究的深入,这些学科间的边界变得模糊起来。桌面模拟和虚拟现实的出现继续吸引那些热衷于研究在各种空间或物体出现之前人类对其所作出的反应的研究人员。在环境认识和复原环境的领域之外,将模拟作为基本研究工具的应用已落后于其更具实践意义的应用。

(五)环境污染心理学将成为环境心理学的研究热点

根据可持续发展战略思想,对特定污染物在人、动植物与周围环境之间的转移积累时人的心理学行为的研究,将会成为环境心理学未来的研究热点。一方面,美国著名心理学家杜·舒尔茨(D. P. Schultz)说过:"我们全部工作和生活在多种不同的环境之中,这些环境全部会影响我们的感觉,影响我们的行为,有时这种影响是明显的、直接的,有时则是微妙的、间接的。在21世纪,人类已经破坏和污染了许多自己的环境,土地、水源、空气都遭到破坏。结果导致了这种环境对人类行为的消极影响,成为环境心理学家们的研究对象。"因此,研究人类在各种受污染的环境条件下表现出来的心理学行为及其规律,可为环境工程学及时指明污染物的类型和数量分布,为城市环境规划提供信息。另一方面,普通心理学不考虑污染物对人体机能的影响,环境医学只研究污染物对人体组织的损伤机理,只有环境心理学的"污染心理学"才能圆满解释、阐述环境污染物对人的心理和行为的影响。①

---

① 杨玲,樊召锋:《当代环境心理学研究的新进展》,载《甘肃社会科学》2006 年第 2 期,第 193—196 页。

环境心理学从其诞生到现在的一个重要特征是研究主题具有很强的时代、社会特色。如何实现人与环境之间的最优化一直是环境心理学秉承的一个理想目标，但是对于最优化的理想形式却没有明确的认识。学界对其发展的趋势作出了宏观和微观方面的考虑。就研究的主要内容而言，有人认为，环境心理学可能朝着环境灾难事件对心理的影响、文化在人类理解行为中的作用以及环境对犯罪行为和犯罪恐惧的影响等三个方向发展。在具体的研究层面上，就要根据地区的特点进一步细化，比如日本重视自然灾害中地震对人们心理和行为的影响等方面的研究。也有人从学科发展的角度认为，环境心理学将会逐渐渗透各个学科领域，这种认识是基于环境心理学本身的研究内容所辐射的范围以及社会发展的需要等方面所作出的推测。此外，有人持环境心理学的研究应由定性分析发展到定量分析的观点，如果从环境污染角度出发，这种取向对于实际问题的解决具有明显的作用。从巴克的生态心理学研究甚至更早以来，定性分析与定量技术的融合一直是该领域的重要特色。因此，这种技术上的融合将继续延续，而且，在两种不同取向逐步深化的趋势下，融合的程度可能更加紧密。

【反思与探究】

1. 概念解释题

（1）环境；（2）环境心理学；（3）生态心理学；（4）行为情境；（5）心理事件。

2. 简述题

（1）简述环境心理学中环境的内涵。

（2）简述研究环境心理学的意义。

（3）简述当前环境心理学研究中存在的问题。

3. 论述题

未来环境心理学的研究趋势是什么？

4. 讨论题

你身边有哪些地方体现了环境心理学中人与环境相互影响的思想？请举例并讨论环境心理学对我们生活和发展的影响。

【拓展阅读】

1. 俞国良,王青兰,杨治良:《环境心理学》,人民教育出版社,2000 年。

2. 朱建军,吴建平:《生态环境心理研究》,中央编译出版社,2009 年。

3. 秦晓利:《生态心理学》,上海教育出版社,2006 年。

4. 徐磊青,杨公侠:《环境心理学——环境、知觉和行为》,同济大学出版社,2002 年。

5. Charles Vlek, "Essential psychology for environmental policy making," in *International Journal of Psychology*, Vol. 35, No. 2(2000), pp. 153-167.

6. Deborah Du Nann Winter, "Some big ideas for some big problems," in *American Psychologist*, Vol. 55, No. 5(2002), pp. 516-522.

7. R. E. Dunlap, G. Gallup & A. Gallup, "Global environmental concern: Results from an international public opinion survey," in *Environment*, Vol. 35, No. 9(1993), pp. 7-15.

8. George S. Howard, "Adapting human lifestyles for the 21st century," in *American Psychologist*, Vol. 55, No. 5(2000), pp. 509-515.

第二章　环境心理学的理论与研究方法

学习目标

1. 准确理解环境—行为关系理论,熟悉唤醒理论、环境负荷理论、行为约束和场景理论。

2. 准确理解巴克的生态心理学理论,能够运用生态心理学观点分析和解决遇到的社会问题。

3. 熟悉环境心理学常用的研究方法。

引言

环球网 2012 年 3 月 26 日消息,日本"3·11"大地震和福岛核电站事故,除了摧毁了灾区居民的家园,还造成一部分人的精神状况出现危机,导致这些人患上忧郁症。

据报道,3 月 26 日,福岛县立医科大学通过调查了解到,东京电力公司福岛第一核电站事故发生后,在福岛县内医疗机关精神科及心理治疗内科门诊接受治疗,并被诊断出患有忧郁症的患者中,有 3 成以上是和核电站事故有关。因对核辐射的恐惧造成精神不安而住院的患者,占全体住院患者的 1/4以上。这个调查以福岛县内的 77 所相关医疗机构为对象。2011 年 3 月 12 日到同年 6 月中旬的三个月时间内,这些医疗机构每周专门设置一天为心理治疗门诊日。调查涵盖的主要群体是这些医疗机构接纳的患者。其中有 57 家机构作了回答。这 57 家机构里被诊断患有忧郁症的患者为 410 人,调查结束后,专门对收集到的 410 名患者的相关情况进行了分析。分析结果显示,被医生诊断出患有忧郁症的患者中,与核电站事故"有关"的人数为 78 人,占所有患者的 19.0%,与核电站事故"有可能有关"的人数为 55 人,所占比例为13.4%。两项合计显示,有 3 成以上忧郁症患者的病情和核电站事故或有关。[①]

环境改变对人的行为会产生什么影响? 目前环境心理学家如何看待环境与人的关系? 环境心理学家使用哪些研究方法? 它们与一般心理学家的

---

① 来源:www. world. huanqiu. com/roll/2012-03/2557602. html。

方法一致吗？本章将集中介绍这些问题。

第一节　环境—行为关系理论

　　环境—行为关系理论主要分析环境与行为的相互作用，也可以说两者之间的"化学"作用，并且将两者的关系用某种理论或概念表达出来。常见的理论包括唤醒理论、环境负荷理论、行为约束理论和行为场景理论。环境行为关系的唤醒理论认为，环境中的各种刺激都会引起人们的生理唤起，增加人们身体的自主反应。唤醒是影响行为的中介变量和干预因素。环境负荷理论主要关心环境刺激出现时注意的分配和信息加工过程。行为约束理论是指环境中的一些信息限制或干扰了人们希望去做的事。行为场景理论认为人们所处的环境与场合，导致人们在不同的环境中不断地改变行为。

一、唤醒理论

　　从神经生理学的角度来看，唤醒（arousal）就是通过大脑唤醒网状结构引发的大脑活动的增强。大脑可能处于不同的唤醒水平，可以表现为连续变化的过程，一端为困倦或睡眠状态，另一端为高度觉醒的兴奋状态。由于唤醒通常被看作控制和干扰许多不同类型的行为方式的变量，许多环境心理学家以此来解释环境对人的行为所产生的影响。

　　唤醒是评估环境的维度之一。不论是愉快的或是不愉快的刺激，都能提高唤醒程度。例如在游乐场里的一次激动约会和刺激的骑马游戏，它们所引起的唤醒水平，与有害的噪声或乘坐拥挤的电梯所引起的唤醒水平是一样的。当有机体的唤醒水平从连续体的一端转到另一端时，我们在生理上表现为自主活动的提高，如心率加快、血压升高等。行为上可能表现为情绪的变化和体力活动的增加。

　　情绪是由行为、心理变化和主观体验组成的非常复杂的概念。情绪有愉快、焦虑等不同的表现。认知理论认为，情绪包含两种属性：强度和形式。唤醒水平（arousal level）决定了情绪的强度，而认知和评价决定了情绪的形式。环境的情感性质是个人与环境关系中最重要的部分，因为它是决定与场所相联系的心境与记忆的主要因素。

（一）情绪的形式和强度

情绪的形式最笼统的体现就是快乐和不快乐。情绪形式无法自主决定,常常是主客观相互作用的结果。生存的需要使人产生各种各样的欲望,在与环境相互作用的过程中能够满足欲望的刺激便会给个人带来快乐。

无论愉快还是不愉快的情绪,都会随着唤醒水平的提高而加强。人们本能地希望保持好心情,减少不愉快的感觉。因此,情绪也决定着个人对环境的偏爱与选择:心情好时好交往,喜热闹,人逢喜事精神爽,较高的唤醒水平可以强化喜庆气氛;情绪低落时则喜欢较清静的环境,通过降低唤醒水平以缓解不愉快的情绪,同时也减少对身体的损害。此外,就生理需要而言,人们不能总保持在高唤醒状态,因为我们还需要睡眠、休息和工作。因此,人在不同的时间、不同的场所需要不同的唤醒水平。

(二)情绪三因子论

环境心理学家梅拉比安和拉塞尔(Mehrabian & Russell,1974)提出了情绪三因子论(three-factor theory of emotion)[1],它包含 3 个独立的维度:愉快/不愉快、唤醒/未唤醒、控制/屈从,将情绪的形式与强度综合起来描述情绪的状态。

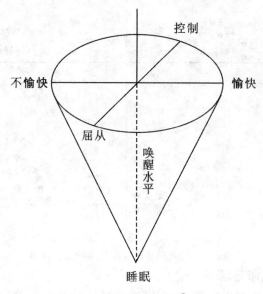

图 2-1　情绪的维度[2]

① Albert Mehrabain & James A. Russell, *An Approach to Environmental Psychology*. Cambridge:The MIT Press, 1974.

② 林玉莲,胡正凡:《环境心理学》,中国建筑工业出版社,2006 年,第81 页。

梅拉比安与拉塞尔(1974)提出了由 18 对两极形容词组成的情绪状态的语义差别量表,用以评价情绪的 3 个维度。3 个维度的不同组合形成不同的情绪体验,例如,低水平的愉快感、低唤醒和高水平控制感可能引起厌烦,不愉快感、高唤醒和低控制感可能反映焦虑。像描述情绪状态一样,这些维度也可用于描述对场所的情感评价。

拉塞尔和拉尼厄斯(Russell & Lanius,1984)按愉快维度和唤醒维度对情绪进行了近似的描述,他们提出的 40 个描述情绪的形容词恰好在二维坐标上排列成圆形,横轴从不愉快到愉快,竖轴从睡眠到唤醒。[①] (如图 2-2 所示)

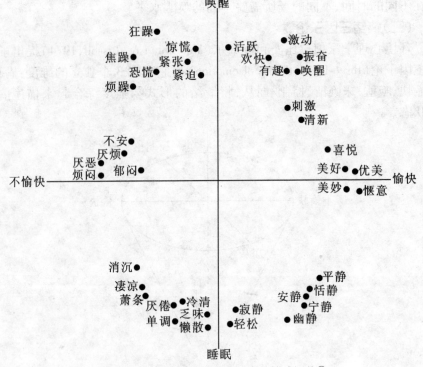

图 2-2　与唤醒和愉快维度相应的情感评价[②]

(三)环境刺激与情感评价

在拉塞尔和拉尼厄斯的 40 个描述情绪的形容词中,可以抒发我们心情

① James A. Russell & Ulrich Lanius,"Adaptation level and the affective appraisal of environments,"in *Journal of Environmental Psychology*,Vol. 4,No. 2(1984),pp. 119-135.

② 林玉莲,胡正凡:《环境心理学》,中国建筑工业出版社,2006 年,第 80—81 页。

的是横轴趋向愉快、纵轴在唤醒与睡眠中间——"喜悦、美好、优美、美妙、惬意",横轴在愉快与不愉快中间、纵轴趋向睡眠状态——"平静、恬静、安静、宁静、寂静、幽静、轻松"。

所以我们无论到什么样的环境,周边刺激总是会唤醒我们的情绪,处于一个环境优美的公园和嘈杂刺耳的工厂有截然不同的反应,前者会引起我们的好心情,后者则令我们心情非常糟糕。也就是说,相比同等的唤醒水平,不同的环境会让我们有情绪好坏的区别。

二、环境负荷理论

在缺乏刺激的环境中,人们会闷得发慌,感到无聊和厌烦,会主动探索和寻求刺激;而在刺激过度的环境中,又会感到闹得受不了,乱得理不清。环境负荷理论,又称为刺激负荷或刺激过载理论,该理论主要关心环境刺激出现时注意的分配和信息加工过程。沃尔威尔(Wohlwill,1974)提出,适中水平的刺激是最理想的刺激,包括刺激的强度、多样性和模式。每个人基于过去的经验都形成了自己最习惯的刺激,沃尔威尔称之为最优刺激水平。面对周围过量的环境刺激时,运用注意的规律、格式塔的组织原则、生态知觉的基本原理等可以帮助我们合理组织环境信息,形成结构和秩序,简化信息处理的过程。

对个体具有刺激作用的环境信息多于个体的负荷能力,会使人产生逆反心理,人会希望寻求一个刺激量较少的环境;而感觉上的刺激不足则令人难以忍受,这种"饥渴"状态会驱使人饥不择食地到环境中去寻求刺激。那么如何才能达到一个合适的环境信息的度,让人的视觉和知觉处于舒适的状态呢?

图 2-3　适当的环境刺激量

这就需要了解认知心理学中的注意规律、格式塔的组织原则和生态知觉的基本原理。

1.注意规律。认知心理学认为注意是心理活动对一定事物的指向和集中。注意有两种:无意注意,有意注意。前者是自然而然发生的,后者是有目的,需要经过一定努力的注意。

2.格式塔的组织原则。格式塔心理学的基本原则之一就是组织,组织原则首先是图形和背景。在一个视野内,有些形象比较突出鲜明,构成了图形,有些形象对图形起了烘托作用,构成了背景,例如"烘云托月"中的"云"或"万绿丛中一点红"中的"万绿"。

3.生态知觉的基本原理。生态知觉理论认为,知觉是一个有机的整体过程,人感知到的是环境中有意义的刺激模式,并不是一个个分开的孤立的刺激。要善于发现和利用环境客体的功能特性来满足自己的需要。该理论还认为,当有关的环境信息对个体构成有效刺激时,会引起个体的探索、判断和选择性注意等,这些活动对个体利用环境中客体的有用功能(如安全、舒适、娱乐)尤其重要,个体只有通过探索和有效分配才能有所发现。

三、行为约束理论

行为约束(behavior constraint)指某些因素干扰或妨碍自己想做的事情,这种干扰或妨碍可能是实际的客观存在,也可能仅仅是一种不自在的感觉,最重要的是从认知角度把这种情境解释为超出了自己的控制,即失去控制感。

当人感觉到有环境事件约束自己的行为时,会产生一种不愉快的情绪,这时人所作出的第一个反应可能是试图重新建立对情境的控制,这种现象称为心理对抗。任何时候,人感到自己的行动自由正在受到限制时,心理对抗就会促使个人作出努力恢复自由和控制。若经努力恢复了控制,任务绩效和心身状况就会得到改善;若仍未恢复控制,最终的结果是习得性无助(learned helplessness)。(Garber & Seligman,1981)根据行为约束模型,丧失控制感的最终结果是习得性无助。因此,行为约束理论提出了三个基本过程:控制感丧失、心理阻抗和习得性无助。

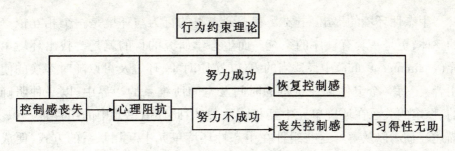

图 2-4 行为约束理论模型

人对环境的控制感体现在两方面：一是有能力通过自己的行动改变不顺心的环境；一是自己有条件避开干扰性的刺激。控制感在任何时候对人都是极其重要的，因为它体现着人生存的信心和勇气，有利于对环境的适应。"多忧患之人易信佛，多疾病之人易信道"便是中国文化中缺乏内在控制感时的行为现象。埃夫里尔(J. R. Averill,1973)将控制作出如下分类：①行为控制；②认知控制；③决策控制；④回顾控制。[1]

四、行为场景理论

(一)行为场景的概念框架

行为场景(behavior setting)，最早由巴克和赖特提出，他们提出行为与个人的心理情境及外在环境有很大的关联，尤其是自身所处的环境与场合，会使人们在不同的环境中不断地改变行为。他们还发现，人们生活中的各类行为事实上与时间、空间常有连带的固定关系。这些人、时、地、物、行为的结合体被称为行为场景。

巴克通过观察人们的生活发现，这些行为场景借着本身的机制，维持着一个动态性的平衡，引发一些超个人、社会性的行为与活动，并且与其他行为场景，彼此互动消长，呈现一种有机的、生态性的关系，即个别的行为场景在时间流里事实上有着形变、质变甚或生生死死的情形。这些行为场景的集合就构成人们行为的生态性环境，而此行为场景又是生态性环境的基本单位。

---

① James R. Averill,"Personal control over aversive stimuli and its relationship to stress," in *Psychological Bulletin*, Vol. 80, No. 4(1973), pp. 286-303.

生态性环境的提出,主要是考虑到人类的行为与环境是一个相互依赖的整体,更是一套有秩序的系统。而生态学研究的目的就是要找出环境单元(environment unit)中最适当的组件(实质对象、环境及可以随时替换的使用者)。每一个组件都在特定的时间及空间所维系的边界中,以一种明确的、稳定的关系在环境单元中互相联系着,因此环境单元中的组件被辨识、描述、组成,以及解释这些组件在生态性环境单元中互相联系的方式,便成为行为场景中一个重要的课题。

(二)行为场景的定义

基于生态性环境的考虑,在巴克的研究中对行为模式的描述注重人群与实质地点(physical setting)之间的关系。他对行为场景提出一个研究的框架,并提出一个定义:

(1)在一定的时间范围内(space→milieu/time locales→boundary);

(2)在一定的空间范围内(space→milieu/space locales→boundary);

(3)有支持的对象(supportive object→props);

(4)持续行为模式(standing behavior pattern);

(5)由以上这些要素形成的同型态(synomorphy),即行为场景。

换句话说,行为场景就是一个时间、空间、社会(人的关系)的组织关系。人们的行为应该被视为在对他们而言有意义的、能界定时机或情境的一些场所中发生的。就环境中的行为而言,情境包含了社会性时机与空间场景——谁做什么,在哪里,什么时候,怎么做以及包括或不包括什么人。组成行为场景的单元包含了人及非人的组件,这些组件被组织在一个适当的环境中,用以支持必然的发生活动,人们借由环境单元中的对象所提供的场景模式,调适他们的行为,以符合进入场景的条件,而场景的内容,便在行为的共同形态中被指认出来。

(三)环境中对象的使用

行为场景的组织主要在于将多样化的对象所代表的线索,借由不同的行为场景,通过环境的意义表现出来。环境中实质对象所代表的线索,在其中扮演着相当重要的角色,霍尔将环境中的线索,依其特征分为下列三种:

1.固定特征元素(fixed-feature elements)

固定特征元素指固定的或变化得少而慢的元素。大多数的建筑元

（如墙、天花板、地面）以及城市中的街道和建筑物均属之。显然，这些元素的组织方式（空间组织）、大小、位置、顺序、布置等都会表达意义，在传统文化中尤其如此，但在所有场合中都需要其他元素对其意义加以补充。然而有些场合中上述固定元素仍能表达许多意义，例如，我们可以认为，任何特定的场合都存在某些核心元素，当其他外围元素发生变化时，这些核心元素保持不变。

2. 半固定特征元素（semifixed-feature elements）

半固定特征元素包括家具、窗帘及其他陈设的布置和类型，如花木、古董架、屏风及服装，这些都能够相当快速且容易地加以改变。应该指出，在我们的场景中，这些元素对环境的意义特别重要，它们往往能比固定特征元素表达更多的含义。大多数人都是进入现成的环境，其固定特征元素很少改变，因此半固定环境元素对于我们研究目前环境的意义就显得特别重要。

3. 非固定特征元素（nonfixed-feature elements）

非固定特征元素指的是场所的使用者或居民变换着的空间关系、体态、手臂姿势、面部表情、手与头部的放松程度、点头、目光接触、谈话速度、音量、停顿以及其他非语言行为。事实上非固定特征元素，构成了非语言表达研究的主题。研究的问题通过涉及人在愤怒、厌恶、恐惧或诸如此类的行为中表达了什么、掩饰了什么以及这些行为在互动中又扮演着什么角色等。

第二节　巴克的生态心理学

自 20 世纪中期以来，一些心理学家在发现传统心理学研究领域中存在缺陷和不足，并对其研究对象和研究方法等产生怀疑的同时，开始倡导、尝试运用一种生态学的方法开展心理学研究。由此，传统心理学研究领域中诞生了一种新的研究取向——生态心理学。

一、生态心理学的提出

传统心理学家常常通过实验的方法来检验自己的假设。而到了 20 世纪 40 年代，心理学家开始关注生态学的原理和方法。1944 年，勒温发表了一篇题为《心理生态学》（*psychological ecology*）的文章，指出要试图了解个体或群体的行为,应该首先考察环境为这种行为的发生所提供的机遇、条件以及约束力。虽然勒温首次提出了心理生态学的概念,开始逐渐将目光转向心理学研究对象的背景,并认为研究对象和背景之间存在某种关联,但他当时并没有对其进行进一步的深入研究。不过他的思想是生态心理学发展道路上的第一步,而且是重大的、突破性的一步,勒温的学生巴克和赖特正是被勒温心理生态学的想法强烈地吸引,才开始沿着其所开创的心理生态学道路继续走下去。1949 年,他们发表了一篇陈述生态心理学观点的文章,转心理生态学为生态心理学,提出了对发生在生态环境中人的行为进行研究的想法,自此生态心理学便成为传统心理学中的新的研究方向。

二、生态心理学的基本观点

与勒温有所不同,巴克和赖特开创性地将研究的关注点放在客观真实的环境(或生态环境)及其特性之上,认为个体的行为与行为的背景是不可分离的,环境本身比环境中的个体更值得研究。二人在陈述生态心理学观点的文章中指出,传统心理学研究方法的局限性就在于将被试安排在实验室,要求他们对预先安排好的条件和任务作出反应,而现实生活中许多经常发生的情景在实验室中根本无法制造出来。他们同时还指出,传统心理学虽然有很多关于自然环境和现象的描述,但对于像"母亲如何喂养孩子""教师在教室里做了些什么,学生对教师的这些行为有什么样的反应""午饭时一家人常常会做些什么、说些什么"之类的现象没有科学的记录。这些生态方面的数据的缺乏,限制了研究者们对一些行为的发现。在向传统心理学的这种"人为性"缺陷提出挑战的同时,巴克等人将生态学的观点引入心理学,倡导心理学研究的生态化,并开创了行为和环境交互关系的现场研究。其基本观点是心理现象只能在"背景"中被理解,因而心理学研究对象必须由实验性行为转向现实性行为,由只考察个体转向考察个体与环境的交互关系。

对巴克等人生态心理学思想有深入研究的学者韦克(A. W. Wicker, 1979) 曾对生态心理学下过较为明确的定义,他认为"生态心理学是研究人的具有目标指向的行动与这些行动所发生的行为情境之间相互依赖关系的学问"①。

巴克在 1968 年出版的专著《生态心理学:研究人类行为环境的概念和方法》中,集中论述了一系列生态心理学研究中的基本概念和问题。他提出,人类行为的一个明显特征就是它的变化性。因此,在研究自然发生的个体的行为变化时,存在相互矛盾的地方,要获得稳定的行为测量方法,就要对人强加稳定的环境,而且每次重复这种测量时都要再次强加相同的环境。这种方法虽然可以测量到单个行为的恒定性,但却消除了行为的变化,也破坏了行为自然发生的环境。事实上,个体的行为是以一种复杂的方式与内部组织(如细胞组织、肌肉、激素)和外部环境(如个体作为学生所处的学校以及作为游戏参与者所进行的游戏等)相联系的。

巴克同时指出,生态环境的一个主要特征就是生态环境具有结构性,生态环境各部分之间有着稳定的联系。因此,仅仅通过观察单一的部分或一个接一个地考虑相互分离的部分是不能发现生态环境的结构的。如对篮球运动员在赛场上行为的完整描述,或是对所有比赛的完整统计都不能表示篮球运动的整体状况。因为比赛的规则、按比赛规则对人和物的分配都组成了运动员的基本的、整体的生态环境。

巴克指出,在生态心理学中,要获得完整的、没有被破坏的行为和生态环境,需注意以下两点:

1. 对个体的行为进行辨别

由于个体的行为有许多层次,每个层次都有它特有的行为背景。因此,在生态学研究过程中,对个体的摩尔行为与瞬间的或随意一瞥的行为必须严格加以区分。摩尔行为指的是个体作为一个完整、独立存在的实体所发生的、目标导向的行为。这些行为发生在个体的认知领域内,对个体在某方面或某种程度上是有意义的,同时对约束个体来说也是必需的。随意一瞥行为指的是在自然条件下发生的、琐碎的、个体机制中或多或少相对独立的、附属部分的行为,它们是一些物理印象,没有经过个体的认知处理,没有组成有意义的物体和事件。

---

① Allan W. Wicker, *An Introduction to Ecological Psychology*. Cambridge University Press, 1984.

表 2-1　摩尔行为和随意一瞥的行为对比

摩尔行为	随意一瞥的行为
匆忙去学校	出汗
在家吃午饭、在杂货店买糖果	分泌、咀嚼、吞咽、抓住
升旗	屈肘、伸展手指、视觉定位
在学校朗读背诵	嘴唇、舌头、胳膊、腿的运动

表格中左边描述的行为就是摩尔行为,它是个体作为一个整体的行为,这些行为所描述的是世界的一部分,对个体而言,这一部分行为在某个方面或某种程度上是有意义的,如去学校、买糖果、升旗、朗读等,同时这些行为对于约束个体来说也是必需的。右边随意一瞥的行为仅仅是附属的、个体机制中或多或少相对独立的部分,它们在自然条件下发生,是一些物理印象,并且没有经过有机体的认知处理,没有组成有意义的物体和事件。

2. 对行为的生态环境进行辨别与描述

生态环境区别于生活空间的特点是,它具有客观真实性——时间和物理特征。在生态环境中的有限单元内,由于个体在心理特征方面的不同,他们在相同环境内的行为也是不同的。但大部分个体又会表现出共性,因此,生活在同一生态单元内的居民会表现出具有共同性的超个体行为模式(extra-individual pattern of behavior),而生活在不同生态单元内的居民则会表现出不同的超个体行为模式。

个体摩尔行为的生态环境,即摩尔环境,是由密切相关的时间—物理场所以及其中全部个体行为存在的、多样但又稳定的模式两方面共同组成的。因此,在界定普通生态单元时,应同时考虑其时间—物理特征以及相应的超个体行为模式。例如,"道路"这一生态环境是前行路线(物理特征)或运输货物(超个体行为模式)的轨道,"商店"是储存用于出售的商品(超个体行为模式)的场所(物理特征),"餐馆"是为人们进餐和付费(超个体行为模式)系统安排物体如桌椅、柜台和收银机等(物理特征)的场所,等等。

三、行为情境理论

(一)行为情境的定义

巴克等人用现场研究法研究儿童行为时,发现了三种显著的行为模式:

(1)当一个儿童从一个情境进入另一个情境时,他的行为特征常常发生显著改变。

（2）在同一个情境中不同儿童的行为常常比他们中任何一个儿童在不同情境中的行为更具相似性。

（3）一个儿童行为的整个过程和该行为发生的特殊现场之间的一致性比他的整体行为过程的某个部分与从这个现场得到的特殊刺激之间的一致性更高。

由此，巴克发现，在同一个情境中的不同儿童的行为特征比同一个儿童在不同情境中的行为特征变化得更少。因此，来自药店、算术班和篮球赛等情境中儿童的行为特征比个别儿童的行为倾向更能预测儿童行为的某些方面。这种结论的影响是巨大的，它让巴克彻底放弃了从个体本身去寻找、解释和预测行为的传统研究模式，而转向了在与行为交互作用的行为情境中研究行为和背景关系的模式。

巴克和赖特认为，与熟悉儿童的个性相比，观察儿童所处的环境能更好地解释儿童当时的行为，因此他们在《生态心理学：研究人类行为环境的概念和方法》中提出了行为情境的概念，研究行为情境的性质及其对人们行为的影响。

巴克认为，一个行为情境就是一个生态单位，它由一个物质环境（空间范围、器械设备）和行为方案（行为的固定模式、管理方法和一套程序）组成。这里的行为情境可以是篮球赛、复活节游行或去教堂做礼拜等。一旦个体进入一个行为情境，其行为就会十分明显地受到环境和方案的影响。

行为情境的定义包括两部分：①社区内稳定的、自然的和社会的环境；②与之相关的人类行为持续稳定的形态。其中，环境部分有着明显的固定不变的属性，如时间、地点、事物以及与行为形态相符合的并为行为形态提供行为支持的人们。形态方面同样也存在着固定不变性——形态是非个体的，是一致不变的。行为形态不会由于进入或离开环境的个体的不同而有所改变。行为和行为情境是密切相连的，行为情境限制着情境中发生的行为，行为随着情境的变化而快速改变。

（二）行为情境的特点

巴克提出了行为情境的几个特点，用以解释个体行为与环境之间交互作用的效应。

1. 行为情境是由一个或多个固定的行为模式组成的

行为的固定模式是由许多在任何的生活情境中都能观察到的具体的行为所组成的,一种行为的固定模式超出了任何个体,是一种超个体的行为现象。环境并没有超自然的塑造行为的力量,但是环境的形式和结构会影响个体的行为。例如,在公园或操场,大多数儿童会游戏、会追逐奔跑等,巴克等人把部分原因归于情境本身,是它导致了这种行为。当然,巴克也没有贬低社会压力和学习对个体行为的作用,如父母花费大量的时间以明智或不很明智的方式教他们的孩子如何在不同的环境中表现出适当的行为。总之,情境的物质结构、同化和教导的结果以及个体在知觉情境的要求下所表现的技能,这些因素的结合建立了行为的固定模式。但是,在任何情境中,个体的行为方式也能够发生变化,即使建立了行为的固定模式,它们并非总是保持相同不变。例如,几年前儿童和教师在一些情境中的行为模式与今天儿童与教师在同样情境中的行为模式已有了很大的差别。

2. 环境本身具有物质结构方面的永久性特征

物质环境可以分为三种类型:一是物质环境固定和半固定的特征,例如,门窗、房间的大小、颜色、材料的质地和材料之间的配置等固定的方面以及家具、地毯、器具的样式、颜色、质地、放置的位置等半固定方面的特征;二是可移动的物体或材料的数量、种类、类型和摆设;三是活动情境,包括物体和物理空间。

3. 固定行为模式和环境的一致性

这也是每一个行为情境的基本特征。例如,在早晨的第一节课中,固定的行为模式包括每个学生端坐在自己的座位上,教师小结昨天发生的事情,布置当天的任务,学生互相讨论,提出意见,师生通过一致的行为方案,等。而这些行为在美术课或体育课上可能是很不恰当的。

4. 行为情境的相互依赖性

每一个行为情境,不管是复杂的还是简单的,必须存在于一个大的相互联系的环境之中。行为情境的相互依赖性主要考虑的是邻近的情境中交叉的行为模式的关系,以及在一个大的行为情境的内部与邻近的行为情境之间、行为之间所具有的可比性。行为情境的相互依赖性会影响处于情境中的人的行为。

综上所述,巴克和赖特的生态心理学理论可以概括为以下三点:①个体的行为是与行为所在的环境不可分割的,人与环境之间的作用是相互的,在大多数时间内环境对大部分个体会产生强有力的影响,个体则会改变和调整自己的行为以适应环境,同时个体也会以自己的方式改变环境。②环境对身处其中的个体而言不是固定不变的,而是随着个体对它的态度和探索方法的变化而具有不同的内涵。③当个体从一种环境转移到另一种环境时,他的行为会发生可以预期的变化;不同个体在同一环境中的行为比同一个体在不同环境中的行为更为相像;在任何环境中,个体的行为都具有相对稳定性,它主要取决于整体的环境,较少受个体自身特征的影响。

四、生态心理学研究方法

巴克认为传统心理学在实验室中,将注意力集中在"如果 X,那么 Y"的因果解释法则上的研究方法严重限制了心理学的发展。实验性方法虽然可以发现一些行为规律,却无法知道这些规律中的变量在不同的人群中是如何发挥作用的。所以,心理学研究应该立足于真实的生活,心理学首先应该成为一门自然主义的描述性学科。巴克大力提倡发展一种描述性的、自然历史的、生态的研究方法。他认为这样的方法可以为心理学研究积累大量的基本知识和信息。为此,巴克等人开展了著名的自然研究案例,他们在美国的一个小镇建立了心理学界第一个研究人类行为的现场研究站,并在此进行了长达 25 年的观察研究。

(一)行为样本抽样记录法

行为样本的抽样记录法是为个体在每日生活环境中的行为制定记录凭证,也是对样本进行观察的文字记载。巴克和赖特从在美国的心理现场研究站所作的研究中发现,在一个很小的社会圈子里会发生很多的行为—环境单元,因此有必要寻求适合从诸多资料中进行取样的方法。抽样可以针对与行为相关的个体稳定的非心理特征而进行,如性别、年龄、社会阶层等。这些特征中因素的变化或多或少地会以一种特殊的方式影响行为。同时,抽样也可以针对与行为相关的情境稳定的非心理环境进行,如幼儿园、篮球运动、家庭中所提供的环境等。这些社会环境以类似的方式制约了进入环境中的儿童的行为,但不涉及儿童的个体特征。这也就是前面提及的"行为情境"。儿童在幼儿园中的行为与在篮球赛或家庭中的行为是大不相同的。

对行为样本的记录法主要有两种:一是日记记录(a day record),记录被观察对象从早到晚一天所处的各种生活情景。在这类记录中,主体保持不变,而主体所在的环境发生了变化。二是情境记录(the setting record),记录被观察对象在一个特定环境中全部时间内的行为和背景。在这类记录中,各个主体是在相同的环境中被观察记录的,因而环境保持不变,但主体发生了变化。在整个观察记录过程中,观察者与被观察者之间没有任何语言和行为交流。日记记录和情境记录都能对被观察对象的行为以及行为的直接环境背景作出持续的、详细的描述和说明,同时保留了行为内容和行为情境的原始状态。

(二)行为事件研究法

作为抽样记录研究的一部分,巴克和赖特规定了行为的组成单位,他们称这些单位为行为事件(behavior episode)。一个行为事件是一个个体一系列行为的最小生态单位,用以分辨行为事件的基本标准是在表示此单位起始和结束的时间内行为的倾向始终如一。行为事件的另外两个明显的特征是:①它们发生在正常的行为中;②整个事件比其他任何的组成部分具有更大的潜能。"不喝柠檬茶""自己吃面条"等就是行为事件的例子。

巴克和赖特对儿童行为事件研究的最为有趣的发现之一就是行为事件随着儿童年龄的变化而变化。年幼儿童在一天里会做更多种类的事情,他们的行为事件的持续时间一般比年长儿童短。年长儿童不仅行为事件的持续时间较长,而且他们倾向于在一段时间里进行多个行动。相反,年幼儿童则倾向于从一个行动改变为另一个行动,按顺序做事情,并在一段时间里只做一件事。另外,年幼儿童更容易在没有达到目标之前就停止行动。

第三节　环境心理学研究方法

环境心理学家研究时不同于其他心理学家的地方是,他们将环境—行为的相互关系当成一个整体单元来加以研究。因此环境心理学家倾向于使用能在日常生活的实际环境中研究的技术和方法,即使是在实验室进行的研究,也是为了解决现实的问题。环境心理学的常见研究方法包括实验研究、现场研究、准实验设计、相关研究以及其他研究方法。

一、实验法

实验是整个 20 世纪科学心理学的灵魂,许多心理学研究都会采用实验法。它是一种积极的、干预的研究方法,通过实验者操纵一个或多个自变量来观察这些变量对因变量是否有影响。一般来说,因变量总是实验中所要测量的对象。在实验中可以同时控制几个自变量,以此来观察每一自变量间是否具有某种交互作用。

在研究中采用实验法有许多优点。例如,与其他研究方法相比,实验法能对变量进行有效的控制,而且可以用于验证某一具体假设。更重要的是,一个有效的实验能够使研究者得出自变量和因变量之间的因果关系。当然,实验法也有缺点。由于实验中要控制自变量,这也暗示着对某些课题使用实验法的局限。这些限制可能面临伦理的或实践的问题。例如,研究者对人对自然灾害如洪水的反应如何,或家里遭劫后对人的影响等课题感兴趣,虽然实验者可以控制自变量,但由于涉及伦理或实践上的困难,花费高而且效果不好,这就迫使实验者使用其他方法。

研究者使用实验法时,都必须小心谨慎以确保实验效度。研究者必须重视两种效度:内部效度和外部效度。内部效度反映了研究的自变量和因变量之间存在关系的明确程度。外部效度是指实验结果能从这个实验推广到其他实际场景的程度,即研究结果的普遍性或可应用性。与心理学其他领域的研究相比,环境心理学家强调解决实际问题,因而对实验的外部效度更为关心,这样才能使实验结果具有普遍性和应用性。如果能成功地从实验情景推广到真实生活情景(尽管这两种情景不完全相似),可能会对解决各种环境问题产生更有力的影响。

尽管如此,对于环境心理学家而言,实验法的缺点往往胜于它的优点。例如,为了得到某种程度的必要控制,必须建立一个人为环境,而人为建造的环境破坏了环境心理学所研究的环境的整体性。这便使得从这些研究中获得的信息无法概括推论到真实世界的情景,从而减少了外部效度。尤其是,由于环境对人类行为、心理所造成的影响无法在短期内显现,因此实验室研究对变量的短时间的控制就无法达到研究的目的而影响实验结果的普遍性。因此环境心理学家更注重现场研究法,即使在研究中采用了实验法也与其他心理学领域有区别。

二、现场研究法

和实验室研究相对的是现场研究。在真实环境中对真实的人进行研究,可以弥补实验室研究的某些不足。由于被试往往不知道自己正在被研究,就减少了无端猜测,研究者可能获得更"真实"的结果。同时,现场研究也可研究不同类型的人,而不只是大学生,这样可以更有效地研究一些在实验室里无法控制的变量。

环境心理学中所从事的领域性研究是典型的现场研究。领域性(territoriality)是指个人或群体为满足某种需要,拥有或占用一个场所或一个区域,并对其加以人格化和防卫的行为模式。一般而言,领域性研究是很难在实验室中进行研究的,因为实验者必须诱发被试在其所处的领域产生所有权的感觉。心理学家 Edney 利用学生的宿舍房间作为实验室,随机指定了一半学生留在他们自己的房间中(主人),而另一半学生则到其他学生的房间做访客。被试必须在这样的条件下执行各种不同的任务。其结果显示,当人们留在自己的领地上时,比造访他人领地时感觉享有较多的控制权,并视他们自己的领地为较愉悦与较具个人隐私的地方。Edney 成功地运用了自然环境来观察环境现象,并以一种系统性、因果性的态度来研究其影响。由于被试是随机指定的(主人与访客的条件),外在的因素获得某种程度的控制,而且现实生活环境会增强实验的真实性与外部效度,因此 Edney 此项关于领域性的研究成为田野实验研究的最佳案例。

由于各种不同的原因,现场研究具有一定的局限性。一方面,适合现场研究的适当环境较难取得;另一方面,现场研究的无关变量太多或者无法得到足够的控制,并且现场研究更难对因变量进行纯粹的测量。例如,如果被试的情感反应是因变量,研究者可能从其他行为(如面部表情或姿势)推测他的情感状态,而不能像在实验室里直接加以测量。另外,现场研究经常比实验研究烦琐而且花费较高,因为需要研究者到现场及将设备运到不同的地点,需要较多的研究人员以及其他研究小组的合作。

鉴于现场研究的以上缺陷,有些研究者采取在实验室中模拟自然环境中的基本元素的方法,如此实验的真实性与外部的有效性也会增加,且可保留实验的精密性。模拟现实生活情境的实验室研究除了用来研究居住拥挤的现象外,也用于研究人的行为、经验与环境的交互关系。例如,环境心理学中的一个研究领域是关于人们如何看待他们的环境,以及哪些因素会影响他们对不同环境的喜好。显然,在从事这项研究时,若是将被试置于不同的地方,然后要求他们对不同的环境作出评比,是一件很不实际的事情。但是,伯克利环境模拟实验室(Berkeley Environmental Simulation Laboratory)通过大规模地模拟现实环境,推动人们穿越邻近的郊区或市区中的不同区域,来研究人的行为、经验与环境间的整体关系。通过环境模拟实验室进行的研究,不但保证了实验的真实性,也保留了实验室研究的精确性,从而使研究结果具有较高的普遍性。

另一个更传统的检视自然环境的实验,是让被试观看大范围的环境幻灯片。在这类的模拟中,研究者可以变换都市及郊区幻灯片的复杂度,然后要求被试加以排列对比。这会提供一些有关复杂度如何影响对都市及郊区环境的偏好的信息。幻灯片作为真实环境的一个模拟,可以随意地呈现给较小或较大的团体,制作与取得的费用便宜并且可以同时展示各种不同的景象。

三、准实验设计

环境心理学家最常用的收集数据的方法来自"占有后评价"(post occupancy evaluation,简称 POE)研究。POE 是从社会和行为角度评价一个建筑环境,看它是否能满足居住在这里或在这里工作的人们的要求。同时,POE也可对物理环境对人行为的影响进行反馈。由于现实生活中实际情况高度复杂,对严格控制的实验法来说,POE 的实验存在着很大困难,研究者必须依靠其他方法来收集数据。准实验设计就是其中之一。

与其他心理学研究领域相比,环境心理学中准实验设计的运用更广泛。准实验设计是介于非实验设计和真实验设计之间的一种实验设计。它对无关变量的控制比非实验设计要严格,但不如真实验设计对无关变量控制得充分和广泛。具体而言,准实验设计有三点不同于真实验设计:①有时对自变量(如被试特点的自变量)无法有意识地操纵;②不能严格地控制无关变量;③无法按照随机抽样原则抽取被试,也没有随机地把被试分配到各种实验处理中。

准实验设计有许多不同类型,在此着重讨论在环境心理学中经常应用的一种准实验方法——时间序列设计(time series design)。时间序列设计常用于研究各种环境—行为问题,例如,疗养院活动室的重新装修对疗养者的影响,办公室设计对职员满意度的影响,城市人行道改造对人产生的影响。在这些研究课题中,运用准实验方法的时间序列设计比其他方法更为有效。

在时间序列设计中,对每一组的每个被试在接受实验处理或干预之前和之后的行为都要进行评价。例如,假定研究者想了解在精神病院中对活动休息室重新装修后,病房里病人的相互交往是否增加了,这就要比较重新装修前某个时期一小时内观察到的交往次数和装修后相同时间内观察到的交往次数。使用这种设计的一个问题是不知道病房内交往频率的波动情况,这样就不能知道数据在多大程度上反映了重新装修前后交往的总体水平。采用间断时间序列设计可以部分地弥补这一不足,重新装修前和装修后记录不同观察时期的数据,这样交往频率的波动情况就较清楚了。采用间断时间序列设计后尽管有所改进,但在解释数据时仍然存在一些问题。例如,由于缺少对照组,有可能是其他事件引起了结果的改变。在上面的例子中,也可能仅仅因为时间的推移彼此之间越来越熟悉而导致交往增多。解决这一问题的一种方法是采用多重时间序列设计。这种设计包括一个对照组,以排除其他可能的解释。根据这种设计,可采用在几个不同时期观察重新装修前后的交往频率,将这一结果与另一没有重新装修的精神病院中相似的一组病人进行比较,假定这家医院的病人的交往随时间没有出现相似的变化,那么,把观察到的交往频率的变化归于重新装修就比较充分了。[①]

总体而言,准实验设计具有其他一些研究方法的特征,但缺乏有效的实验所必须具备的一个或多个特征。例如,可能没有对被试进行随机分配,或不能按研究者构想的那样明确地操纵自变量。这种设计对建立因果关系无效,也不像实验方法那样严格,但在自然条件下条件改变时这种方法却很适用,因而环境心理学中准实验设计的运用更广泛。

四、相关研究

相关研究可以是实验研究,也可以是准实验研究。在相关研究中,研究者测量环境中存在的两个或多个变量,既非实验的也非干预性质的,因为研究中不操纵研究变量,也不分配实验处理组被试。研究的目的是考察所测变量间是否存在着某种关系。

在许多实验方法难以进行的情况下,相关研究非常有用。它比其他研究方法迅速、方便,研究者可以用这种方法研究人对自然灾害的反应,实验

----

① 俞国良,王青兰,杨治良:《环境心理学》,人民教育出版社,2000 年,第 25—26 页。

方法则无法进行此类研究,而且在此方法中,自然发生的情境变化和其他变量间的关系,都可以通过对两者的仔细观察来作评估。假设研究者想要比较人们对百货公司高、低密度的反应,通过观察密度和购物行为间自然发生的变化,研究者就可以说出其中一项的变化是否影响了另一项变化。

与其他研究方法一样,相关法也有不足,由于对外部变量控制不足,这经常使变量间的因果关系变得模糊,甚至在有很好预测力的情况下,相关研究也会让研究者难以明确是哪个变量引起了另一变量的改变。另外,在相关研究中,实验者不能或无法操纵情境的各个方面,也不能随机指定被试处于不同的实验条件下。例如,在上述研究案例中,密度并不在研究者的控制之下,而是由时间及其他因素所掌控,被试也并非被随机指定在不同的事件中出现,实验研究的控制类型特性也不是人为设计的,因此无法作出因果的推理。我们无法在密度高或低时随机指定购物者,也就无法排除从密度及购物行为间观察出来的关系是由其他变量所造成,如不同类型的人们也许喜欢在忙碌或悠闲的时间购物。尤其在没有实验的条件下,我们就不知道两种变量间的因果关系,因为我们不确定哪些变量是因,哪些变量是果。

尽管相关研究有这些缺点,但环境心理学研究者仍经常使用该方法,因为它常常是解决实际问题的最好方法之一。它为环境心理学家提供了一些帮助。例如,操控许多研究环境的条件,是一件不可能也不道德的事,这使得实验研究完全不可能,在这种情况下(如灾难研究),相关性方法可以让实验者使用自然的、日常的环境作为实验室。在这类研究中,需要关注的不是人为模拟自然环境的情况,而是如何提高实验的普遍性或者实验的外部效度。为此,环境心理学家使用相关研究时可以区分为两个研究群组。一个群组测定自然发生的环境变化(如自然灾害)与在此环境中人们的行为之间的关联,另一个群组则评估环境条件与档案资料间的关系,例如住宅密度与犯罪率间的关系,其中档案资料可以在历史记录如警察局报告或气象记录中找到。

五、其他研究方法

心理学传统的研究大多是在实验室中控制的条件下进行的,而环境心理学着重于真实生活条件下的研究,采用的方法主要是自然的观察和调查,这些调查研究常常经年累月,有的需要坚持数十年,有的还需要夜以继日地进行观察。环境心理学研究中常用的收集数据的方法和技术有观察法、自我报告法和档案法。

(一)观察法

观察,即将所见所闻客观地记录下来。在公开场合进行观察,这种观察并不冒犯人的秘密性。进行不打扰被试的观察,观察后要给予一定的解释和说明。在观察中,可以利用录像、照相、录音等作为辅助手段,以期得到更为客观而准确的数据。使用观察法的一个特殊方面是观察人们行为留下的痕迹,通过这些痕迹来构想他们的行为。简而言之,观察法是观察人员通过各种手段将处于一定环境下人们的行为记录下来,发现人的行为与环境之间相互关系的一种研究法。

观察法主要受以下两个因素的制约:

1. 主体因素

观察的主体即观察人员,一般通过参与到某一事件或环境中,与当地群众相混同,采取一致的生活方式,被当地群众所接纳,以获取真实的信息。观察人员应当具备一定的社会科学知识和技巧,既能有效地掩饰自己观察者的身份,又能客观地考察不同文化背景下的社会行为方式。

2. 客体因素

客体因素包括行为、环境和时间。首先,观察人员应当尽可能地收集环境中所涵盖的最大幅度的行为,如视觉景观、噪声、拥挤、气味嗅觉、温度、照明、主观情调、客观活动等;其次,要以环境变化为准,客观地记录人们的行为与环境变化的相互影响及其规律;另外,观察人员还要重视时间的差异性,特别是季节性的差别,减少对一些关键性信息的疏忽,避免收集的信息不够全面。

(二)自我报告法

自我报告是利用一些调查技术,让被试报告他们的行为、情绪等各种反应。如使用访谈、问卷、量表等来揭示人们的外显行为及对环境的评价和感受。环境心理学经常采用自我报告法,让被试来评价环境的质量。

环境质量知觉量表(PEQI)就是采用自我报告法来反映个体对其环境的主观评价。用 PEQI 来评价环境是判断环境保护工程的有效性,评估建筑物和发展计划对环境的影响,把环境质量信息传递给环境政策的决策部门的一个重要组成部分。

（三）档案法

档案研究应用已有的资料，其目的不是学术上的验证假设或变量间的关系。档案研究的资料常常是书面文件，包括历年来的社会记录，如保险统计资料（如出生日期、死亡日期、婚姻）、人名录、报纸或以往的调查结果，还有的是私人资料，如日记、信件或合作经营记录等。各个国家、机构和个人都有很多档案资料，这些会为分析事物间的关系提供重要的数据来源。如把城市的气象资料、警察局的犯罪事件记录等作为资料，分析两者之间的相关关系。环境心理学研究者已运用档案研究法成功地研究了一些问题，包括拥挤和健康的关系，城市温度和攻击性行为的关系等。

【反思与探究】

1. 概念解释题

（1）环境负荷；（2）行为约束；（3）固定特征元素；（4）行为情境；（5）摩尔行为；（6）现场研究法。

2. 简述题

（1）简述环境心理学的唤醒理论。

（2）简述环境心理学的研究方法。

3. 论述题

请对巴克的生态心理学观点进行论述。

4. 讨论题

（1）大学校园中，有的同学喜欢在宿舍学习，可是总是受到许多"诱惑"，于是不得不在自习室或图书馆学习，试用环境—行为关系理论对这种现象进行分析。

（2）选择一段时间，例如一个月或半年，记录自己在这段时间里的日常学习情况和心情变化，同时记录自己这段时间的"背景"情况，用生态心理学对记录结果进行分析。

（3）两家大型商场，同属于某一知名连锁超市，一个生意非常好，一个不太好，对这种现象，你如何使用环境心理学研究方法进行分析？

【拓展阅读】

1. Robert B. Bechtel & Arza Churchman, *Handbook of Environmental Psy-*

chology. New York：John Wiley & Sons，Inc，2002.

2. Gary T. Moore & Robert W. Marans，*Toward the Integration of Theory*，*Methods*，*Research*，*and Utilization*. New York：Plenum Press，1997.

3. 苏彦捷：《环境心理学渗透在我们的生活中》，载《心理与健康》2005年第5期。

4. 彭运石，王珊珊：《环境心理学方法论研究》，载《心理学探新》2009年第3期。

5. 吕晓峰：《环境心理学：内涵、理论范式与范畴述评》，载《福建师范大学学报》(哲学社会科学版)2011年第3期。

6. Maria V. Giuliani & Massimiliano Scopelliti，"Empirical research in environmental psychology：Past，present，and future，" in *Journal of Environmental Psychology*，Vol. 29，No. 3(2009)，pp. 375-386.

第二编　环境问题与心理行为

第三章　环境知觉和环境认知

学习目标

1. 准确掌握环境知觉与环境认知的含义。
2. 熟悉相关的环境知觉理论，并能用理论对相关问题或现象进行分析、解释。
3. 掌握认知地图的含义，并能在现实生活中运用。
4. 了解潜在环境变量(因素)及其对个体的影响。

引言

英国著名首相丘吉尔(Winston Churchill)说过："人们塑造了环境，环境反过来塑造了人们。"人类自诞生以来无时无刻不在塑造着我们周围的环境，从大的方面来讲，我们从大自然这样一个大环境中获取人类赖以生存的资源，如清新的空气、淡水、食物、能源等。人类在改造环境的同时，环境也在影响着我们。如因过度开发引起的环境污染、全球气候变暖、水土流失等，这些问题无一不是令人棘手的。人类时刻都在与环境进行信息的交换，要对环境中的信息进行编码、加工和处理，而知觉就是研究人们如何获得信息并对其进行加工处理的。

人在一生中不可避免地要去一个陌生的地方。我们可以在外界的帮助下抵达目的地，可我们是如何对外界所提供的帮助进行加工，又是如何找到目的地的呢？你会在本章找到该问题的答案。

第一节　环境知觉

兵法云:"知己知彼,百战不殆。"为了更好地塑造一个美好的,更适合人类生活的环境,我们就要了解环境,研究环境。而了解和研究环境的前提是要对环境通过刺激感官时所提供的各种信息进行加工。

一、环境知觉的概述

在"环境知觉"一词中有一个"知觉"(perception),而知觉又是对各种感觉(sensation)的一种综合和加工。因此在介绍环境知觉时我们先来了解一下感觉和知觉的含义。

简单地讲,感觉就是个体或人脑对外界刺激直接作用于感官时的简单的、单一的反应。在感觉的概念中包含这样几个关键词,首先是"直接作用于感官",其次"是简单、单一的反应"。人的感官有眼、耳、口、鼻等,比如我们用眼睛去看,用耳朵去听,用鼻子去嗅等,"我们用……"后面所跟的词就是感官。需要强调的是,大脑不是感官,而是对各种信息进行加工和处理的场所,但是没有大脑的参与是不能形成感觉的。简单和单一的反应,可以理解为对事物某一方面或者某一维度的反应,如物体的颜色、物体的形状等。当个体告诉我们某个物体是红色时,这时是感觉,而告诉我们是红色三角形时就不再是感觉了。

知觉是对感觉信息的综合反应,人们通过感官得到了外部世界的信息。这些信息经过大脑的加工(综合与解释),产生了对物体整体的认识,就是知觉。换句话说,知觉是客观事物直接作用于感官而在大脑中产生的对事物整体的认识。在知觉概念中有两个关键词——"直接"与"整体"。如果离开了事物对感官的直接刺激,既没有感觉,也没有知觉。知觉是对客观事物整体的认识,不是对其个别属性的认识。比如对红色三角形的认识就是知觉,而对其红色的认识只能称为感觉。

在人的心理活动中,知觉是一种很简单的活动。虽然很简单,但也包含了几种相互联系的作用:觉察、分辨、确认。觉察(detection)是指发现事物的存在,而不知道它是什么。分辨(discrimination)是把一个事物或其属性与另一个事物或其属性区别开来。确认(identification)是指人们利用已有的知识经验和当前获得的信息,确定知觉的对象是什么,给它命名,并把它纳入一定的范畴。

现在,我们来探讨环境知觉的概念。环境知觉就是个体对环境信息感知的过程,是在环境刺激作用于感官后,大脑作出的一个全面的综合的反应。在对环境刺激进行感知的同时并不是只有外界刺激参与知觉过程,人脑中已有的知识经验也会参与该过程,其机制包括自上而下的加工和自下而上的加工。比如在去某一旅游景点之前,我们多多少少会从书籍、电视、网络等媒体中获得一些关于该景点的描述和介绍,这时我们对该景点的信息加工就是自上而下的加工;当亲临其境时,我们对该景点的信息加工即为自下而上的加工。具体来说,自下而上的加工是指知觉过程完全由感觉输入的刺激决定,也就是说大脑对该客体的加工都来自物体本身的客观刺激。自上而下的加工则相反。一般情况下,个体对环境的知觉经过这两种机制的处理后,对环境的感知才更准确。

与知觉概念相比,环境知觉更强调真实的环境和大环境中的一些因素对环境知觉的影响,即强调环境与人的互动。同时也重视人的知识经验、人格特点、认知特点等对环境知觉的影响。如同样一块石头在不同的人眼中有不同的结构,在孩子眼里它是一个玩耍的东西,在画家眼里是创作的素材,而在地质学家眼里考虑得更多的是它的成分和形成年代了。

对环境知觉的研究有助于人们更好地认识环境,从而为人们在设计房屋、服装、道路、景区时提供一些理论支持,为更好地适应环境和塑造环境提供帮助和服务。

二、环境知觉的理论

不同的心理学派对环境知觉有着不同的看法和解释,俗话说:"仁者见仁,智者见智",他们各自建立起了自己的理论,尽管有的理论相互对立,但是对我们从多角度,多方位理解环境知觉是有益的。下面主要介绍三种比较流行和多见的环境知觉理论,它们分别是格式塔知觉理论、生态知觉理论和概率知觉理论。

(一)格式塔知觉理论

1.格式塔知觉理论的基本观点

格式塔心理学(gestalt psychology)是由德国心理学家韦特海默于1912

年在德国法兰克福创建的。格式塔是由德文 gestalt 音译而来,其原意是指形式(form)或形状(shape)。铁钦纳(E. B. Titchener)最早将其称为完形主义(Configurationism),因此格式塔心理学又称完形心理学。格式塔心理学的主要代表人物有三位,他们分别是库尔特·考夫卡(Kurt Koffka)、沃尔夫冈·苛勒(Wolfgang Kohler)和马克思·韦特海默(Max Wertheimer)。

格式塔心理学反对把整体分为部分,强调心理作为一个整体、一种组织的意义。他们认为整体不能简单地还原为各个部分或各种元素之和,部分相加不等于整体;整体的特性优于部分的特性,并且制约着部分的特性和意义。例如,一首曲子包含很多个音符,这些音符是按照一定的规律和顺序有机地组合在一起的,并不是简单地将其合并成一首曲子。相同的音符按照不同的排列组合方式能够组成不同的曲子,有的组合是乐音,而有的则成了杂乱无章的噪音。因此对部分或元素的分析和理解,并不能说明对整体也有了一定的理解。

2. 知觉的组织原则

知觉是格式塔心理学研究的主要内容。格式塔知觉理论认为个体的知觉具有主动性和组织性,并且是用最简单的方式从整体上去认识外界物体。格式塔心理学家在总结前人研究成果和自己对知觉的研究的基础上提出了知觉的组织原则,这些原则可以概括为以下几条:

(1)图形与背景的关系原则

我们在知觉客观世界时,总是选择少数事物作为知觉的对象,把其他事物作为知觉的背景,以便使知觉对象更清晰,更容易被个体感知。但知觉对象与背景的关系并不是一成不变的,二者不仅可以相互转换,而且相互依存。图3-1很好地说明了背景与知觉对象的关系。

图3-1

（2）接近或邻近性原则

当两个对象在时间或者空间上比较临近或接近时，我们倾向于把这两个物体感知为一个整体。同样，在时间上彼此临近的两个声音我们也会把它们视为一个整体。如图3-2中，我们倾向于把A中的圆点竖着作为一个整体，因为圆点之间垂直方向的距离更小，彼此之间更接近。相反在B中水平方向上的圆点更容易被视为一个整体。

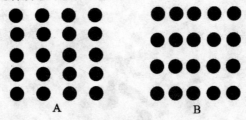

图3-2

（3）相似原则

在视野中物理属性相似的刺激物体往往被视为一个整体。如图3-3中，我们倾向于把圆点视为一个整体（菱形）。

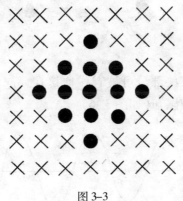

图3-3

（4）封闭性原则

封闭性原则有时也称为闭合原则。有些图形虽然残缺、不完整，但当其主体结构或框架有闭合的倾向时，我们依然会把它感知为一个完整的图形。如图3-4中，虽然呈现在我们眼前的是三段圆弧，但我们仍把它知觉为一个圆。

图3-4

（5）共同命运原则

有学者把共同命运原则称为共同方向原则。当客体以相同的方向运动或变化时,个体通常把共同移动的部分视为一个整体。

(6)好图形原则

当视野范围内有很多图形时,个体会倾向于将整体刺激作为一个好图形。好图形的标准是均匀、简单、稳定、有意义。如闻名国内外的安徽灵璧奇石就是利用这一原则,把奇石看作各种神话或历史人物中的情景。如图3-5中,尽管该图是由一些散乱的、不规则的碎片组成,但我们把它理解为一个骑在马上的古人。

图3-5

(7)连续性原则

如果一个图形的某些部分可被看作连接在一起的,则这些部分就很容易被视为一个整体而被感知(如图3-6)。

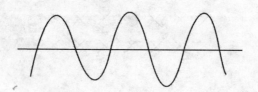

图3-6

虽然以上知觉组织原则有些不是格式塔心理学家首创,但他们将这些组织原则进行了系统的整理和说明形成了格式塔心理学知觉理论的一大特色,使我们在感知外在刺激时有了可以遵循的原则。

（二）生态知觉理论

生态知觉（ecological perception）理论由吉布森（James J. Gibson）提出，他的理论之所以被后人冠以"生态知觉理论"，是因为其理论观点强调人类的生存、生物的适应问题。他认为知觉是直接的，不需要环境刺激引起的感觉经过重建和解释去构建意义，环境刺激本身就是有意义的。其理论主要包括以下两点：

1. 环境的提供（affordances）

外在的环境刺激在作用于个体的感官后，无须高级神经中枢的复杂加工就可以获得许多有价值的信息。个体通过多样化的方式与周围的环境相互作用，从而达到了解周围环境的目的。在探索周围环境的过程中，我们可以从不同的角度、不同的侧面对知觉对象进行了解。同时，物体在我们视网膜上的投影是变换的，但物体仍会表现出某种稳定的机能。吉布森将这种机能称为物体的"可供性"（affordances）。例如，景区里修建的花园围栏可供游客坐下休息，山洞可为动物提供藏身之处，等。在与环境的相处中，个体看到了什么东西不是很重要，发现或找到一个物体的可供性才是很重要的。因为这种可供性能够满足人类的需要，对个体的生存有着重要的意义。尤其对古人来说，在科学技术不是很发达的年代，找到一个物体的新的可供性犹如今天的一项科技发明一样，对当时社会的发展有着极大的推动作用。

环境的可供性与环境的生态功能有着密切的联系。例如，为了旅行的快捷和舒适，人们发明了汽车、飞机等，可由此带来的环境问题无时不在困扰着我们；为了获得更多的农田，人们砍伐森林、围湖造田，却导致了水土流失、物种灭绝等。这些环境生态问题无一不与人们过度追求环境的可供性有关。因此，在环境问题日益突出的今天，对个体与环境可供性关系的研究无疑具有更深远的现实意义。

2. 知觉的先天性

吉布森（1950，1966，1979）认为自然界的刺激是完整的，人们完全可以利用这些信息，对作用于感官的刺激产生与之相对应的知觉经验。吉布森和沃克于1960年进行了一项"视崖（visual cliff）"实验：在实验中，将婴儿放在视崖的中间（如图3-7），并要求他们的母亲站在视崖深的一端和浅的一端召唤他们，观察他们是否会跟随母亲的召唤，向视崖或"浅滩"爬去。视崖为一张高约1.2米的桌子，表面是一块厚玻璃，半边的玻璃是不透明的，紧贴玻璃下方有一块红白格子的布,此为"浅滩",而另半边的玻璃是透明的,不过在相距约 1.2 米远的地面上同样铺着红白格子的布,此为"视崖"。如果被试具有深度知觉,那么他就会感觉到两边红白格子布的深度是不同的。

视崖实验发现几乎所有的婴儿在母亲的召唤下,都愿意爬向"浅滩",但只有 1/3 的婴儿在极其犹豫的情况下,爬向了视崖,即使在母亲用手敲击玻璃,向婴儿示意玻璃的坚固性时,另外 2/3 的婴儿还是不愿意爬过来,这表示婴儿已经感知到了视崖的深度。不过,深度知觉是否是先天的呢?毕竟婴儿至少已经 6 个月大了,并且实验中的婴儿还要具有一定的爬行能力。基于种种的怀疑,他们又对刚出生不久的小动物做了类似的实验,实验结果表明深度知觉是先天的。

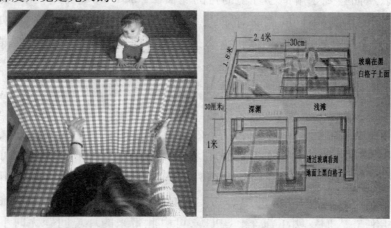

视崖实验　　　　　　　　　　　　视崖实验结构图

图 3-7　视崖实验(Gibson & Walk,1960)

(三) 概率知觉理论

布鲁斯威克提出了概率知觉理论,有的学者将其称为环境知觉的透视模型(lens model)。该理论更重视后天的知识、经验和学习的作用。

布鲁斯威克认为环境所提供给我们的感觉信息从来都不能准确地反映真实环境的特性,这一点恰恰与吉布森的生态知觉理论相反。布鲁斯威克的概率知觉理论也称透镜知觉理论。该理论把知觉过程类比成一个透镜,外部的环境刺激在我们的努力下通过这个透镜被聚焦和感知。布鲁斯威克把刺激分为远刺激和近刺激两种。远刺激是指物体本身的刺激,也就是指客体本身的一些属性(如大小、形状等),远刺激是恒定不变的。而近刺激是指投射在视网膜上的刺激,它是经常变化的。随着我们距离客体的远近、观看客体角度的不同,投射在视网膜上的刺激是不一样的。近刺激包含了大量错综复杂的信息,其中有些是客体的真实信息,有些则是模棱两可的信息。从另一个角度去理解,环境为我们提供了大量的线索,但只有一小部分线索对观察者是有用的,观察者选择一小部分刺激线索,忽略其余大部分线索。我们到一个陌生的环境中时经常会感觉到不知所措,就是因为我们被大量的环境刺激所包围,不知道如何去选择那些对我们有用的刺激,而在我们所熟悉的环境中则不会有此情形。

我们用一个例子也许能更好地说明布鲁斯威克的概率知觉理论。假如你和一位朋友走在山间的小路上,突然听到路边有声音,你可能会密切关注周围的环境,以便采取相应的应对措施。你可能认为那是一条蛇,但是几秒钟后,你朋友指着一只发出声音的青蛙大笑。我们之所以会犯这样的错误,是因为并非所有的刺激在知觉判断中都起到相同的作用,环境所提供的信息可能是不充分的,甚至会起到误导的作用。仅凭声音这一条线索不足以使我们形成精确的知觉,因为每个线索在形成知觉时所占的比重是不同的。用布鲁斯威克的理论来讲,每个刺激的生态效度都是不同的。

三、环境的适应性与对环境变化的知觉

我们一直在探讨知觉——显而易见,环境知觉过程很复杂——却没有考虑时间因素。如果把时间也看作环境知觉的一个因素,那么有两个现象在环境心理学中将占据一席之位,它们就是知觉适应和对变化的知觉。

(一)知觉适应

知觉适应(adaption)也叫知觉的习惯化(habituation)。假如随时间的推移,而刺激没有变化,人们对刺激的感知会不会发生变化? 如果会的话,会发生什么样的变化呢? 现实生活中的经验告诉我们,若刺激不随着时间的变化而变化,那么人们对该刺激的反应就会下降。也就是说,在知觉过程中,如果刺激保持不变,人们对刺激的敏感性就会大大降低,类似于我们平时所说的"熟视无睹"。

对这一现象有两种解释:习惯化主要涉及的是生理过程,当刺激反复出现时,感受器就对其不太敏感了;(Evans, et al., 1982)而从认知的角度来看,当刺激反复出现时,个体就对该刺激不太关注了,并将其排除在知觉范围之外。(Glass & Singer, 1972)

(二)对变化的知觉

美国一所大学的研究人员曾做过一个实验:把一只生活在正常环境下的青蛙放进热水中,青蛙能立即从热水中跳出来;而把青蛙放进与池塘水温一样的水中,然后把水慢慢加热,青蛙直到被煮死都没能从水中跳出。这就是著名的"温水煮蛙"实验。

青蛙为什么能从热水中跳出来,而不能从慢慢加热的水中跳出?那是因为青蛙对变化缓慢的水温比对变化巨大的水温的感觉更为迟钝,才发生了这样的悲剧。萨摩(1972)认为可以用心理学中的韦伯—费希纳定律来解释这一现象。机能主义的研究也指出,能否对前后两个刺激的差异有所察觉,不取决于刺激增加的绝对量,而是取决于刺激增加的相对量。换句话说,刺激要增加或减少一定的比例,我们才能区分这两个刺激是否为同一刺激。例如,长10厘米的绳子与长11厘米的绳子的差异要比长100厘米的绳子与长101厘米的绳子的差异大得多。也就是说,我们倾向于把10厘米长的绳子与11厘米长的绳子视为两个不同的刺激,而把100厘米长和101厘米长的绳子视为同一个刺激,不能将其区分开来。

总之,我们对变化快的事物要比变化慢的事物更敏感。而迅速、准确地感知外界环境的变化具有一定的生态意义。设想一下,如果我们在工业革命时期就对因大量使用化石燃料而造成的气候变化有所知觉,也许就不会有现在的全球变暖等一系列棘手的环境问题了。

四、影响环境知觉的因素

环境知觉受多种因素的影响。从宏观来讲,可以分为两种:知觉对象和知觉主体。

(一)知觉对象

环境知觉对象对知觉的影响主要是指环境刺激的新异性、强度、运动变化等。所谓刺激的新异性是指刺激物的异乎寻常的特性。例如,对于从小生活在内陆的人来说,大海及其海边的一些事物会很容易进入他们的视野。环境中的一些强烈刺激也容易成为我们知觉的对象,如突然一声巨响、一道闪光等。但容易成为我们知觉对象的不是刺激的绝对强度,而是刺激的相对强度。夜深人静时,手表的声音、冰箱运转的声音、楼上邻居的脚步声等都会成为知觉的对象;而在白天,由于周围环境噪声的干扰,我们往往感觉不到这些声音。另外,运动的刺激物比静止的物体更容易被感知。

(二)知觉主体

知觉主体指的就是个体。个体方面主要包括以下几个方面:

1. 年龄和性别

毋庸置疑,随着时间的推移,我们的感官接受信息的能力经历了一个先上升再下降的过程。老年人的器官已经衰老,而年轻人正好处于顶峰时期,所以老年人在感知环境时要比年轻人慢,例如,年轻人要用很大的声音跟老年人说话,才能使他们听得到。在性别方面也不同。比如男性更关注国家、国际、经济、军事等方面的信息,而女性更关注服装、化妆品、家庭等方面的信息;在空间认知方面,女性主要关注地标及特定的行人,男性更多的是关注路径、方位等。

2. 知识经验

典型的就是不同专业人士之间的知觉差异。大部分人经过专业的学习和训练后,他们会从自己专业的角度去感知物体。譬如同样一部电影,演员看到的是不同演员的演技如何,一位编剧看到的是这部电影是如何从小说改编为一个剧本的,心理学家关注的则是影片中不同角色的人格特征和行为方式等。

3. 生活环境

因纽特人常年与冰雪打交道,因此对雪就比较敏感,他们能区分出冰雪、雪花、碎雪等,而在我们常人看来这没有什么区别;锅炉工人能够区分出多种火焰,并且能根据火焰的颜色估计出火的温度,常人也是达不到这一点的。个体对环境的知觉是由个体的知觉目标决定的,而个体对环境的主动探索能够产生更丰富的知觉。

第二节　环境认知

一、环境认知概述

人的一生都在与环境打交道,而个体对环境的认知是适应环境的基础,可见环境认知对个体生存和发展的重要性。环境认知所涉及的方面比环境知觉更为广泛,也就是说,环境认知过程要比环境知觉过程复杂。为了更好地理解环境认知的概念,我们先来了解认知的含义。

20 世纪 50 年代兴起了认知思潮,它的兴起并不是偶然的,而是与信息论、控制论、计算机科学和语言学的发展密不可分。所谓认知就是人对信息的接收、编码、操作、提取和使用的过程(U. Neisser,1967),其研究范围包括感知觉、注意、表象、学习记忆、思维和语言等过程。Newell 和 Simon 认为,无论有生命的个体还是无生命的计算机信息加工系统的基本单元都是符号,符号可以是语言、标记、记号等,符号最重要的功能是它的代表性。Newell 和 Simon 还认为信息加工系统由感受器(receptor)、效应器(effector)、记忆(memory)和加工器(processor)组成。感受器的主要职责是接受外界的刺激,效应器主要是对外界作出反应,而记忆可以储存和提取符号。加工器比较复杂,它包含基本信息过程、短时记忆和解说器三个部分。基本信息过程主要负责符号的制作、销毁和改变已有的符号结构;短时记忆负责对基本信息过程所输入和输出的信息保持一定时间的记忆;解说器是将基本信息过程和短时记忆加以整合,并以此来决定基本信息加工过程的系列。

环境认知(environmental cognition)是指人对环境刺激进行编码、存储、加工和提取等一系列过程,并通过对一系列过程的加工来识别和理解环境。环境认知的主要研究内容包括城市和建筑物的表象、认知地图和寻路等。

二、城市意象

在心理学中,把曾经感知过的外界事物在记忆中重现的形象,称为意象或表象。美国城市规划家林奇运用心理学有关“图式”的理论,研究人们对三座城市的意象,并在此基础上写出了享有盛誉的 *The Image of the City*。“一千个人眼中,有一千个哈姆雷特”,不同的个体对同一座城市也会产生不同的意象。林奇分析研究了许多个体头脑中的城市意象,认为城市意象包含三个方面:特色、结构和含义。特色是指一个城市的个性,从整体上与其他城市不同的地方。结构即城市的整体轮廓,如道路结构等。含义指的是整座城市所传达出的某种精神或者文化。

林奇通过对收集到的意象地图和调查问卷加以分析整理,发现其中有许多不断重复的要素和模式。他将这些要素分为五类:道路(paths)、边界(edges)、区域(districts)、中心(centers)与节点(nodes)、地标性建筑(landmarks)。

1. 道路

对多数人来讲,道路是形成城市意象最重要的要素,人总是通过在道路上移动时来观察城市。如果把城市比作项链,那么道路就是那根绳。道路贯穿整个城市,又把整个城市联为一体。一个人去一个陌生的城市,首先是认路,通过在路上的感受来形成对这个城市的整体意象。

道路之间纵横交错、彼此相通,形成了城市的骨架。虽然中国古代城市广场的概念不如西方发达,但街道的观念很强烈,不管是大城还是小镇都有几条热闹非凡的街道。

2. 边界

边界有时也叫边线,是城市、地区或邻地的分界线,如山川、河流、围墙等。中国古代最明显的边界是护城河和城墙。但随着现代化的步伐越来越快,几乎所有的城墙都已被拆除,城市的边界不再那么明显、清晰可见。

3. 区域

区域是指有着某种共同特征的街区,也可以指一些功能类似的建筑群等。比如唐长安城著名的两大街区"东市"和"西市","东市"主要服务于达官贵人等上层社会,以经营高档商品为主,而"西市"不仅是大众平民市场,更是一个著名的对外贸易市场,每个市场被交通干道分割成大小基本相同的九个区域。现代化的城市也可以分为不同的区域,如住宅区、商业区、城市中心区、工业园区等。

4. 中心与节点

中心和节点往往是认知地图的核心,是道路的汇聚点,也可以是交通的转换地。每个城市或区域都有自己代表性、象征性的中心。如北京的天安门广场、华盛顿国会大厦前的草坪广场、莫斯科的红场、巴黎的香榭丽舍大道等。

5. 地标性建筑

每个城市都有自己的标志性建筑,标志性建筑担当着城市招牌的角色,使人一看到它,就想到该城市。如西安的大雁塔、上海的东方明珠、巴黎的埃菲尔铁塔、迪拜的哈利法塔、纽约的自由女神像等。

上述五种要素交织在一起就形成了人们头脑中的"地图",即城市意象。很显然这些要素并非相互独立,而是相互作用、交织在一起。对于城市意象的研究,为设计师或者城市规划师在设计和规划时提供了一定的指导,从而使城市意象更容易形成与辨认。

三、认知地图

认知地图(cognitive map)这一概念最早是由心理学家托尔曼(E. C. Tolman)提出来的,后来又受到其他领域(地理学、人类学、建筑学和环境规划学)学者的广泛关注。它与我们的现实生活密切相关,如寻路等。

(一)什么是认知地图

认知地图是由托尔曼在对老鼠走迷宫研究的基础上提出来的。他描述了老鼠如何通过学习形成并有效地利用迷宫的环境地图。托尔曼在实验中的做法是,首先训练老鼠在迷宫中走一条特定的路线到达终点,成功抵达终点后会得到食物奖励,然后阻塞其中一条或多条通道,这时老鼠会选择另外一条通道到达终点。经过反复学习,老鼠会发现某一条路线可以快速抵达终点,这时老鼠就会首选这条通道。老鼠并不是通过盲目的转弯来抵达终点,它们在反复地走迷宫时可能"获知"了出发点与目的地的相对位置。托尔曼把老鼠习得的对地点信息的认识,称之为认知地图。认知地图包括路径、边界、区域、结点及标志五种要素。

换句话说,认知地图就是在过去经验的基础上、产生于头脑中的、某些类似于一张现场地图的模型。它是一种对局部环境的综合表象,既包括事件的简单顺序,也包括方向、距离甚至时间关系的信息。

(二)认知地图的研究方法

有关认知地图的研究方法比较多,这里主要介绍一些最常用的方法。

1.草图法

草图法是最常用的一种方法,操作起来比较方便、简单。基本做法是:根据自己对所要求画出的地方的了解,在一张空白纸上画出草图,并要标出一些要素(如道路、边界、节点、标志性建筑等)。

草图提供了丰富的数据,但随着社会的发展、科技的进步,对地图的要求也越来越严格、精确,考虑到个体之间的差异(如绘图能力等),个体所画出的草图多少会发生失真(distortion)现象。尽管如此,目前这种方法仍被广泛使用。

2.言语描述法

言语描述法是通过访谈或者文字描述要求个体对某一地区或所生活的城市进行口头描述,其中要说出一些环境特征或者要素。林奇在研究城市意象时就应用了该方法,但这种方法容易受到语言表达能力的影响。

3.任务识别法

林奇在调查波士顿居民的城市意象时就使用了这种方法,他把波士顿城市的一些地标图片与其他城市的地标图片放在一起,要求居民说出哪些是波士顿的地标图片,哪些不是。该方法强调再认(对所见事物的再认能力)超过了回忆。有学者(Passini,1984)认为虽然再认与回忆不同,但在熟悉的环境中二者的活动方式十分接近,没有差异。

4.距离估计

距离估计是让个体在大环境下简单估计两个地点之间的距离。在估计距离时,我们至少有三种测量估计的方法。第一种是直线距离,对两点之间的距离进行物理测量,也就是两点之间的位移。第二种是认知距离,它指的是人们在环境中从一点到另一点的步行或者驾车的距离,可以理解为两点之间的路程。最后一种方法是多维测量(multi-dimensional scaling, MD-SCAL),多维测量是一种程序,通过这种程序人们可以估算两点或者建筑物之间的距离。在这种程序中输入某一点与其他多点之间的距离,电脑就会自动形成一张地图,但这张地图缺乏一定的生态效度和表面效度。

(三)认知地图中的误差

存在于大脑中的认知地图毕竟不像物理现实中的地图那样准确和精致,难免会存在一些误差。唐斯(Downs,1973)将这些误差分为不完整(incompleteness)、失真(distortion)、添加(augmentation)三种。

不完整是指与物理地图相比,认识地图经常会遗漏一些小的街道,甚至一些大地街区和地标,或者物体没有被完整反映出来。失真主要指物体间的距离、街区的大小等比例不协调,也包括对交叉路口的错误估计,地理特征、方位以及距离上的不正确表征,等。在认知地图中,对于熟悉的环境我们会将其夸大,对不熟悉的地区或者区域我们会将其缩小。添加是指在认知地图中添加一些并不存在的东西,个体有时会根据经验在认知地图中添加一些合乎逻辑但却不存在的元素。

由此看来,头脑中的认知地图并不能对现实环境进行清晰、准确的表征。了解这些误差来源有助于我们更好地理解认知地图。

(四)认知地图的获得

由于种种因素,我们头脑中的认知地图与实际的地图有一定的差异。

一般而言,个体对周围的环境越熟悉,其认知地图越接近实际,我们可以分别从儿童与成人认知地图的获得过程中发现这种现象。

1. 儿童认知地图的获得

形成认知地图的过程叫认知成图(cognitive mapping),这是一个学习的过程。儿童认知地图的形成与其认知能力的发展密切相关。著名心理学家皮亚杰(Jean Piaget)的"三山测验"能够很好地说明这一观点。在三山测验中,皮亚杰让儿童坐在椅子上,观察桌子上三座山的模型,一座山有白雪,一座山上有个小房子,另一座山上有个十字架,而玩具娃娃坐在桌子旁边的另外一把椅子上,要求儿童回答玩具娃娃看到的是哪座山,7~8 岁的儿童回答的几乎都是从自己的角度所能看到的山。这时儿童的认知地图还是分散的、片面的、不连贯的。

随着年龄的增长,儿童能够获得与成人一致的认知地图,在这一发展过程中大致包括四个连续的发展阶段,分别是:注意并记住路标;构建路标之间的路径;对一些路标和路径形成组块、群集;这些组块、群集再与其他特征一起整合到总体认知地图的框架中。

2. 成人认知地图的获得

成年个体与儿童获得认知地图的阶段基本一致,也是从路线到整体逐渐建立起来的。不同在于成人到一个新的环境,会利用出版的地图很快建立起这一环境的认知地图。虽然通过地图对了解周围的环境会有一些优势,但个体经验有时也会造成一定程度的失真。

（五）记忆与认知地图

每个人的认知地图代表了其对环境的理解,但认知地图本身并不等于外在的物理地图,物理环境的某些特征会以某种形式在认知地图中得到表征。从本质上讲,认知地图是环境的表象或者环境的表征。

在认知地图是如何表征现实环境这一问题上存在两种观点。一种观点认为对现实环境的表征形式在记忆中是环境的"心理意象"或"心理图片",即模拟的表征,就像环境的一些幻灯片储存在我们脑中一样。另一种观点则认为在我们大脑中储存的都是基于意义的命题和陈述,环境中的成分用一些概念来代表,每个概念与其他的概念由可检测的联系联结在一起。在记忆中,我们使用这种命题网络可以很快构成模拟表象。

总之,认知地图在脑中记忆的表征形式有两种:一种类似于外界环境的心理图像或意象;另一种是命题式的,是基于数据意义基础上的贮存,表征为几个概念的表述。

四、寻路

想必多数人都有过迷路的经历,迷路会使我们产生痛苦和焦虑的心理体验。在这种情况下,我们的认知地图失灵了,储存和加工信息的能力也丧失了。寻路是非常复杂的活动,包括计划、决策、信息加工,所有这些都依赖于理解空间和心理控制的能力,这种能力即为空间认知能力。

(一) 有利于寻路的环境特征

加林、布克和林德伯格(T. Garling, A. Book & E. Lindberg, 1986)指出,可能影响寻路的现实环境有差异性(differentiation)、视觉接近度(degree of visual access)和环境布局的复杂性(complexity of spatial layout)三个特征因素。

差异性是指环境中的物体或各部分相似或相异的程度。例如高度分化的校园有教学区、生活区、家属区、图书馆大楼等,其建筑风格迥然不同,易于识别。视觉接近度是指从其他有利地点所能看到的其他环境中不同部分的程度,高视觉接近度有助于寻路。环境布局的复杂性是指人们想在现实环境中活动时所拥有的信息数量,过于复杂的环境信息会阻碍寻路。

(二) 指路地图

一些空间规划比较复杂的大型广场、博物馆、地铁总站、购物中心,为了便于人们寻路,在一些交叉路口、节点上都设置有诸如"你在这里"的指路地图。但在多数情况下,人们看完这所谓的指路地图后依然感到迷惑。

为了使指路地图更容易为人们提供服务,便于人们理解和使用,莱文(Marvin Levine)与他的同事分别对指路地图的设计和安置进行了一番研究,认为指路地图应遵循几个简单原则:①与周围环境具有结构匹配性;②方位指向不一定是地理坐标系统,而是自我指向的参照系统。

指路地图与标准地图的相同之处在于,各种特征与周围实际环境的相符或一致。不同之处在于指路地图的方位不一定是上北下南、左西右东,只需在自我指向时,图示位置与周围环境结构匹配即可,而标准地图的各方面是客观的,不能任意添加、减少、歪曲。

五、影响环境认知的因素

影响环境认知的因素很多,这里将重点分析人口因素、经验和文化因素以及环境特征因素。

1. 人口因素

主要指年龄和性别。从年龄上来说,随着年龄的增长,儿童的环境认知能力会不断提高,认知地图的范围也会不断扩大,且男孩比女孩更明显,而老年人的环境认知地图中常常包含那些实际已不存在的部分,如已经拆迁的建筑。从性别上来说,女性通常关心空间的安静和封闭性,因此她们的认知地图常常以"家"为中心,并倾向于以空间要素来定向,而男性则更熟悉城市,女性以行进的道路为推论的基础,而男性则比较依赖于心理表征。

2. 经验和文化因素

经验影响人们对空间的表象,陌生人对城市的表象具有较大的局限性,新迁入居民的认知地图也比较局限,而且总是更强调道路。同时,不同文化的人也具有不同的表象特征。例如,从与环境认知直接相关的探路行为来看,日本人和美国人就有显著的差异。美国人按照直角坐标,用道路来组织限定空间,门牌号码直接反映出它在某一道路上的方向和距离;而在日本,传统的定位概念不是命名道路,而是命名空间。日本街道上的房屋不是按照道路上的空间次序而是按照建成的先后次序标出号码。法国和西班牙则采用辐射形的道路系统。同样,不同背景的人也具有不同的环境认知能力。研究表明,教育程度和社会经济地位较高者所建立的认知地图较广泛,也较为正确。

3. 环境特征因素

物质环境本身的特点也会对人的表象、认知地图和探路行为产生影响。例如,在城市中结构比较混乱的地方,为了识别环境,人们更多地设立一些独立的标志物、道路和能引起人们视觉注意的路牌。研究表明,在街道布局比较规则的地方,或主要道路突出、具有活动中心和独立标志物等条理清晰的地方,人们的认知地图最为清晰和明确,并具有良好的完整性,生活也最为安定和舒适。相反,结构清楚,但过于一致的邻里单元则常常引起定向困难。可见,既有结构,又有丰富变化,寓固定和变化于一体的城市结构,正是人们所需要的有机统一的整体环境,在这种环境中生活,有利于加强人们对环境的控制感和归属感。①

第三节　潜在环境认知

环境知觉和环境认知主要是针对视觉感官所获得的环境信息而言,在这一小节中,我们将着重讨论潜在环境(ambient environment)以及个体对潜在环境的认知反应。

一、潜在环境和环境负荷

(一)潜在环境及其对情绪的影响

潜在环境指环境中的声音、温度、气味和照明等非视觉部分所构成的环境。声音、温度、气味等作为稳定的环境特质,人们可能未曾明确意识到,但它们对人们的心理与行为有深刻的影响,对人类的行为和感受起着强烈而可预测的作用。个体的心情、工作业绩,甚至于生理健康都与来自潜在环境的感觉输入有关。特别是人们的情绪情感与潜在环境有着不可分割的联系。

人们对环境的反应有许多不同的方式。根据梅拉比安和拉塞尔提出的情绪三因子论,人们在预测环境行为时,有 3 种维度特别重要:①愉快—不愉快,个人是否感到快乐和满足,或是否感觉不高兴和不满足;②唤醒—未唤醒,活动和警觉性的综合,唤醒状态维度上的高分表示活动和警觉性两者都很高,当两者之中一高一低时则维度为中等分数,当二者都低时,此维度为低分;③控制—屈从,个体在某一情景中是否有控制力、自由且无拘无束,而不会感到被他人限制、威胁和控制。

显然,上述这些维度是相互独立的,因此,即使其中两个维度保持不变,第三个维度上的感受仍有可能发生变化。

研究表明,情绪三因子论在解释潜在环境的情绪反应方面是有效的,它不仅可以预测人们对环境的反应,也可用来预测对特定人、事物的偏好。(P. R. Amato & I. R. Mcinnes, 1983)

----

① 俞国良,王青兰,杨治良:《环境心理学》,人民教育出版社,2000 年,第54—55 页。

(二)环境负荷

无论是听觉、嗅觉还是触觉,任何环境都会引起感官的刺激。潜在环境所产生的感官刺激使自主神经系统普遍处于激发状态,因此,个体感受与输入的感觉信息量有关。

梅拉比安于 1976 年提出环境负荷(environmental load)的概念,用来描述不同环境的感觉信息量。在这个概念中,高负荷是指环境中包含许多环境信息、信息传递率较高,低负荷则是指环境中所包含的信息较少、信息传递率较低。如果其他条件一样,则高负荷的环境易被激发,而且会引起环境中个人较强的生理变化和认知活动的变化。

梅拉比安认为,环境负荷与环境信息的强度、新奇性和复杂度等特征有关。其中,强度是指刺激的幅度。例如,80 分贝的声音比 40 分贝的声音强,所以 80 分贝的环境负荷较高。新奇性由个人对环境信息的熟悉程度所决定,任何不熟悉或者不同的事物都需要占用更多的认知活动和注意力,对越是新奇的环境信息,个体的激发水平也会越高。复杂度指感觉刺激所传递的环境信息的复杂程度,在环境中包含的信息种类越多,人们了解和认识它所付出的认知努力就越多。值得注意的是,复杂的环境会鼓励探索活动并刺激注意力,而单调的环境会造成人心理上的不快,使人的效率降低甚至心理变态。一些研究也表明,环境的复杂性是人类生存过程中不可或缺的因素,人类偏爱中等程度的刺激。这方面的研究也被广泛应用到了社会建设和生活之中。

为什么环境刺激的强度、新奇性和复杂程度会增加环境负荷以及人们对刺激的注意力? 这其中有着较为复杂的原因。从进化论的观点来看,有机体对环境的适应是自然选择的结果;从生存的角度来看,复杂的刺激使得好奇而又有耐心利用它的有机体得到最大的奖赏。因此,个体对强烈、新奇而复杂的刺激会产生较强的心理与行为反应。

二、潜在环境的类型与性质

如前所述,潜在环境指物理环境中的非视觉因素,包括气候、高度、温度、光线、颜色和噪声等。接下来将着重讨论除噪声外的其他因素。

(一)气候与高度

有人认为气候是塑造文化价值和性格的主要因素。(W. Tetsuro, 1961)

凉爽和温和的气候是技术和发明的必要条件,因为人类的生存必须克服气候的问题。气候对人类行为有预测效果,长期生活在干燥热风地区的居民可能会出现更多的疼痛、易怒、暴躁和攻击行为。(J. A. Russell & M. E. Bernal, 1977;et al.)甚至大气中的电荷数目较多时,自杀、意外事故都变得较为频繁。(R. A. Baron & D. Byrne, 1987)

高度也会产生某些效应。例如,生活在气压较低、空气稀薄的草原上,居民可能会产生短期效应,如心脏可能扩大、红细胞增加、血红素浓度增加等。当然,高海拔也会带来长期效果,那里的居民肺活量和胸部都大于平原的居民,血压的变化情况也不相同。这些例子都说明,气候和高度作为人们生活的潜在环境会对人适应环境产生影响。

(二)温度

温度对人的生活很重要,极端的温度会影响健康、攻击和人际吸引等社会行为。大多数研究关心的是潜在温度(ambient temperature)和有效温度(effective temperature),潜在温度指的是当时周围环境的温度,有效温度则是指个人对潜在温度的知觉,它会受到空气中湿度的影响。一般来说,湿度大使人们觉得温度比实际的更高。目前,对温度的研究大多集中在高温对城市居民的影响上。研究表明,持续的高温效果会导致筋疲力尽、头疼、易怒、昏昏欲睡、精神错乱、心脏病等,甚至会导致死亡率的增加;高温对行为的影响是消极的,与处于舒适的房间里相比,处于热和潮湿房间里的被试表现出较消极的情绪和较不喜欢陌生人,人际吸引力降低,工作绩效下降。(P. A. Bell, 1978)

有研究证明,高温使人们的侵犯性行为增加,暴力犯罪的多少取决于温度的高低。(C. A. Anderson, 1987, 1989; P. A. Bell, 1989; A. S. Reifman, 1991;et al.)但最近也有研究表明,高温实际上会减弱愤怒个体的侵犯行为。在消极情感和侵犯行为之间存在着曲线关系。在某一点上,消极情感(不论是由温度、侮辱还是其他因素引起的)的增强使侵犯行为加剧;超过这一点后,再增加的消极情感使个体感到沮丧以致产生其他反应而不是侵犯行为。他们对曲线进行了检验,被试分为8个组,分别接受由气温、另一个人的积极或消极评价、这个人的一致或不一致态度等不同组合,他们相信,当条件由积极的(舒适的气温、积极的评价、一致的态度)向中等消极以及最消极的条件转换时,侵犯行为也增加了。然而结果并不是如此,在最消极的情况下(高温、消极评价、不一致的态度),侵犯行为减少了。因此,他们认为,在温度上升到某一点之前,侵犯行为会随之增加,之后温度若继续上升,则侵犯行为反而会下降,两者呈"倒 U 形"关系(如图 3-8)。根据上述研究,我们可以获得的结论是温度和侵犯行为之间必然有关系,但要描述两者关系的性质还很困难,需要作进一步的论证。

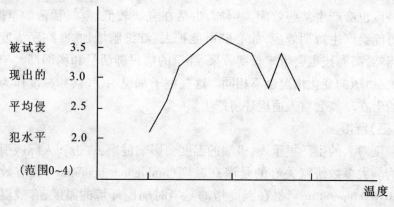

图 3-8　侵犯行为与温度

(三)颜色

颜色会影响个人的感受和表现,这是人们从日常经验中就能知道的。颜色有 3 种维度:明度(brightness),是来自有色刺激的光线强度;色调(hue),指颜色的种类,由刺激的反射光的波长决定;饱和度(saturation),指颜色中所包含的白光的量,白光越少,颜色越趋于饱和。

研究已经表明,明度和饱和度都和愉快有正相关,人们偏好较浅、较饱和以及光谱中偏向冷色的颜色(绿、蓝)。(A. Mehrabian & J. A. Russell,1974)一般地,人们将不同的心情归因于颜色,在魏斯纳(L. B. Wexner,1954)的研究中,被试认为颜色和心情具有一定的相关性,具体表现为:

蓝色——安全、舒适、温和、镇定、平静、冷静

红色——刺激、保护、反抗

橙色——烦恼、沮丧

黑色——消沉、有力

紫色——高贵

黄色——快活

当然这些都不是绝对的,但也隐含着人们认知环境的方式。同时,不同

颜色所造成的激发能力也各不相同。红色是一种有高度激发能力的颜色。实验中,红色比绿色和蓝色能引发更高的激发状态(R. Gerard, 1958; G. D. Wilson, 1964),在红色背景中比灰色出现更多的颤抖和快速移动(J. S. Nakshian, 1964),同时,在红色或橙色走廊上走路更快一些(R. Soaton, 1968)。这说明不同的颜色能在一定程度上影响身体力量。

此外,颜色作为一种潜在的环境刺激会影响人们的认知行为,从而在心智作业和身体运动上表现出不同的特点。

1. 颜色与智力

在一项长达 3 年的研究中,德国科学家发现,颜色可以影响人的智力——一些颜色有益于提高智力,一些颜色则会使人智力下降。例如,淡蓝色和黄绿色可使儿童智商提高;白色、黑色、褐色能导致儿童智商下降;橙色可改善儿童的社会行为,振奋他们的精神,使他们学习专心。

2. 颜色与情绪

不同的颜色可通过视觉影响人的内分泌系统,从而导致人体荷尔蒙的增多或减少,使人的情绪发生变化。红色可使人的心理活动活跃,黄色可使人振奋,绿色可缓解人的紧张心理,紫色使人感到压抑,灰色使人消沉,白色使人明快,咖啡色可减轻人的寂寞感,淡蓝色可给人以凉爽的感觉。英国伦敦有一座桥,原来是黑色的,每年都有人到这里投河自杀,后来,将桥的颜色改为黄色,来此自杀的人数减少了一半,这充分证实了颜色对情绪的影响作用。

3. 颜色与运动

不同的颜色可产生不同的生理和心理反应,这已引起运动专家的注意。研究表明,红色为主动色彩,可使人产生努力进取的精神;蓝色为被动色彩,可制造一种轻松的气氛,从而化解紧张情绪。教练作鼓动性讲话时应选择红色接待室,而运动员的更衣室则宜涂成蓝色。1987 年,国际奥委会主席萨马兰奇提议将白色乒乓球改为黄色,奥秘也在这里。因为白色球的飞旋容易使运动员和观众产生视觉疲劳,改用黄色球后,运动员能更准确地判断来球的力度和方向,从而提高比赛成绩。

(四)光线

光线也是潜在环境的重要组成部分,一般而言,人们对自然光线的偏好超过人工光线。有证据表明,全光谱的灯泡散发出较接近自然光的光线,所以可以促进小学生在学校的表现,而冷白的日光灯则会增加儿童的活动。

（R. Colman, 1976, et al.）当然,这也存在一些争议,有研究者就认为,在全光谱灯泡和日光灯照明下的作业差异很小,没有什么应用价值。（P. F. Boray, R. Gilford & L. Rosenthal, 1989）现在争论还在继续。但是有一点是可以肯定的:较明亮的光线会使个人处于较高的激发状态,使人们对环境刺激作出更多的反应;而黑暗会放松社会抑制,人们在黑暗的掩饰下较容易进行亲密、攻击和冲动的行为。另外,霍桑的实验也证明,工作环境中的照明水准会直接或者间接影响工作绩效,改善或妨碍工作者能力的发挥。

三、个体对潜在环境的反应

潜在环境激发情绪表现的性质,是人类行为的重要决定因素。但并非所有人对环境的反应都是相同的,这里存在明显的个体差异。个人的性格,尤其是与激发状态有关的反应,强烈影响人们对环境的反应,因此人格测量势在必行。环境心理学中常用的测量方法有以下几种:

1. 明尼苏达多项人格量表（MMPI）

这是由美国明尼苏达大学教授哈瑟韦（S. R. Hathaway）和麦金力（J. C. Mckinley）于 20 世纪 40 年代制定的,是迄今应用极广、颇富权威的一种纸—笔式人格测验。该问卷的制定方法是分别对正常人和精神病人进行预测,以确定不同的人在哪些条目上有显著不同的反应模式。

2. 加州人格量表（CPI）

它的基本构思源于 20 世纪 40 年代后期美国加利福尼亚大学心理学家高夫（Harrison G. Gough）博士的人格理论。测试涉及 18 个人格维度,每一个维度都是最基础的,是人们在人际交往过程中自然形成的。[①]

3. 环境反应量表（ERI）

这是目前研究者使用最多的一种量表,它主要是描述个人的人格倾向如何影响他们处理环境的方式,这份量表由 9 个维度共 184 道题目构成。个人与物理环境的互动方式由这 9 个维度所组成的反应模式共同决定。目前,环境反应量表已发展出适合儿童的版本,即儿童环境反应量表（CERI）。

4. 定向反应测量

对于环境心理学家来说,他们最关心的还是如何测量个人对环境刺激

① 李永鑫,王明辉:《人才测评》,中国轻工业出版社,2010 年,第 184 页。

的反应,即人与环境互动时的性质,这些性质的核心是定向反应(orienting response)。定向反应是所有有机体集中注意力去感觉环境中的新奇刺激的行为。在定向反应中,感觉阈限降低,大脑活动增加,心跳和呼吸改变,就像个体准备对新刺激作出适当的反应。定向反应会因为刺激重复出现而习惯化,从而使得个体探查或趋向刺激减弱,所以定向反应源于新奇、不可预测的刺激。

个人定向反应的强度反映了他是否易于被环境刺激所激发。由于环境刺激的重要性各不相同,如果个人想在其中有效发挥功能,则必须将感觉输入按其重要性排序,注意最有关的刺激而排除不相关的刺激。为此梅拉比安发展了一种人格量表,用来测量刺激过滤(stimuli screening),即个体是否能够有效过滤无关的环境刺激。他把能有效过滤环境中不重要信息的人称为过滤者(screeners),这些人不容易被激发,他们在拥挤和充满噪声的环境中仍然能照样工作。另一方面,非过滤者(nonscreeners)不能排除不必要的刺激,他们的神经系统容易接受过多的感觉信息,并且比过滤者更容易被激发,且感受到更大的环境负荷。非过滤者的定向反应较强且持续时间较久,只要环境中的信息量增加就会使他们的激发水准上升。一般来说,非过滤者更易于受到愉快、激发情境的吸引,而且有可能避免不愉快、高度激发的环境情境。

5. 感觉寻求量表

除了易于被激发的程度外,人们所希望维持的激发水准各不相同。为了能有效地测量与激发水准相关的特质,朱克曼(M. Zuckerman)发展了一种量表,用来测量感觉寻求(sensation seeking)。感觉寻求是一种包含多种成分的复杂信息。感觉寻求量表包括四个分量表:①测量个人冒险活动;②测量对于新的感觉和心理经验的需求;③测量不受限制地追求快乐的程度;④测量易于感到无聊的程度。

这些分量表之间有正相关,所以在某一维度得到高分,很有可能在另一维度上也是如此。有研究表明,感觉寻求会影响个体的社会行为。高感觉寻求者有较强的定向反应,并经常从事冒险、有变化或具有感官、社会刺激性的行为,而低感觉寻求者可能易患恐惧症。(M. Mellstorm & M. Zucker-man, 1976)

同时,感觉寻求也和个人的职业选择有关。高感觉寻求者比低感觉寻求者更有可能选择冒险的职业。值得指出的是,动物和人类不同的感觉寻求具有一定的生理基础,但学习显然会影响其表现的程度,某些感觉剥夺增强了动物和人类的刺激追求。

感觉寻求和刺激过滤是两种重要的性格特质,是对潜在环境作出有效反应的人格基础。中等程度的刺激过滤和感觉寻求对于有机体获得和维持信息具有适应价值。[①]

【反思与探究】

1. 概念解释题

(1)环境知觉;(2)环境认知;(3)认知地图;(4)表象。

2. 简述题

(1)简述自上而下与自下而上的加工过程。

(2)简述影响环境知觉和环境认知的因素。

(3)什么是潜在环境? 简述个体对潜在环境的反应。

3. 论述题

论述布鲁斯威克的透视模型与吉布森的生态学理论的异同。

【拓展阅读】

1. James J. Gibson, "The theory of affordances," in R. Shaw & J. Bransford (Eds.) *Perceiving, Acting, and Knowing: Toward and Ecological Psychology Hillsdale*, New York: Lawrence Erlbaum Associates, 1977.

2. James J. Gibson, *The Ecological Approach to Visual Perception*. Boston: Houghton Mifflin, 1979.

3. Donald A. Norman, "Affordances, conventions and design," in *Interactions*, Vol. 6, No. 3 (1999), pp. 38-43.

---

① 俞国良,王青兰,杨治良:《环境心理学》,人民教育出版社,2000 年,第 55—65 页。

第四章　领域性与个人空间

学习目标

1. 准确理解领域性和个人空间的概念和性质,了解领域与个人空间的相关理论并能分析该理论的创新性和局限性。

2. 完整理解个人空间的决定因素,学会结合实际情况对个人空间状态进行评估,能合理调节个人空间距离以适应环境状态。

3. 掌握研究个人空间的方法,并利用相应的理论与方法解决实际环境中出现的问题。

引言

安徽省女山湖地区的棕背伯劳属于雀形目中的伯劳科,每年的3月到8月期间处于繁殖期。在繁殖期间,雄鸟会通过鸣叫的方式宣布区域归自己所有,并对同性入侵者进行警告;此外,它们还会通过巡行和驱赶的飞行方式进行领域占据和保卫,以保证自己的繁殖活动拥有足够的领域。在《动物世界》栏目中我们经常可以看到动物间关于领域的争夺。这种争夺和动物的繁殖有关,它能确保领域的安宁,对于安全度过繁殖期、延续物种意义重大。其实,领域之争的现象不仅出现在动物群体中,在人类活动中也有很明显的体现。小到常说的"私人空间",大到国与国之间的争端,处处都体现了人类在进化过程中保留下来的维护自我领域性的本能,只不过人类的领域性行为与动物相比是较为文明的。

在维护领域的本能驱动下,人类形成个人空间以确保自我安全,但是这种个人空间不是一成不变的,人们会根据周围环境进行调整,因地制宜。例如,在拥挤的公交车上,我们不会因为和他人挨得太近而不自在,但是在一辆空间较为宽松的公交车上,如果一个陌生人紧挨着自己,我们就会觉得很不适应。其实这就是个人空间的环境调节机制在起作用。

人类的领域性有哪些独特之处? 个体空间将如何划分,有哪些影响因素? 当我们的个人空间被侵犯时我们的决策机制会作出哪些决定? 这些问题在本章中都能得以解答。

第一节　领域与领域行为

引言中我们提到,动物和人类都有为了自我生存和发展而维护和拓展自我生存空间的领域性行为。这种领域性在物种生存中具有普遍性。我们不仅要了解领域性的概念,了解动物领域性和人类领域性的区别,还要了解领域性理念在实际生产生活中的应用。

一、领域与领域行为

领域(territory)是可见的、相对固定的并且有明显界限的区域,它多以居住地为中心,对交往对象有一定的限制。[①] 一种观点认为,领域是个体或组织拥有或控制的地方,它可以用来规范个体或群体之间的交往,可以作为一种显示身份的工具,也可以和与空间相关的感知觉、认知等相联系。Ardrey(1966)认为领域性既是动物也是人类的本能——对空间的需求以及在面对空间过小时自发产生侵犯性反应是先天的。关于领域性(territoriality)的概念,研究者有两类不同的意见:一类研究者认为,领域性强调可观察的领域行为,如领域标示、防伪等;另一类研究者认为,领域性强调的是不可直接观察的情感或认知反应。总体而言,领域性是有选择地保护住处的范围,即占有者在其占据的空间范围内有选择地排斥其他个体。

动物领域性是指动物个体或群体占领一定地区,以保卫其不被侵入的一种倾向或特性。动物领域性具有以下三个主要功能:①繁殖功能,领域性与动物交配繁殖之间的关系,可以确保动物种群繁殖的高质量和延续性;②保护功能,领域性不仅有利于动物寻找食物,也有利于它们保护食物;③减少冲突的功能,领域性有利于动物避免因斗争而导致的伤害。有一种现象叫作"优先居住效应",指的就是动物在自己占据的领域上有优先于其他个体的支配性。

人类领域性是指建立在对物理空间的拥有权的知觉上,由一个人或一

① Christine R. Maher & Dale F. Lott, "Definitions of territoriality used in the study of variation in vertebrate spacing systems," in *Animal Behaviour*, Vol. 49, No. 6(1995), pp. 1581-1597.

个群体表现出的一套行为系统,它是个体或群体为满足某种需要而要求占有和控制特定空间范围的一套行为习性。奥尔特曼(1975)认为,领域表明了个体或群体彼此排他的、独占的使用区域,人类领域性可以分为三种:主要领域、次级领域和公共领域。[①] 主要领域是指被个体或群体完全拥有和控制,并受使用者和他人共同确认的领域,它是建立在长期使用的基础之上,是使用者生活的中心。次级领域不是使用者生活的中心,使用者对它的控制力较弱,没有明确的归属,如酒吧、教室里的座位等。公共领域是指任何人都可以进入、极为临时的领域,人一旦离开就对它失去了控制,它也不是使用者生活的中心,使用者不会因为他人的占用而采取强硬措施,如电话亭、公共汽车上的座位、公园里的长凳等。

　　人类通过使用的物品或自己的行为,使领域个人化或保护自己的领域,这称为给领域注上标记。主要领域的标记形式多为物理标记,次级领域和公共领域的标记形式,比较多的表现为一些精细的行为或简单直接的方式,如放置一些物品等(例如学生用一本书占座位)。

　　相较于动物而言,人类领域性的功能更强调其社会性,主要表现为:①保护、调整私密性。个体能够拥有一个可以调节私密性和自由控制支配的地方,对维持身心健康和正常功能是十分重要的。如果个体发现自己没有能力维护自己的领域,就有可能产生压力和其他严重的心理问题。埃迪尼(J. J. Edney,1972)对房主领域性行为的研究表明,领域性强的人对未经允许入侵的人是极为敏感的,以至于他们对门铃的反应要更快。②组织功能。与动物不同,人类领域性的主要功能不在于维持生存,更多地在于组织的作用。这里的组织是多方面的,包括:组织日常生活,使生活可预测、有条理和更稳定;提供稳定的社会组织,维持和发展社会组织。此外,领域还是地位的象征。对群体而言,人类的领域性行为也有一个与动物领域性行为相同的作用,那就是社会组织功能。③优先居住效应。这种效应类似于动物减少冲突的防卫功能。例如,在体育比赛上也体现出优先居住效应,它可以称为"主场优势",在自己的运动场或国家进行比赛,要比在其他地方比赛发挥得更好,在主场赢的机会更多。

---

① Irwin Altman, *The Environment and Social Behavior*: *Privacy*, *Personal Space*, *Territory*, *Crowding*. Monterey: Brooks/Cole Publishing Company, 1975.

由于人是社会中的个体,其社会性决定了人类的领域行为不仅仅由本能所支配。在大量的领域行为的研究中发现,影响人类领域行为的因素有三点:

(1)个人因素。个体会因其性别、年龄和个性等个人特质的不同而表现出不同的领域行为。例如,男性占有的领域空间往往大于女性,这或许是由于男性往往具有比女性更高的职业地位,因而更多地要求更大的工作空间。然而在家庭生活中,女性更强调厨房作为自己的领域。另外,无论是男性还是女性,较聪明的、生活环境宽松的、理解力较强的、自信心较强的个体往往会为自己划出较大的领域。

(2)情境。研究发现领域行为会被个体所处情境推动,任何特定的个体仅仅因为环境的改变,就会表现出更多、更少或不同类型的领域行为。情境可分为物质情境和社会情境。物质情境中的一些可防卫空间的设计,诸如将公共领域与私人领域隔开的实际的或象征性的栅栏,以及能使领域主人观察其空间中的可疑活动的机会,都将增强居民的安全感和减少该领域的犯罪。社会情境因素包括合法所有权、社会风气和竞争资源。合法所有权可以增加拥有者的领域行为;而在良好的社会风气中,个体遇到的社会领域控制问题较少,并觉得对领域空间负有更大的责任;竞争资源是指当人们因为资源而与其他人竞争时会产生更多的领域行为,人们会通过给领域作标记、将领域个人化、要求领域和保护领域等行为以保证自己所拥有的资源。

(3)文化。不同文化群体的领域行为表现方式不同。领域行为在一类文化的青年群体中表现往往十分明显。Campbell 等人比较了英国和美国的青年群体,发现美国青年群体表现出更多的领域行为。总的来说,个人因素、情境的物质方面和社会方面以及文化都能导致领域行为。

二、领域行为的研究方法及研究范围

领域性研究主要集中于对人类领域性的研究,其采用的方法与常用研究方法相似,如实验控制法、现场研究法和自然观察法。但是由于领域性具有较强的情境性和独特性,因此在某些情况下,使用这些研究方法研究人类领域行为存在一些问题。

在实验室中的研究很难用于研究人类的领域性行为,因为领域存在着个体和空间之间较强的依恋性,这在实验室条件下很难人为制造并加以控制。在自然情境下进行实验条件控制(如在宿舍环境中研究领域侵犯),人们能够在熟悉的环境中产生领域性的知觉,从而可以避免这一问题。此外,很多研究者可以利用自然观察法来研究自然发生的领域行为,而不需要对情境条件进行控制。

然而,这些非实验控制法的研究,如观察法存在一个固有的缺陷,即实验解释很难做到客观,常带有主观色彩。一项关于大学生对寝室进行个性化装饰(主要领域的控制方式)与退学之间的关系的研究发现,那些装饰得丰富多彩并且显示自己喜欢大学环境的学生,比那些不进行个性化装饰的学生更容易在大学中继续学业。然而,这项研究的数据意义并不明确:它可以解释为没有退学的学生通过个性化装饰自己的寝室以增加安全感,从而促进学业的成功;但也可以解释为,对寝室进行个性化装饰反映了其对大学的喜爱,不对寝室进行个性化装饰则反映了疏远及有辍学的打算,这并不能直接说明大学生对寝室的个性化装饰与其学业之间存在直接的关系。

对大量关于领域行为研究的总结归纳发现,领域行为研究主要集中在以下五个范围:

(1)群组间的领域行为。这是关于不同群组间领域使用状态及领域行为功能性等的研究。一项经典的研究是 Suttles(1968)对于芝加哥南部(公共领域)的不同种族群体间领域行为的观察研究,他们发现每个群体都有各自的领域,但也有一些公共领域,不同种族群体以约定的方式共同使用那里的资源,但绝不是同时使用。[①]

(2)群组内的领域行为。这是关于群组内部各成员在自己活动领域内的行为的研究。群体内部,成员具有自己的领域。在主要领域(如家庭)中具有相应的领域规则,这有助于维持群组内部成员关系;在一些公共领域中,个体通过临时性的领域标记行为来宣示当下所有权,如在公共自习室内用书本占座位等。一些研究发现,群组内成员的领域性存在性别和个性上的差异。如男性的领域性比女性强[②];在较好的环境中,支配性强的个体会

---

① Gerald D. Suttles, *The Social Order of the Slum: Ethnicity and Territory in the Inner City.* Chicago: University of Chicago Press, 1968.

② G. William Mercer & M. L. Benjamin, "Spatial behavior of university undergraduates in double-occupany residence rooms: An inventory of effects," in *Journal of Applied Social Psychology*, Vol. 10, No. 1(1980), pp. 32-44.

表现出更强的领域性①。

（3）个体独处时的领域行为。研究者发现，相对于作为群组的一部分，当人们独处时对领域有更强的占有感。②

（4）领域信号传递。主要研究个体通过领域标记的行为来强调自己对某物或某地的所有权。人们在主要领域、次要领域及公共领域中的行为会存在差异。在某些公共领域的标记性行为不仅不能阻止他人的侵犯，而且标记物还有丢失的可能。研究发现，除了传统的标记（如书、衣物）和非传统的标记（如涂鸦），非言语记号也可用于申明领域。例如，当餐馆的主人想要申明自己的所有权时，他们会触摸自己的盘子。③

（5）领域的个性化。在领域性行为中，除了进行领域标记以宣示权利外，人们还倾向于对自己的领域进行个性化。领域的个性化不仅可以反映出所有者的身份，而且可以增强邻里间的凝聚力④，更好地监视外来者⑤，增强对领域的依恋⑥。

此外，近年来 Brown 及其同事提出了组织领域性研究的概念，他们将组织中的领域性定义为个体对物理的或社会的目标感觉到的所有权的行为表达⑦。这一定义扩展了领域中目标的概念，认为除了有形的客体可以作为领

① Ralph B. Taylor, *Human Territorial Functioning*: *An Empirical*, *Evolutionary Perspective on Individual and Small Group Territorial Cognitions*, *Behaviors*, *and Consequences*. Cambridge University Press, 1988.

② Julian J. Edney & Susan R. Uhlig, "Individual and small group territories," in *Small Group Behavior*, Vol. 8, No. 4(1977), pp. 457-468.

③ Janice C. Truscott, Pat Parmelee & Carol Werner, "Plate touching in restaurants: Preliminary observations of a food-related marking behavior in humans," in *Personality and Social Psychology Bulletin*, Vol. 3, No. 3(1977), pp. 425-428.

④ Barbara B. Brown & Carol M. Werner, "Social cohesiveness, territoriality, and holiday decorations: The influence of cul-de-sacs," in *Environment and Behavior*, Vol. 17, No. 5(1985), pp. 539-565.

⑤ Ralph B. Taylor, Stephen D. Gottfredson & Sidney Brower, "Territorial cognitions and social climate in urban neighborhoods," in *Basic and Applied Social Psychology*, Vol. 2, No. 4(1981), pp. 289-303.

⑥ F. D. Becker & C. Coniglio, "Environmental messages: Personalization and territory," in *Humanitias*, Vol. 11, No, 1(1975), pp. 55-74.

⑦ Graham Brown, Thomas B. Lawrence & Sandra L. Robinson, "Territoriality in organizations," in *Academy of Management Review*, Vol. 30, No. 3(2005), pp. 577-594.

域目标外,无形的社会形态和思想(如观念、角色等)也可以作为领域目标。这个定义反映了领域性的两种成分——指向目标的领域感和领域行为。这一思想的提出为后来的研究者打开了一片新视野。

三、领域的维护与攻击性

许多研究已经证实,领域的一个重要作用就是维护领域的安全性,又可称之为"营造甜蜜的家园"。Taylor 和 Stough(1978)研究发现,在主要领域个体会有较大的控制感,其次是次要领域,最后是公共领域。[①] 人们在自己的领域中,控制感和实际控制能力都会增强,而在公共领域或次要领域(如办公室)则部分地取决于人们的地位。Katovich(1986)在一项角色扮演模拟谈话中发现,在谁的办公室谈话,谁就会主动握手,但允许拜访者进入的权利则取决于地位。[②] 由此可见,在一些情境中,一个人的领域权利和他的地位有关。但更多的研究表明,在大多数情况下,当气氛不融洽时,主人仍然具有主场优势,即可以支配来访者。这一效应在更大的群组和主要领域外的其他领域中也存在。

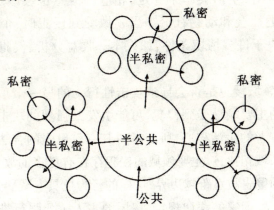

图 4-1　纽曼的领域划分示意图

奥斯卡·纽曼(Oscar Newman, 1972)从预防领域性侵犯和增加安全

---

① Ralph B. Taylor & Roger R. Stough, "Territorial cognition: Assessing Altman's typology," in *Journal of Personality and Social Psychology*, Vol. 36, No. 4(1978), pp. 418-423.

② M. A. Katovich, "Ceremonial openings in bureaucratic encounters: From shuffling feet to shuffling papers," in *Studies in Symbolic Interaction*, No. 6(1985), pp. 307-333.

感出发,将人类的领域划分为四个层次:公共领域、半公共领域、半私密领域和私密领域(如图4-1)。这四个领域层次构成了不同程度的防卫空间。他在《可防卫空间》一书中指出,"住宅中很多人使用的公共门厅、电梯间、长走廊及任何人都可以随意进出的住宅区活动场所、道路,是犯罪的方便之地"。诚然,这种无人照管和领有的空间及居住区内四通八达的道路,给偷窃者创造了条件和机会。具有领域性的空间,造就了居民对其空间实实在在的控制和领有:一方面,在本能上,居住者对陌生人闯入其领域空间是很警觉的,会自然地或不自然地监视闯入者的行动;另一方面,对不属于这一领域空间的陌生人来说,总是具有望而却步之感。

领域既能防止攻击,也能引发攻击。为了维护领域的安全性,领域被侵犯,往往会引发攻击性行为。但是,领域与攻击之间的关系并非如此简单,它取决于各种情境条件。

首先,领域的所有权状态是普遍被认可的一个重要因素。当领域所有权未被确认或存在一定争议时,攻击性行为的产生会更加普遍。而领域边界被广泛认可时,生活会趋于稳定,相应的敌意也会减少,这样的情况普遍存在于人类社会和动物社会。当领域受到侵犯时,个体是否作出攻击性反应也取决于许多情境条件,如成本—收益分析、侵犯行为是否具有恶意等。

其次,决定领域侵犯是否会导致攻击性行为的另一个重要因素是领域的类型。个体的主要领域受到侵犯,可能引发最强烈的攻击性行为。由于主要领域是所有者的生活核心,所有者对其有着更强的合法控制感。与次要领域或公共领域相比,对主要领域的侵犯存在有更多的故意成分,侵犯者往往无视标记的警告故意跨越边界,这样的行为更具有威胁性,会激起人们强烈的反抗。有些国家的法律规定,房屋的主人杀死强行进入自己房屋的人可以不负法律责任,这正好反映了侵犯主要领域与攻击性之间的强相关。

虽然,公共领域中个体控制权较弱,但是在公共领域中个体也会表现出一定的防御行为,并产生一定强度的攻击性行为。当公共领域中存在有一定的"不得干扰他人"的规定时,人们会要求侵入者离开,提示规定或做出无法安心的样子。当被侵犯的公共领域价值越大时,进行防御的可能性越大。但在公共领域中,面对入侵,个体最常见的反应是避开。

四、领域性在环境设计中的应用

从领域性的功能来看,其有保护私密性和社会组织的作用,体现在建筑设计上就是,通过空间开放性和封闭性的组织及对空间尺度的把握,形成通常所说的公共空间和私密空间。空间的变化体现了空间的趣味性(刺激性),同时使各个部分产生不同的特征,体现可识别性;领域性则形成了一种心理的安全感,使空间成为一个场所,产生归属感(安全性)。比较典型的例子是,在当前的居住区设计当中,像"社区""组团"等流行的概念,都体现了领域性的特点。扬·盖尔(Jan Gehl,1971)在《交往与空间》一书中说道:"建立起一种社会结构以及相应的、有不同层次空间的物质结构,形成了从小组团和小空间到较大组团与空间,从较私密的空间到逐渐具有更强公共性的空间的过渡,从而能在私有住宅之外形成一种更强的安全感和更强的从属于这一区域的意识。"①

在设计中通过把住宅区划分为更小的单元(私密)、更明确的单元(识别性),并用综合性的分级系统联系起来,通过公共、半公共、半私密、私密空间的过渡,在住宅周围形成一些亲密熟悉的空间,使居民能更快地相互了解,这样就加强了归属感。如果空间的规模过大或是边界不够清晰,人们会对此产生陌生感,自然无法在那里待下去。例如,医院中病人能够拥有一个可自由支配的空间,有利于其身体的康复;在别墅中通常设计了会客的客厅和供家庭内部人员使用的起居室,不希望外人进入私人领域,而且两者的装饰风格通常会不一样,客厅相对正式一些,而起居室则相对随意一些;在开敞式办公空间中,座位成组成团的布置、写字台的隔板等都体现了领域性的特点。

领域边界要素并非一成不变的,根据建筑或环境的特点,可以对边界要素进行改变,如北京的紫禁城用墙来划分领域,圣彼得广场用列柱来划分,北京天坛通过高差来划分,毛利家族墓地通过灯笼群来分隔,等。在这几种类型中无疑以紫禁城的领域性最强,私密性最强,给人的感觉是封闭、压抑,而天坛则是领域性相对较弱,给人的感觉是开敞、通透。此外,对场所要素

---

① [丹麦]扬·盖尔:《交往与空间》,何人可译,中国建筑工业出版社,2002年,第63页。

进行改变也可以体现领域性的强弱。如平地型的圣马可广场、凹型的法国协和广场、凸型的卡比多罗马市政广场和坡型的罗马西班牙广场中，无疑圣马可广场与周边空间的接触更容易，也更方便进入，领域感则更弱一些。

领域性除了在空间形态的变化中体现之外，在其他一些小的细节方面也有所体现。如湖南大学的北楼、中楼、复临舍和工业设计系四栋建筑围合而成一个宽敞的院子，加上回廊、乔灌木等要素对空间进行再次分隔，其尺度与场所感控制得很好。院子中央是一块抬高的平台，平台上面经常有学生在聊天、休息等等。东南面的平台下面由于有平台高差和灌木的围合，比较私密，这是看书学习的地方；而中央平台的空地则是供学生平时举行活动的，比如"英语角"。通过边界、场所等要素的改变，不同环境要素形成了不同领域，也适合不同心理状态的学生，使他们各得其所。不过中央平台过大，人站在中心缺乏凝聚力，或许通过雕塑或标志再分隔一下可能好一些。平台北面的几个跌落平台由于高差比较大导致人的可达性太差，容易使人产生畏惧感，难以形成领域，导致无人问津。所以在室外环境设计中要以人为本，切实考虑各要素的改变对人的行为心理所产生的影响，切实地考虑各种问题和矛盾，营造宜人的空间场所，舍弃以往的环境设计中只重美学、只重"图案"的做法。[①]

居住区领域性的重要意义主要体现在可以增进邻里之间的交往、形成可防卫空间，因为居民之间的熟悉和交往多半是在住宅的户外空间中实现的。交往需要停留，人们是否愿意停留则取决于有没有适宜的场所。场所的形成是有条件的，空间的领域性便是其中的一个主要因素。国内外实践表明，为保持不同领域各自的属性，保证居住区的安全和居住区内居民的安全感，有效的办法是将居住区空间按领域性质分出层次，形成一种由外向内、由表及里、由动到静、由公共性质向私有性质渐进的空间序列。一个有明确边界（实体的或心理上的）的户外休闲场所，环境优雅洁净，有供休息的设施，自然形成空间上的层次感，进而促成空间的完整性，进入到这个圈子的人便拉近了距离，彼此传递信息的可能性加大，交往机会增多，而且人们会经常不约而同地来到这里。一个人独处的时候也可以坦然地坐下来晒太阳或乘凉、看报，而不必担心被别人用奇怪的眼光窥视，外来的陌生人则会引起居民的注意和警觉，甚至干预。相反，边界模糊、缺乏领域感的宅间空地没有所属性，也就没有人去利用和维护管理，它只是建筑实体所形成的"沙漠地带"，行人来去匆匆，彼此视若无睹，更无相互合作，不论是大人还是小孩都不愿停留，邻里之间"鸡犬之声相闻，老死不相往来"。目前，这种住宅区空间形态随处可见，通常称之为"消极空间"或"灰空间"。这样的空间对于居民的户外活动与邻里交往毫无意义，其可控性与可防卫性大大降低。调查研究表明，几乎每一位居民都有其各项活动的领域，居民中的每类人也有他们这类人通常的活动领域，而居住区内的每项活动都有其活动的领域。一般情况下，居民对空间领域的领有意识具有分层次的特点，距各户越近的区域范围，居民对其空间的领有意识越强烈，越远越淡薄。居民在很大程度上是自觉不自觉、直接地或间接地按照空间领有意识的层次来使用户外空间的，居民对各层次的领有空间的使用是根据活动的类型和各项目的性质而选择的。

根据空间领域的层次而建立起一种社会结构以及相应的、有一定空间层次的居住区形态，形成了从小组团与小空间到大组团与大空间，从较私密的空间逐步到具有较强公共性的空间，最后到具有更强公共性的空间过渡，从而能在私密性很强的住宅之外，形成一个具有更强的安全感和更强的从属于这一区域的空间。如果每位居民都把这种区域范围看作住宅和居住环境的有机组成部分，那么它就扩大了实际的住宅范围，这样就会造就对领域空间的更多使用和关怀，导致更多、更有益的社会性活动的发生，这便是所谓的"积极空间"。当空间有明确的界线，标明所属者时，犯罪率和故意破坏行为要比没有标记的地方低。在公共领域，没有明显标记的地方会更容易遭到破坏，如工厂、学校和空地都是被破坏最多的地方。

总之，建筑设计应该考虑以上提到的各个因素，使建筑能更适合人居住和活动，并满足人们的各种心理需要。透过领域性在建筑和环境设计当中的应用，我们可以认识到在建筑和环境设计当中归根到底还是设计人的行为心理和环境之间的关系。人类创造环境、改变环境的过程当中应时时考虑人的心理和行为，如此才能更好地解决问题和矛盾，塑造舒适宜人的空间。

◁ **知识链接**

老年人福利设施设计中的领域性

1. 老年人福利设施使用状况

(1)老年人使用福利设施时,休闲娱乐行为成为老年人的主要活动。在满足功能行为需求的同时,休闲娱乐行为在福利设施的设计、管理中也应予以更多的重视。老年人选择活动场所和性别、爱好等因素有关,活动界限与范围和健康程度等因素有关。

(2)在个人房间内的一些功能性行为、休闲娱乐行为会相互产生影响。

2. 老年人福利设施空间结构

根据使用对象的不同,老年人福利设施的空间结构可以分为公共空间,半公共、半私密空间,私密空间三类。其中,半公共、半私密空间的营造成为重点。这类空间可以促进老年人的相互交往,从而增加归属感和领域感。

3. 老年人福利设施的领域特征

老年人福利设施的领域层次可以分为公共领域、次级领域和个人领域,它们具有的领域特征如下:

(1)因娱乐活动而形成次级群体,次级群体的形成和兴趣爱好、集体活动等因素有关。次级群体的活动在公共空间内形成次级领域,次级领域因形成的次级群体的不同使空间具有半公共空间或半私密空间的性质。

(2)个人领域在公共空间内有不同程度的扩展。个人领域分布类型可以分为三类:以居室为中心分布;以居室和居室所在楼层为中心分布;多楼层分布。在个人房间内,以床和床头柜等固定家具为中心形成个人领域,个人领域之间相互有重叠;功能性物品对个人领域边界的限定作用强于观赏性物品;休闲性行为对领域边界的限定作用强于功能性行为;领域权利和居住老人的健康程度、入住时间等因素有关。

4. 老年人福利设施领域建立的设计策略

在老年人福利设施的设计策略中,关注的重点应该从老年人福利设施的空间、功能布局、无障碍设计等方面,转向老年人心理和环境(空间、室内布置、管理运营),侧重设施的使用者——老年人的感受和特点。重视满足使用者内在的心理需求,满足安全性、私密性、领域感、归属感,促进交往行为发生是基于人的基本需求与居住环境心理标准关系之上的设计策略。

　　综上所述,可以肯定的是,人类领域性与动物领域性存在显著的差异:对于动物来说,领域主要关系到生存和繁殖;而对于人类来说,领域的作用主要是组织的功能和增加个体的安全感。除了领域性,个体还有个人空间和私密性的需求。接下来我们就来了解一下个人空间和私密性。

第二节　个人空间

一、个人空间和空间距离

　　小鸟在电线上停落成一排,彼此之间保持着一定的距离,恰好谁也啄不到谁。这种现象不仅在动物身上有所体现,在人类中同样存在。例如在酒吧、公共汽车等公共场所中,人们一般不愿坐在两个陌生人之间或挨着陌生人坐。(如图4-2)类似的现象在日常生活中不胜枚举,心理学家正是从中得到启发,在大量观察的基础上提出了个人空间的概念。"个人空间"(personal space)一词最早由 Katz 于 1937 年在 *Animal and Men* 一书中提出。萨摩(1969)为个人空间提供了一个简单的定义:个人空间是指围绕一个人身体的看不见界限而又不受他人侵犯的一个区域。首先,它含有个人空间是稳定的同时又根据环境而有所伸缩的意思;其次,它确实并非个人的,而是人际的,只有当人们与其他人交往时,个人空间才存在;第三,它强调距离,有时还强调角度与视线内容;第四,它意味着个人空间是非此即彼的现象(人要么侵犯别人,要么被别人侵犯)。因此,个人空间可解释为人际关系中的距离部分,它既是人际关系的增进、维系和疏远的一种标志,又是其不可分割的一部分。

　　个人空间是一种个人的、可活动的领域,它是围绕在我们周围的、看不见边界的、不容他人侵犯的,随人们移动而移动,并依据情境扩大和缩小的领域。(如图4-3)这里所谓的领域是指人口受到控制的地方,局外人有的许可进入,有的则不许可。个人空间有别于其他领域之处在于它是可活动的。无论你在何处站、坐,你的四周均为个人空间所环绕。然而,这种领域的界限并不像财产那样轮廓分明,而是渐进的。未被允许的侵犯常常要么是偶然性的(如某人在商店撞着你,是因为他们边走边看的缘故),要么是非偶然性的(如你被亲吻),同时,被允许的侵犯也是可能的(如你妈妈拥抱你)。

　　个人空间还是一种空间机制。鸟兽的观察者们早已发现,某些种类的鸟兽在其本种类的个体之间保持着特有的距离,这些距离具有生物学的价值,并调节寻食、交配等基本过程。某类鸟兽,如海狮,在繁育期间有时几乎没有自身空间;但其他一些鸟兽,如生活在冻土带的狼,则自身空间非常大。认为个人空间是一种空间机制的环境心理学家们的倾向性意见是,个人空间就是人际距离。有些对于人际距离的研究,不仅观察个人之间的距离,还要观察他们之间的角度(如肩并肩,面对面)。

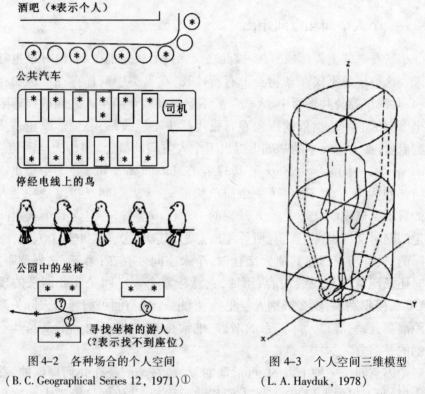

　　图4-2　各种场合的个人空间　　　　　图4-3　个人空间三维模型
　(B. C. Geographical Series 12, 1971)①　　　　(L. A. Hayduk, 1978)

　　个人空间与领域虽然都具有一定的空间性特征,但是存在本质的区别。首先,个人空间是无形的、不见边界的、可移动的,而领域是可见的、划分好的、相对静止的;其次,个人空间以个人为中心来调整与自己进行交互对象的远近距离,而领域更多地以家或居住地为中心,调整与自己进行交互作用的对象。

　　① 林玉莲,胡正凡:《环境心理学》(第2版),中国建筑工业出版社,2006年,第127页。

　　霍尔通过研究情境条件(situational conditions)和个体差异变量(individual difference variables)对空间行为的影响后提出,个人空间是传送信息的一种方式,人际距离告诉当事人和局外人关于当事人之间关系的真正性质。[1]他通过对美国中产阶级白人进行观察,得出个体在社会交往中有四种距离:亲密距离(intimate distance)、个人距离(personal distance)、社交距离(social distance)和公众距离(public distance)。[2] ①在 0 ~ 45 厘米的范围内称为亲密距离。在这个距离,双方都能清楚地看到对方的面部,而且会有亲密的接触和身体的运动。这种空间距离只出现在有特殊关系的人之间,如父母与幼小的子女、夫妻、恋人等。对处于这一距离的人来说,个体可以强烈意识到来自他人的感觉输入,能感受到对方的气味和体温等信息。亲密距离中彼此通过触觉来代替发声作为基本的交流模式,它是一种表达温柔、舒适、爱抚以及激愤等强烈情感的距离。②在 45 ~ 120 厘米范围内称为个人距离。这个距离通常是与朋友交谈或日常同事间接触的空间距离。在这一距离内,感觉输入(如嗅觉和细微的视觉线索)虽然减少,但双方仍存在一定程度的接触。个人距离通常由视觉提供细节反馈,能欣赏到对方面部细节与细微表情,此时语言承担了更多的交流形式。③在 120 ~ 360 厘米的范围称为社交距离。这一距离是朋友、熟人、邻居、同事等认识的人之间的日常交谈距离。社交距离可分为近距离社交距离和远距离社交距离。较近的社交距离是 120 ~ 210 厘米,多出现在非正式的个人交往中,如在谈判和商业接待中多是这种距离。较远的社交距离为 210 ~ 360 厘米,一般正式的公务性接触中是这种距离。在社交距离中感觉输入变得更少,视觉通道提供的细节反馈减少,此时仅能维持正常的声音水平(在约 6 米处可听见),不能产生肢体接触。④在 360 ~ 760 厘米的范围称为公众距离。这一距离多出现在陌生人之间或正规场合。通常公众距离在单向沟通时采用,它属于人际接触中的正式距离。处于该距离的人,无感觉输入和细节的视觉输入,用夸张的非语言行为来补充语言交流,说话声音较大,讲话用词很正规。此外,在这一距离时,彼此间的交往不属于私人间的,个体容易采取躲避或防卫行为。

　　霍尔提出四种空间距离后,大量研究基于此展开。例如,在一项实验

---

　　① Edward T. Hall, "A system for the notation of proxemic behavior," in *American Anthropologist*, Vol. 65, No. 5(1963), pp. 1003-1026.

　　② Edward T. Hall, *The Hidden Dimension*. New York: Anchor Books, 1969.

中,给被试一系列难度不同的学习任务,让他们在和主试的空间距离分别为亲密距离和个人距离的情况下进行学习,结果发现被试在个人距离下的学习成绩最好。但是 Miller 让学生分别在四种距离下接受教师的传授,结果表明,亲密距离下的教学效果好于其他三种情况。

二、个人空间的功能

超负荷理论认为,个体之所以要在自身和他人之间维持个人空间,是为了避免刺激过度。Scott(1993)指出,与他人距离过近会使人们被太多的社会刺激或物理刺激所轰炸。[①] 应激理论认为,个人空间的维持是为了避免各种过于亲密的接触导致的应激状态。唤醒理论认为当个人空间不能满足需要时,人们的某些体验会被唤醒,对个人空间大小的忍受程度,决定了个体作出何种反应。行为局限理论认为,个人空间是维持和保护个体周围有一定的空间范围,以获得行为的自由。刺激模式理论则认为在城市生活环境中,由于环境提供的信息量过载,此时个体会通过对个人空间的控制、调整来避免和忽略一些无关信息,以保证个体心理的舒适与平衡。

综述各种理论观点,个人空间具备以下五种功能:

(1)非语言交流功能。霍尔将个人空间看作一种非言语交流形式。据此可以认为,个人空间的大小是由周围环境刺激的质和量决定的,而交往双方的距离也反映了他们的关系和亲密程度,以及个体间行为的态度,并且决定了双方从事活动的类型。

(2)边界调整功能。边界调整功能是由奥尔特曼于 1975 年提出的,他认为个人空间是个体或群体实现理想水平的私密性(privacy)的边界调整机制(领域也是如此)。通过变化个人空间的大小进行的边界调整,可以使个体或群体维持独处状态,满足个体和他人交往时需要保持的空间范围。个体可以根据所获得的感觉信息量调整边界范围,当这一愿望无法获得满足时,私密性水平低于期望值,负面的结果和反应就会出现,消极影响就会产生。而消除消极影响的方式就是根据需要调整个人空间。

(3)亲密程度平衡功能。亲密—平衡模型是由 Argyle 和 Dean 于 1965

---

① Anne L. Scott,"A beginning theory of personal space boundaries,"in *Perspectives in Psychiatric Care*,Vol. 29,No. 2(1993),pp. 12-21.

年提出的,Aiello 在 1987 年将之改进为舒适模型。这两个理论的核心观点是,在很多人际互动过程中,个人都想维持一个最佳亲密距离。如果个体间的亲密水平太高,平衡作用就会发挥它的功能,个体采取各种补偿行为,如把身体移远一些、调整眼睛的注视和脸的方向;如果个体认为亲密水平不够高,平衡作用会促使个体缩短个人空间距离,如更多的眼神接触等。个人空间的这一作用能使个体之间的互动处在最佳水平。

(4)保护功能。个人空间的一个重要功能就是控制他人的侵犯,它就像一个缓冲器那样对抗外界存在的对情绪和身体的潜在威胁,保护自己免受情绪或物理刺激的威胁以减少压力。当个人空间越大时,个体就越能作好充分的准备逃离危险刺激。个人空间可以作为身体缓冲区:当处于过分亲密、刺激量超负荷状态时,个体可以利用个人空间作为自我保护机制,提高私密性和防止过载的刺激,以维持心理上所需要的最小空间范围。个人空间的保护功能还体现在可以调整感觉输入,这其实就是前面提到过的边界调整功能,这一功能只适用于两个女性或异性间的交往,在两个男性间,亲密关系并不会使他们的互动距离减小。

(5)交流功能。根据霍尔的理论,人际距离决定人们通过何种感觉通道进行交流,个人空间可以传达和调整人际交往中的相互沟通。当人们选择不同的人际距离时,就会表达出不同程度的亲密感,显示出不同程度的自我保护意识,传递出彼此之间关系性质的信息。他人传递出的人体感觉信息,如气味、身体接触、眼神接触和言语信息等,都决定了互动中的个人空间距离。在交流过程中较近的距离既会增强积极的反应,也会增加消极的反应。

三、个人空间的测量方法

从对个人空间领域进行研究至今,对个人空间的测量方法主要有三大类:投射法、自然观察法和止步距离法(stop-distance method)。然而这三种测量方法各具优势,也各有缺陷,研究者应该根据研究的特点选择合适的测量方法。

1. 投射法

投射和社会情景模拟是在个人空间的研究中运用最广的方法,尤其是在早期的研究中。较早的模拟技术主要使用成年人和儿童、男性和女性的剪影像,要求被试将这些剪影像想象成真实的人,并将他们按照实验者描述的情景适当地加以排列。在投射法中,假设被试与剪影像的相对距离反映了真实社会情景中的距离。随着心理学研究方法的日益发展,纸笔形式的投射测验开始逐步形成,目前在个人空间领域使用较为普遍的是 Duke 和 Nowicki(1972)的适宜人际距离量表(comfortable interpersonal distance scale,简称 CID)(如图4-4)。[①]

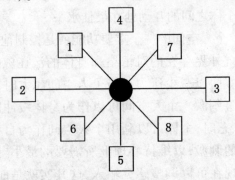

图4-4　适宜人际距离量表示图

使用该量表时,被试想象自己站在房间中央,另一个人由图中的 8 个方位开始逐渐接近。然后他们标明对接近者的距离开始感到不舒服的那一点,每个方向重复多次,直到完全绘出被试的个人空间为止。然而,投射法的假设与实际情景之间存在一定的差异。例如,Gifford 就曾经以一项简单的研究发现自我报告的距离要大于实际的人际距离约24%。Hayduk 在 1983 年对关于个人空间的 130 项研究中所使用的投射法进行了总结,也认为使用投射法所得到的结果与现实的测量之间并不存在紧密的一致性,也就是说投射法并不能够反映出真实的距离,它是测量个人空间的一种差的、不受欢迎的方法。[②] 因此,目前使用投射法研究个人空间的研究者已经逐渐减少。

2. 自然观察法

在有关个人空间的现场研究中,自然观察法是常用的方法。自然观察法通常是研究者用摄像机或照相机拍下自然情景中人们的行为,并利用地上的砖、人行道上的区间等线索测量被试间的距离;或者是在被试的自然状

① Marshall P. Duke & Stephen Nowicki,"A new measure and social-learning model for interpersonal distance,"in *Journal of Experimental Research in Personality*,Vol. 6,2-3(1972),pp. 119-132.

② Leslie A. Hayduk,"Personal space：Where we now stand,"in *Psychological Bulletin*,Vol. 94,No. 2(1983),pp. 293-335.

态下,即没有任何关于个人空间或实验目的的提示或线索,在被试自然地停止前进时测量两者之间的距离。这种方法可以在不同的背景下实施,结果比较真实。例如,顾凡(1993)所进行的一项研究就采用了这种方法,实验中两个主试坐在房间的一头,待被试进门后,主试告诉被试"请将门口的凳子拿起来,放在你认为合适的地方",然后让被试坐下,与被试交谈有关人际空间距离感体验,待被试走后,丈量实际距离,测得被试的个人空间。当然多数情况下,实验者的行为都很隐蔽,以免影响被试的真实行为表现。例如,Middelmist、Knowles 和 Matter(1976)进行的对男洗手间个人空间侵犯实验中就使用了无干扰的自然观察。研究者假设,只要有可能,男人在小便时更愿意站开一些,所以实验者在一排 3 个便池中的一个上放了一块"请勿使用"的牌子,然后让主试的一个助手站在靠边的一个便池旁。通过改变牌子的位置,迫使被试选择一个紧挨助手的位置或与助手相隔一个位置。研究者推论说个人空间被侵犯个体会产生压力,相应地,本实验中被试就会延迟小便的开始并缩短小便的过程。于是,实验者用隐藏的潜望镜来秘密观察和计量被试小便开始与持续的时间。在这个实验中研究者就是利用了自然观察法,不过由于研究中的被试是完全不知情的参与者,因此该研究也受到了道德批评。

3. 止步距离法

止步距离法是将适宜人际距离量表转化为真实的操作。该方法通常让被试站着不动,另一个人(通常是实验者的助手)先后从各个方向逐渐靠近他,当被试感到不舒服的时候,就要求对方停止。然后根据多次的实验测量数据绘制出个人空间。使用实验室止步距离法可以克服投射法中存在的诸如信度较低的问题,研究人员可以对实验条件加以控制,例如目光接触、姿势、脚步大小以及距离的报告等。同时对实验条件的严格控制,可能会使实验情景带有很强的人为性质。而且如果被试意识到自己在接受实验,或是猜到在接受与空间行为有关的实验,就有可能产生霍桑效应,从而影响结果的客观性,并影响将实验结论应用到日常生活中,而这也是大多数实验室研究所要注意的问题。总之,在使用实验室方法研究个人空间时,要非常谨慎。

除了以上三种方法之外,霍尔在关于个人空间距离的研究中采用的是观察法和定性法,而许多基于实验方法的研究中,已经考虑到了环境和个体差异变量对个人空间的影响。在这些研究中,实验室方法被广泛用于探索影响个人空间的因素,还有一些实验室研究考察了真实的人际交往过程。这些研究中研究者会根据情境条件选择个人空间的测量方法。还有一些研究采用实验室模拟法,这种技术是让被试操纵玩偶或假人之间的个人空间,或在不同的实验条件下接近一个无生命的物体。目前还有一些研究采用了虚拟现实技术,设置高度仿真的虚拟环境,在这种接近于真实现实的环境中,个体能够作出更加真实的反应。例如,Martin P. Inderbitzin 和 Alberto Betella 等人在研究中就使用了一种称为 EIM(experience induction machine)的高度仿真的现实性场景,这为心理学尤其是行为和社会互动方面提供了在实验控制上更高水平的生态效度。① 所幸的是,不同研究方法都证实了环境变量和个体差异变量与个人空间大小之间的很多重要关系,大部分的研究结果揭示了其规律性。

总体来说,与投射技术相比,涉及真实人际交往过程的实验室技术和现场技术是研究空间行为的更好的方法。

四、影响个人空间大小的因素

1969 年,萨摩开展了一项研究,主要探讨人们如何利用空间来调节他们和其他人相互交往的适宜度。结果发现,如果与之交往的人是一个不熟悉或不认识的人,那么他就会拉大双方的空隙。这说明人们与正在交往的他人之间保持距离的大小受许多因素的影响。此后,大量个人空间的研究说明,影响个人空间的因素很多,但总的来说这些因素可以概括为情境因素和个人因素。

1. 情境因素

影响个人空间大小的情境因素主要指在人际交往过程中的物理与社会的状态。主要包括物理情境、人际吸引和相互作用类型三个方面。

(1)物理情境。研究表明物理空间的特征或结构会对个人空间产生影响。第一,个体对空间的利用情况反映了他们对安全的需要程度。当前情境利于逃离威胁时,人们所需的个人空间较小;反之,当所面临的情境不利于逃离威胁时,人们则需要较大的个人空间。而且坐着的人比站着的人需要更大的个人空间。第二,个体在房间中的位置也决定了个人空间的大小。

---

① Martin P. Inderbitzin, Alberto Betella, Antonio Lanatá, et al., "The social perceptual salience effect," in *Journal of Experimental Psychology: Human Perception and Performance*, Vol. 39, No. 1 (2013), pp. 62-74.

位于房屋角落的人比位于房屋中间的人往往需要更大的个人空间。第三，个体在室内比在室外需要更大的空间，这或许是由于个体在室外对空间的控制感相对较小，可归纳为个人私有空间的范围也相对较小，因此导致对个人空间的需求缩小。而且，在室外个体往往比较容易脱离威胁。第四，建筑的特征也会影响个人空间。Baum(1947)的研究表明，隔扇的使用减少了空间侵入感，在学生宿舍的走廊中间建一面隔墙会减少拥挤所带来的个人空间被侵入的不适感，通常人们所获得的这些安全感是生理上的。而扩大办公室和其他拥挤的公共场所中的个人空间，会令人产生舒适感，这时人们更多的是获得了一种心理上的安全感。由此可见，不论是哪种物理情境，其主要目的都是为了满足安全的需要，当情境中的因素能够满足个体安全感时，个体所需要的个人空间就相对较小。

（2）相互吸引与人际距离。感情和个人空间之间的关系实际上很复杂。一些经典的研究证明，当与异性在一起时，人际距离的大小与相互吸引之间呈正相关。当相互间的吸引力增加时，人际距离缩短；而且相处的异性间在互动中随着身体距离的拉近，其相互吸引力也增强。一项对异性间交往主动性的研究发现，亲密的异性朋友之间距离较小的原因主要是女性向吸引她们的男性主动靠近的结果。[1] 这一结果也说明，女性的空间行为主要是吸引造成靠近的，因此，当交往的双方都是女性时，她们之间的相互吸引力决定了她们之间的人际距离，即两个女性间的人际距离随着她们相互吸引强度的增加而缩短。但如果交往双方同为男性时，相互吸引并不会使两者间的人际距离减小。

（3）相互作用的类型与人际距离。当相互作用表现为讨厌等负面情绪时，个体间的人际距离较大；当表现为喜欢等积极情绪时，人际距离较小。互动双方的合作情况也影响个人空间距离：处于合作状态，人际距离较近；处于谈判竞争状态，人际距离较远。此外，个人的社会角色不同，他所展现出来的空间行为也会不同。国外早期的研究就表明在交往中地位比较高的人总是比其他人拥有较大的个人空间。这个结论与我国的研究结果是一致的。例如，杨治良等人在实验中发现干部所需要的个人空间比工人所需要

---

① D. J. Edwards, "Approaching the unfamiliar: A study of human interaction distances," in *Journal of Behavioural Science*, Vol. 1, No. 4(1972), pp. 249-250.

的个人空间要大——在女性与男性接触的实验中,干部所需要的个人空间距离平均为 97 厘米,而工人只需要 82 厘米。[①]

2. 个体差异

(1)文化和种族。有关个体差异对空间行为的影响,霍尔进行了跨文化的调查,发现就空间行为而言,文化差异很大。他把这种文化差异归因于不同的社会规范,这些社会规范规定了在人际交往中采用何种感官渠道比较合适。霍尔把不同文化差异总体分为两类——接触文化和非接触文化。地中海、阿拉伯、西班牙等地区和国家属于接触文化,他们在社会交往中习惯和人靠得很近,甚至有一些亲密的肢体接触;而北欧和高加索属于非接触文化,他们在交往中习惯保持距离。霍尔发现,当来自不同文化的交往双方有着完全不同的个人空间规范时,交往过程中会出现无意的尴尬。如,当来自接触文化的人与来自非接触文化的人距离太近时,后者可能躲避或后退以保持舒适的距离,因而会显得冷漠和疏远。例如,在西方国家认为吻颊礼或者拥抱是一种正常的社交礼仪,它可以发生在社会交往活动中初次见面的人身上;而在中国,这种礼仪更多地使用在熟悉的人群中。霍尔也指出个人空间的不同不仅适用于不同的文明之间,也适用于不同的亚文化之间。在霍尔之后,又有很多研究者对不同文明和不同亚文化之间个人空间的特点进行了研究。例如,在伊朗的一项研究中,研究者通过对伊朗处于两种不同亚文化下的群体(库尔德女性和北部的女性)的个人空间距离进行研究,结果发现二者在面对男性时都要比面对女性需要更大的人际距离,而库尔德女性所需要的个人空间比起北部女性要更大,且库尔德女性在面对外地女性时也会要求较大的个人距离。同时,在伊朗的这项研究也接受了 Bell (1996)的研究结论,即个体在站立或是行走时的人际距离要比坐着时小。而将库尔德女性和北部的女性进行比较又发现,库尔德女性在站立或行走时要比北部女性要求更大的个人空间。[②]

(2)性别。之前提到研究发现女性和男性在人际交往过程中主动性存

---

① 杨治良,蒋孜,孙荣根:《成人个人空间圈的实验研究》,载《心理科学通讯》1988 年第 2 期,第 24—28 页。

② Fatemeh Moha Niay Gharaei & Mojtaba Rafieian, "Enhancing living quality: Cross-cultural differences in personal space between kurdish and northern women in Iran," in *Procedia-Social and Behavioral Sciences*, Vol. 35(2012), pp:313-320.

在一定的差异,对此一些研究提出,这是由于性别社会化差异所造成的:对于男性而言,社会化使得他们要避免同性恋之嫌而变得更加独立和自我依赖,男性间的交往较少出现亲密形式的非言语交流,与自己喜欢的人(不论同性还是异性)靠得太近会让他们觉得难为情,身体的接近和由此带来的强烈感官刺激让他们感觉有些奇怪;而对于女性而言,社会化使女性依赖性更强,更少害怕与同性亲密,对亲近行为普遍觉得更加舒适,因此女性在发出和接受亲密的非言语信息方面也具有更多的经验。不管是由于什么原因,个体空间行为在性别上的差异是显而易见的。总的来说,女性比男性拥有更小的人际距离,而男性对较小人际距离的忍受性要比女性低,男性入侵者给他人带来的恐惧和压力要大于女性。然而,并不是在一切情境下都如此,当受到同性威胁时,女性会要求更大的空间。异性间交往的空间距离要看交往双方的关系,关系亲密的异性,其空间距离比亲密的同性小。也有研究结果显示,异性之间交往所需要的个人空间不仅与同性不同,而且女性与男性接触时所需的个人空间往往要大于男性与女性接触时所需的个人空间。例如,杨治良等人的研究发现女性在面对男性时,需要 134 厘米的个人空间才会觉得舒服,而男性接触女性时则只需要 88 厘米的个人空间。

(3)年龄。一般认为,个人空间是个体在 45 ~ 63 个月大时逐步发展起来的,之后个人空间随年龄增长而扩大。Aiello(1987)和 Hayduk(1983)通过研究发现:在 5 岁以前,儿童的个人空间模式发展并不稳定,与成人的个人空间模式不同;6 岁以后,随着年龄的增长,儿童的个人空间要求稳定地增加;到青春期以后,儿童基本上形成了大小与成人相似的个人空间。这一发展模式的变化并不是某一特殊文化状态下的现象,它具有跨文化的一致性。除了个人空间随年龄增长而变大,成人与孩子之间所维持的距离也会随着孩子的年龄增长而变得更大。我们经常在生活中可以看到这样一个现象:婴幼儿时期的孩子经常围绕在父母周围叽叽喳喳说个不停;儿童时期的孩子偶尔会和父母说说学校的事情或学习的事情;青春期后父母总是感叹孩子长大了,不愿跟父母谈心了。这一现象直接佐证了前面的观点。但是也有研究发现个人空间和年龄之间的比例并不是一直单调地发展的。例如,有一项现场调查(被试年龄从 19 岁到 75 岁)的结果显示,年龄与人际距离的关系是曲线型的,即年轻人和老年人之间的人际距离较小。不过对于年长者可能使用较小的个人距离这一点,许多研究显示目前尚缺乏这方面的实证研究。众多关于个人空间与年龄的研究,其结果并不是相同的,如对于儿童何时开始形成个人空间我们并不是很清楚。但值得提出的一点是,与成人相似的空间规范始于青春期,这得到了大多数研究者(J. R. Aiello & T. D. Aiello, 1974; J. R. Aiello & R. E. Cooper, 1979; 顾凡, 1988)的认同。

(4)人格因素。人格代表一个人看待世界的方式,并反映了他的学习和生活经历。人格特征决定了一个人的世界观,它也反映在个人的空间行为上。内外控理论认为,不同的人对事件有不同的归因倾向,内控的个体与外控的个体对个人空间的需求不一样,内控者认为成败掌握在自己手中,而外控者认为成败由外界因素所控制。Duke 和 Nowicki(1972)研究发现,外控者比内控者期望与陌生人维持更大的距离,即外控者通常会要求有更大的个人空间。与过去经验导致某人认为事件由外部控制相比,如果过去经验导致个体认为事件由自己控制,那么他与陌生人以近距离相处时会感受到更多的安全感。此外还有研究发现:有暴力倾向的个体对个人空间的要求更大;性格内向的个体所需个人空间比外向的个体大;焦虑的个体会维持更多的个人空间;高自尊的个体需要的个人空间较小;高合群的个体偏好较近的空间距离;强依赖性的人喜欢维持更近的距离。

五、个人空间的应用

个人空间在我们的日常生活中是广泛应用的,尤其是在环境设计中,通过桌椅的布置、座位的安排、建筑物的设计等来影响着人们的空间行为。

1. 社会向心空间与社会离心空间

在我们生活的环境中有些是能够促进人们之间的交往的,这种环境属于鼓励社会交往的环境。例如,路边的咖啡座、酒吧和餐厅那样让椅子紧紧围绕桌子、人们相对而坐的方式,非常有利于谈话和交往。而有的环境却减少了人们之间的交往,这种环境属于限制社会交往的环境。Osmond(1957)曾用两个术语描述此现象,他把鼓励社会交往的环境称为社会向心空间,反之则称为社会离心空间。社会向心(socio-petal)空间是符合个体对空间需求的公共性的空间,可以使更多的人在这个共享空间中活动,以获得社会感和安全感。① 最常见的社会向心空间布置就是家里的餐桌,全家人可以围坐

① 吴建平, 侯振虎:《环境与生态心理学》,安徽人民出版社,2011 年,第 146 页。

在一起吃饭、聊天。此外社区、公园里的圆形桌椅、L 型的长椅等都有利于促进人们之间的交往。而社会离心(socio-fugal)空间则是符合个体对空间需求的私密性的空间。公共汽车的座位设置就是一种比较典型的社会离心空间设置,乘客们一排排朝前坐,只能看到前排乘客的后脑勺,这就充分满足了陌生人之间对于私密性的需求。当然,社会向心空间布置并非永远都是好的,社会离心空间布置也不总是坏的,人们并不是在所有场合(例如在图书馆阅览室)里都愿意和别人交往。

2. 边界效应

在日常生活中,我们很容易发现在餐厅、咖啡厅、自修室中个体更加倾向于选择有靠背或靠墙、靠窗的座位。此外,人们在选择逗留或小坐休息区域时,通常会优先选择在凹处、转角、长凳的两端或空间划分明确以及靠近柱子、树木、街灯和招牌之类可依靠的物体的位置。这就是一种边界效应,是人类在空间活动中获取安全感的需要。例如,靠墙靠背或有遮蔽的座位可以使人们与他人保持一定的距离,当人们在此类区域停留或小坐时,比待在其他地方暴露得少些,可以满足个体获取安全感的需求。个人空间具有自我保护的功能,边界区域既可以为人们提供防护,又不使人们处于众目睽睽之下,并有良好的视野。特别是当人们的后背受到保护,而他人只能从前面走过时,观察和反应也就容易多了,由此人们会获得更多的安全感。

在不同的场合、不同的交往类型中,个体所需要的个人空间并不总是相同的。而在环境设计中如何设置出有利于目标实现的个人空间是我们将个人空间理论应用于实践的关键点。例如,如何设计出学习环境的最佳空间,促使老师和学生之间产生最好的效果等。

第三节　私密性

在现代西方政治哲学的论述中,公共(the public)得到认知的理论与历史的前提之一,就是它必须在其参照性的私人(the private)的显现中,才能澄清自身的蕴含。自然,私人也只有在与公共相对而在的时候才获得了自身的规定性。与公共的实质性结构和形式性结构相仿,私人也具有实质性结构与形式性结构的两重含义。前者呈现的是私人的内在含义,后者显示的是私人形式上的一致性,也就是人们通常使用的私密性(privacy)概念所包含的意思。

在社会生活中,人类发展个人空间,并通过领域性的方式宣示其所有权,其本质的原因是为了保证个人"隐私",这其实就是私密性。在环境心理学中,私密性的内涵往往大于日常人们所理解的隐私,它总是和个人空间及领域相联系的。

一、私密性的含义

在英语中,"privacy"这个词作为一个具有哲学含义的概念,主要在两种意义范围内被使用:一个是在精神(mind)的意义上,另一个则是在社会(social)的意义上。而两种使用方法,其实都是在阐述私密性的特性。根据《牛津哲学词典》的解释,这两种有关私密性的释义如下:①精神意义上的 privacy 的一个最为明显的、也最为令人困惑的特点在于:"对于我的经验和思想,只有我能洞悉。我拥有这些经验和思想,而你则必须通过某些途径和程序才能理解我的表达和行为,从而去了解或者猜测我所体认的内容。"②社会意义上的 privacy 是指,在道德与政治理论中,私人行为是一种与公共,尤其要注意,是与公共机构的法律无关的行为。同样的,关于某人的私人信息也是公共无权获取或使用的。隐私的权利是与某人的自尊联系在一起的。对隐私的侵犯就意味着耻辱的发生。自由主义政治理论运用了隐私的这种最为基础的含义来评估法律所允许的领域。私人领域是关于家庭成员、家庭、个人偏好与情感的领域。而公共领域就是关于其他包括制度的、契约的关系,以及那些法律所认可的关系。

从牛津词典的释义来看,不管是精神意义上的还是社会意义上的,privacy 都强调了个人控制力。在现实社会中,个人或群体都有控制自身与他人接近,并决定什么时候、以什么方式、在什么程度上与他人交换信息的需要,即要求其所处环境是有隔绝外界干扰的作用,并按自己的想法支配环境和在独处的情况下表达感情、进行自我评价的自由。私密性(privacy)就是指这种个体有选择地控制他人或群体接近自己的特性,它是个人或群体对在何时、以何种方式和何种程度与他人相互沟通的一种方式。因此,私密性是一种动态过程,人们以此来调节和改变自身与他人的接近程度。

萨摩在《私密性的社会生态学》一文中谈到图书馆读者的私密性要求时认为:"对许多图书馆读者而言,私密性的感觉是不可缺少的——随心所欲能看能写,不致打扰别人,也不致为人所打扰。很少有地方像图书馆阅览室一般有具体的方案保证私密性的存在,在许许多多公共机构中,图书馆是少数几个不允许人们相互交谈的机构之一。"[1]研究还发现,最初 10 个到达者当中,经常有 4/5 的学生是一个人进来,他们均选择空桌子角端的椅子,这是一种维持个人心理安静的私密性要求的反映。公园里的桌椅设置也反映出对私密性的考虑:个人游园时往往喜欢独处,不愿意与陌生人同坐一条长椅;夫妇、恋人游园休息时,希望座椅能离开公园路径,并在有所隐蔽的场地。"家"是住户自己的生活空间,可以放松自己,可以无拘无束地穿着,可以有比较随便的行为举止,因此,容纳"家"的住宅是私密性场所,是内向性的建筑,尤其是卧室。

　　奥尔特曼认为私密性是我们调节空间行为时的核心历程,他把私密性作为这些历程间的核心概念。奥尔特曼的私密性调节模型(privacy regulation model,又被称为界限调整理论)中提出私密性就像一扇可以向两个方面开启的门,有时对他人开放,有时对他人关闭,视情境而定。(如图 4-5)

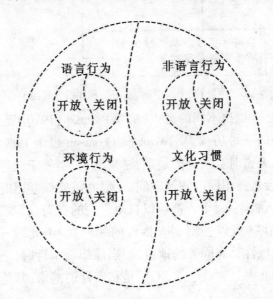

图 4-5　私密性调节模型(Altman & Chermes, 1991)

　　此外,奥尔特曼还认为个人空间和领域性是一个人调节私密性的机制,

　　① 萨摩:《私密性的社会生态学》,欧维民译,载《环境心理学——建筑之行为因素》,汉宝德编译,台北境与象出版社,1986 年,第 133 页。

是获得私密性的手段,而拥挤则是私密性的败笔,是私密性的各个机制未能发挥作用的一种状态。领域性、个人空间、私密性和拥挤之间的关系如图4-6所示。

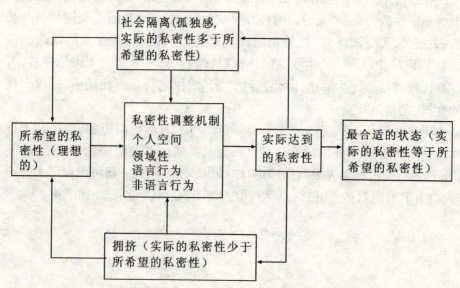

图 4-6　领域性、个人空间、私密性和拥挤之间的关系

对此,其他学者提出不同的观点,例如 Pastalan(1970)提出,私密性是保护我们领域利益的一种历程。[1] Taylor 及 Ferguson 也于 1980 年调查了大学生当需要孤立或亲密时会选择的地点,结果发现,当处于两种不同的私密性水平时,大学生会选择不同的领域空间。例如,需要孤立感时通常选择公开领域(一些没有人控制、每个人都可以自由来去的空间),但需要亲密感时则通常选择主要领域(可以控制别人接近的领域)。由此,Taylor 及 Ferguson 认为私密性及领域性具有同等的地位,即当渴望私密性时,个体会选择一个特别的领域。然而一旦领域建立,不只是私密性的需求,其他需求也可在此领域中获得。[2]

---

① Leon A. Pastalan, "Privacy as a behavioral concept," in *Social Science*, Vol. 45, No. 2 (1970), pp. 93-97.

② Ralph B. Taylor & Glenn Ferguson, "Solitude and intimacy: Linking territoriality and Privacy experiences," in *Journal of Nonverbal Behavior*, Vol. 4, No. 4(1980), pp. 227-239.

二、私密性的形式

1970 年韦斯廷(Alan F. Westin)在其著作《隐私与自由》(*Privacy and Freedom*)[①]中将私密性分为四种形式:独处、亲密、匿名和保留。它们分别会在不同时间、不同情境出现。独处是指个体把自己与他人分隔开来或者避免被他人观察的状态;亲密是指和某些个体相处时不愿受到干扰,如和亲人、朋友或配偶亲密相处时的状态;匿名是指一个人隐姓埋名或乔装打扮,即使在公众场合仍然不被别人认出的状态;保留是指个体需要隐瞒自己的一些事,不愿意其他人了解,这种状态经常通过利用个体周围的建筑等来实现。

韦斯廷划分的这四种形式可以总的概括为行为倾向和心理状态两个方面:独处和亲密形式下强调的是个体与他人相处的行为模式,因此同属于行为倾向;匿名和保留主要强调个体对信息的控制力,强调一种心理意愿,因此可认为属于心理状态。奥尔特曼认为,独处和交往都是人类的需求,只不过出现在不同的社会或现实情境中而已。什么时间、在什么地方、和什么人、采用什么方式进行交往,这主要取决于人格、年龄、角色、心境、场合等多种因素。

私密性与领域性皆是由于人的加入而显现在空间上的特质,但是私密性是从受侵扰的角度来体验空间的特性,而领域性则是由显示与持有的角度去体验空间。以受侵扰的角度可将空间的私密性区分为下列三种:

1. 领域的私密性

指私有权受到侵扰的程度,私有权的相对概念即为公有权。一般在讨论群居空间(settlement)时所引用的公共空间(public space)、半公共空间(semi-public space)、半私密空间(semi-privacy space)、私密空间(privacy space),即是对这种空间的私密性而言的。其实也可以称为空间领域上的层次性从公共到私密的空间序列,它具有对人类行为产生约束与规范的作用。

2. 视觉的私密性

指空间的位置与视觉条件所造成的空间私密性。在住宅客厅里如果很容易被窥视则可谓视觉私密性不够,若卧室很容易被窥视则视觉的私密性

---

① Alan F. Westin, "Privacy and freedom," in *Washington and Lee Law Review*, Vol. 25, No. 1(1968), pp. 166-170.

将受到严重的干扰。除了遮蔽的效果及距离的远近外,人们对特定空间(如办公室、客厅、卧室、浴室等)的私密性要求亦为视觉私密性形成的重要因素。

3.听觉的私密性

指由空间的位置与听觉条件所造成的空间私密性。听觉的私密性可从两个方面来讨论,即声音的传入与传出。声音的传入一般指外界的噪声问题;声音的传出指邻室间由于隔音不佳而产生的听觉私密性不足现象。

三、私密性的功能

私密性在我们的生活中扮演着重要的角色。许多研究指出,在任何地方,某种程度的私密性对于学生的学习环境都有绝对的必要。根据建筑用途分类,宿舍属于准住宅的一种,对于在外求学的大学生来说,宿舍即为另一个家。又因为宿舍人口众多,人与人接触的次数以及交流的机会相对提高,大学宿舍衍变为另一种形式的居住环境,而且宿舍生活也会受到公寓或与住宅等相同的建筑特征的影响,所以宿舍应当同时起到促进学习和社会化的功能。对大学生宿舍的调查显示,住宿舍的学生,除了希望睡觉、做私人活动和娱乐时有隐私之外,都十分重视在学习时也要有隐私。有研究表明,每位学生有65%到78%的读书时间都在宿舍中度过,而85%的学生宁愿单独念书。因此对多数的学生来说,隐私的优先性很高。这些充分体现了私密性在我们生活中的重要性。私密性不仅可以帮助我们建立私有空间,保护隐私权,还有助于我们建立自我认同感、自尊感和自我价值感,同时还会影响个体生存的能力。可见,私密性具有很重要的功能。

总的来讲,私密性的功能可以划分为四种:自治、情感释放、自我评价和限制信息沟通。

1.自治功能。私密性可以使个体自由支配个人的行为和周围环境,从而获得个人感。在私密空间内,个体可以完全按照个人愿望行动,并可以按照自己的规划和喜好对所处环境进行布置,充分发挥自我能动性,做到拥有可以"自我治理"的小天地。例如,整理自己拥有的空间,进行个性化布置;在自我空间中完全放松自己的身体,或躺或坐,穿着随意等。

2.情感释放功能。在拥有私密性的空间中,个体不用担心来自外界的评价和约束,可以自由地释放自我,充分表现自己的真实情感。例如,社会认为男性应该是坚强的,"男儿有泪不轻弹"是社会大众对男性群体的认知,这一社会约束性使得男性认为在有他人的空间内过度表露情感是不合时宜的,然而,情感情绪的出现并不会因为性别而存在差别,男性也有需要释放自我的时候,此时在拥有私密性的空间内,男性就可以不用考虑社会评价,不用难为情于他人的惊讶目光而尽情地释放自我。心理学已经证实,有效地进行定期的自我释放有利于身心健康。因此,当我们不愿意将自我的情感表露在他人面前时,私密性就尤显重要。

3.自我评价功能。私密性可以使个体有进行自我反省、自我设计的空间。当面临困境或问题时,我们往往希望待在一个安静的地方进行思考。此时,一个有良好私密性的空间可以帮助我们迅速冷静,不被干扰地反思自己所出现的问题,找到合理的解决方法,从而进行自我规划。私密的空间有利于我们较清醒地正确认识自我;当能够保证自己的私密性时,我们会觉得被他人尊重,得到认同,有存在价值,由此而建立起良好的自我认同感、自尊感和自我价值感。

4.限制信息沟通功能。当个体需要独处时,私密性可以让个体与他人保持距离,隔离来自外界的干扰,以满足个体对独立空间的需求;而当个体产生和某一固定个体交流的愿望时,可以通过调节自己的私密性来控制与他人的交流。良好的私密性调整有助于保护个体与他人的交流,使当前的交流不受阻碍和干扰而得以顺利进行。比如,现在越来越多的住宅会设计出独立的书房以满足工作学习或接待来访者的需求。当办公或学习时,可以通过封闭空间(关门或拉住隔挡)的方式告知同屋中的他人,此时"我需要独处,请勿打扰";当有来访者需要讨论工作或学习上一些不方便他人旁听的问题时,书房的私密性也可以控制信息的过度扩散。

四、私密性在环境设计中的应用

从前面的讨论我们可以看到,私密性对于个体的生活有着很重要的作用。私密性体现在环境设计上主要是从空间的大小、边界的封闭与开放等方面,为使用者提供不同层次的控制感和多种选择。

1.居住环境的私密性

居住环境是影响个人生活体验最重要的场所。一个良好的居住环境在内部应该提供不同层次的私密性,满足不同个体或家庭的需要:既能让单身族拥有自己的小空间,又能够让老年人与其子女可分可合,还能够让三口之家亲密有间,等等。除此之外,户外也应该保持一定的私密性。例如,有研究者对加利福尼亚的一些新社区进行的研究发现,即使室内家具尚未备齐,居民也会将宅前的草坪种植并修整完好。目前在一些新建的多层住宅楼前面,使用栅栏围出一定范围的空间作为住户的花园,既可以加强居民对户外环境的控制感和私密性,又能够美化居住区环境。

2. 环境景观的私密性

建筑师的目标是尽可能为每一个人提供足够的私密性,但并不仅仅是说要建造更多的面积,以保证每个人都拥有单独的部分。环境景观是建筑的延伸部分,景观私密空间的营造是目前人们所关注的热点问题,这也应该成为景观设计师的目标之一。正如奥尔特曼所说的,私密性就像一扇可以向两个方面开启的门,有时对他人开放,有时对他人关闭,视情境而定,人们对开放与否是有选择权的。因此,环境设计的重要性在于尽可能提供私密性的调整机制。以校园环境景观私密空间的营造为例,校园的空间可以组织成从非常公开到非常封闭的空间序列。在这个序列里,最外面的就是公共空间(如校园广场、体育场等),在这种公共空间的设计中考虑使用者的私密性,就是对空间进行合理的安排,使陌生人之间的接触平静和有效。校园景观环境中还有一种就是半公共空间,如组团内的公共绿地、公寓内的走廊等。在这种空间设计中满足使用者的私密性,就是要创造一个既能鼓励社会交流,同时又能提供一种控制机制以减少交流的空间。在具体的设计中可以利用有形的物体围合成校园环境景观中的私密性空间。墙体一直是我国传统的环境设计中用来围合空间的媒介。在目前的空间设计中,植物也是常被使用的,利用植物的树形、疏密程度等设计出来的空间会使其更具灵活性。还有一种营造手法就是利用心理暗示物界定出校园环境景观的私密空间,即可以利用大树、空廊、柱列、雕塑、灯柱、装饰变化等来暗示景观空间的变化。例如,将一校园绿地设计成一片草坪,只要在入口处立一块指示牌,写上"某某园",其效果同景墙围合一样,给这一块绿地赋予了一定的私密感。

私密性在环境设计中有着举足轻重的地位,关系着人们对环境的控制感和选择性。因此,在环境设计中不可忽略私密性的存在。例如,开敞教室和开敞办公室虽然加强了人们之间的交往和联系,给人们提供了很大的自由和灵活性,但是这种开敞式的环境缺乏私密性,容易引起更多的视觉和听觉干扰。如何在这种开敞式的环境中保证个体的私密性,是建筑和环境设计工作中要考虑的重要问题。但是我们也不可否认的是,目前环境设计中也存在着对私密性过分考虑的现象。例如,独栋别墅的规划设计无疑充分满足了人们对私密性的需求和对所处空间的控制感,但是这也造成公共领域和公共服务设施、公共交流空间的缺乏,易导致城市社区的"冷漠症",居民的邻里意识弱,对社区的归属感和认同感差,不利于共同抵制外界的威胁。总之,设计师在对环境进行规划设计时,既要满足人们的私密性需求,又要避免对私密空间的过度考虑。

总之,领域性体现为对空间的实际占有,而个人空间是个体在心理上对拥有空间的最小需求,私密性则是对个人空间和领域性的一种表达,是一种能动的调节过程。这三者体现在个体的各种行为活动中,并影响着人们的工作和生活。

【反思与探究】

1. 概念解释题

(1)领域;(2)领域性;(3)个人空间;(4)止步距离法;(5)私密性。

2. 简述题

(1)简述人类和动物的领域性功能。

(2)简述霍尔的个人空间距离理论。

(3)简述私密性的形式。

3. 论述题

(1)论述影响人类领域行为和个人空间的因素。

(2)论述个人空间功能在生活中的应用。

4. 讨论题

(1)在图书馆环境中,学生们存在哪些领域行为? 如何在这样的环境中保证自己的个人空间? 其私密性有哪些体现?

(2)选一个人流量很大的门口,和一个同性朋友站在两边,面对面进行15分钟谈话,观察路人的反应并尝试对其反应进行解释。

(3)在日常生活中,你的个人实际空间距离尤其是亲密距离和个人距离是多少? 谈谈在这些距离下,你是如何维护自己的私密性的。

【拓展阅读】

1.俞国良,王青兰,杨治良:《环境心理学》,人民教育出版社,2000 年。

2.吴建平,侯振虎:《环境与生态心理学》,安徽人民出版社,2011 年。

3.[美]保罗·贝尔等:《环境心理学》(第 5 版),朱建军,吴建平等译,中国人民大学出版社,2009 年。

第五章　环境压力

学习目标

1. 准确理解环境压力的概念和性质,了解环境压力的相关理论并能分析理论的创新性和局限性。

2. 完整理解环境压力产生的原因,学会结合实际情况将环境事件进行分类,能根据自己的理解对环境压力现象进行评论。

3. 掌握应对环境压力的方法,形成、提升自己对环境压力的科学态度和实际应用能力。

引言

1976 年 7 月 28 日 03 时 42 分 53.8 秒,在中国河北省唐山、丰南一带(东经 118.2°,北纬 39.6°)发生了 7.8 级大地震。唐山大地震无情地抛下了 4000 多名无家可归的孤儿。失去了母爱和父爱、失去了生活寄托的他们有着一片孤寂的心灵苦岛。他们在心理上普遍有强烈的孤独感,日夜追忆着母爱和父爱;对外界刺激极为敏感,普遍不愿与别人交往,不愿意谈论父母、家庭;他们对未来的看法较一般孩子更为实际,性格内向,沉默寡言,有与其年龄不甚相称的个性特征。

2008 年 5 月 12 日 14 时 28 分 04 秒,四川汶川、北川,8.0 级强震猝然袭来,大地颤抖,山河移位,满目疮痍。汶川大地震给很多人造成了不同的心理创伤。他们常常焦虑紧张,做噩梦,不爱说话,莫名地哭闹,躁动不安,对未来的生活忧心忡忡。

重大的环境变化引起了个体心理的变化,对其生存与发展产生了重要的影响。为什么环境会使个体产生这种心理变化? 怎样才能使个体摆脱环境压力? 怎样才能增强个体对环境压力的承受力? 本章将带你认识环境压力,并为个体提供适应环境的有效应对方式。

第一节　环境压力的观点

环境是个体生存与发展的外部条件。环境会直接影响个体的物质生活与精神生活。环境中的压力事件、紧张环境、重大环境变化等都会引起个体的心理变化,对人类生活产生影响。

一、环境压力的概念和性质

(一) 什么是环境压力

压力本是物理学中的概念,是指直接或间接垂直作用于流体或固体界面上的力。生理学家坎农(W. B. Cannon)最先将"压力"一词引进生理学,用来解释有机体对环境刺激的反应。他认为有机体面临环境压力时,或选择与压力抗争,或选择逃避压力,无论何种反应,均与有机体的生理反应有关。同时,有机体的平衡机制参与了这种反应,使其在压力消失后很快恢复到最初的状态。这一观点阐述了有机体与环境压力的关系,并为心理学者开辟了新的关于环境压力的探讨领域。

从心理学的角度看,压力(stress)通常被译为应激、应激状态、紧张刺激、紧张状态等,是指由心理压力源和心理压力反应共同构成的一种认知和行为体验过程。心理压力是个体在生活适应过程中的一种身心紧张状态,源于环境要求与自身应对能力的不平衡,这种紧张状态倾向于通过非特异的心理和生理反应表现出来。环境压力是指个体觉得某种环境状况超出可以应付的能力范围,而感受到威胁的心理体验,其生理基础是大脑网状结构。这种环境压力既包括个体能切实体会到的实际环境压力,也包括个体感受到的潜在环境压力。环境压力对个体可能是有害的,也可能是有益的,但两者都会引起个体生理和心理的相关反应。适度的压力可以调动人的积极性,激发个体的创造性,提高工作、学习效率;过度的压力会引发焦虑、愤怒等负面情绪,导致各种生理和心理疾病。

环境压力一直受到研究者的青睐,现在仍是心理学、社会学、生理学和环境学的热点话题之一。由于环境压力的复杂性和环境的难控制性,至今尚无一种全面的环境压力理论,但就 20 世纪 80 年代后的研究而言,学者们已从环境压力的综合效应、环境压力的叠加效应、不同环境因素的压力体验、面对环境压力的策略等方面对环境压力进行了研究。总之,目前对环境压力的研究既有理论基础研究,又有实际应用研究,为个体更好地认知环境压力,面对环境压力提供了研究参考。

环境压力实证性研究

加拿大的麦克·米尼(Michael Meaney)教授发现人一旦在环境中受到压力,头脑对身体就会产生不正常的反应。长期的压力会使人患心脏病、高血压和其他与压力有关的疾病的风险增加。此外,长期的压力可能导致睡眠时间和运动量的减少,吸烟和饮酒的行为增多。如果压力持续过久,它可能导致(生理方面)皮疹,哮喘发作,或者是高血压。1999年4月23日在从旧金山飞往伦敦的一架英国航空公司飞机上发生的一次意外中,这种身心关系表现得非常明显。飞机起飞三个小时后,乘客被错误地告知飞机将坠入海里。尽管机组人员立即发现了这个错误,并且努力使受到惊吓的乘客平静下来,但还是有几名乘客需要医疗救助。①

一些研究揭示,尽管机体对不同压力的反应存在微小差异,但是长期的压力能使机体的生理功能恶化。最近的几个研究采用 MRI 对三种长期体验高环境压力的人进行了脑部扫描,这三种人是儿童期长期受虐待、经历战斗和患有内分泌疾病的人。② 研究发现,他们中大多数人的海马组织缩小,即在外显记忆中起决定作用的脑组织萎缩。同样,在动物中也存在各种各样的压力——在群体中处于从属地位,身体上受到束缚,处于孤立状态,这也能导致海马组织的萎缩。③

压力事件还会对免疫系统产生影响。当动物的身体受到限制时,即实

---

① R. A. Barkley, "Major life activity and health outcomes associated with attention-deficit/hyperactivity disorder," in *The Journal of Clinical Psychiatry*, Vol. 63(2002), pp. 10-15.

② Robert M. Sapolsky, "Glucocorticoids, stress, and their adverse neurological effects: relevance to aging," in *Experimental Gerontology*, Vol. 34, No. 6(1999), pp. 721-732.

③ B. S. McEwen, "Seminars in medicine of the beth Israel deaconess medical center: Protective and damaging effects of stress mediators," in *New England Journal of Medicine*, Vol. 338, No. 3 (1998), pp. 171-179.

施不可避免的电击或遭受噪声、拥挤、泼冷水、社会挫折、与母亲分离等,它们的免疫系统的活动就会减弱。[①]

一项为期六个月的研究对 43 只猴子免疫系统的反应进行了监测[②],21只猴子各自与新室友——另外三四只猴子共同生活一个月(为了使猴子产生感情,以唤起像人离开家上学或参加夏令营的压力,假设这种经历必须持续一个月),这对它们产生了压力,与留在原群体中的猴子相比,经受社会分离的猴子免疫系统的活动减弱。

(二) 环境压力的类型

环境压力多种多样,按照压力源的强烈可以将压力分为一般单一性生活压力、叠加性压力、破坏性压力。一般单一性生活压力是指在生活的某一时间阶段内,经历某种事件并努力适应,但其强度较低,单一性生活压力后效往往是正面的,大多有利于人们应对未来的压力。叠加性压力又分为同时性叠加压力和继时性叠加压力:同时性叠加压力是指在同一时间内有若干可构成压力的事件发生;而两个以上能构成压力的事件相继发生,前者产生的压力效应尚未消除,后继的压力又已发生,此时所体验的压力称为继时性叠加压力。破坏性压力又称极端压力,包括战争、大地震、空难以及被攻击、绑架、强暴等,破坏性压力的后果可能会导致创伤后压力失调(PTSD)、灾难症候群、创伤后压力综合征等。

按照压力的来源可以将压力分为生态学方面的压力、社会学方面的压力和个体本人造成的压力。由外部环境中物理事件所产生的压力,属于生态学方面的压力。目前,研究者对温度、光照条件、空气污染、重力作用、听觉和嗅觉刺激、大气压等物理事件对个体的影响都进行了一定的研究。另外一些生态学方面的环境压力可称为相倚压力,即因对有机体产生重大影响的外部事件而存在的环境压力,如因工作在空气被污染的厂房里导致鼻炎而造成的环境压力,或因飞机失事导致伤残所造成的环境压力。由社会、

---

① Theresa S. Presser, Marc A. Sylvester & Walton H. Low, "Bioaccumulation of selenium from natural geologic sources in western states and its potential consequences," in *Environmental Management*, Vol. 18, No. 3 (1994), pp. 423-436.

② J. Cohen, I. Sarfati, D. Danna, et al., "Smooth muscle cell elastase, atherosclerosis, and abdominal aortic aneurysms," in *Annals of Surgery*, Vol. 216, No. 3 (1992), pp. 323-327.

文化、风俗习惯等对个体的影响所造成的压力,属于社会学方面的压力。包括社会政治经济状况、交通安全、生活水准、工作情况、居住条件、受教育水平、福利待遇和偏见、时尚、舆论、规范准则等。研究表明,社会的机构、阶层、组织和体系会造成环境压力。如国家事业单位和私企单位就会对职员造成不同的环境压力。道奇(D. Doyge)和马丁(R. Martin)进一步指出,社会机构、阶层、组织和体系的维护或改变也会产生某种压力。如个体在退休后因所处环境的变换而造成的环境压力。由个人的人格特点、生活方式和自愿摄入所导致的压力称为个体本人造成的压力。如个人的人格特征、婚姻观念、兴趣爱好和抽烟、酗酒、药品依赖、怪异癖好等造成的压力。

此外,压力还可依据压力的真实性分为实际环境压力和可能环境压力,依据压力的承受位分为生理压力和心理压力,按照压力存在的时间分为长期环境压力和短时环境压力。尽管压力多种多样,但所有的压力都具有特定性和概括化的双重作用。不同的环境会使个体作出不同的反应,这是特定性的表现,同时个体对不同的环境具有普遍的共同心理和生理变化,这是概括化的作用,这种双重作用能使个体更快地认识环境同时更好地适应环境的变化。

(三) 环境压力的应激

当主体应对环境挑战出现不平衡时,主体会体验到环境压力。这种环境压力使个体产生应激反应,包括生理反应、情绪反应和行为反应。这些反应是相互关联并同时发生的。加拿大生理学家塞利(Hans Selye,1956)最先提出环境压力的生理反应,一般称为系统应激(systemic stress)。拉扎勒斯(Lazarus)提出环境压力的行为和情绪反应,一般称为心理应激(psychology stress)。[1] 由于生理和心理应激反应相互联系,不会单独出现,环境心理学家通常就把所有的成分整合到一个理论中去,称之为环境应激模型(environment stress model)。(Baume,Singer & Baum, 1981;Evans & Cohen, 1987;Lazarus & Folkman, 1984)

1.生理反应

塞利曾对在低温环境压力下的白鼠进行研究。[2] 发现白鼠能在一定的

---

① R. S. Lazarus,"The concepts of stress and disease," in *Society*, *Stress and Disease*, No. 1 (1971),pp. 53-58.

② Hans Selye,*The Stress of Life*. New York：McGraw-Hill,1956.

时间内忍受寒冷,但几个月后,白鼠因体能耗尽而死亡。他指出,在应激状态下,主体会经历一系列全方位的生理反应,可概括为连续发生的三个阶段:警戒反应(alarm reaction)、抗拒(或适应)阶段(stage of resistance)、衰竭阶段(stage of exhaustion),总称为一般适应症候群(general adaptation syndrome),简称 GAS。(如图 5-1)

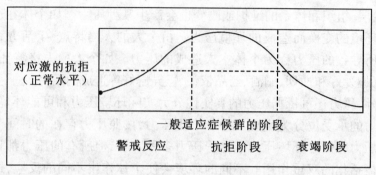

图 5-1　对应激的抗拒和一般适应症候群

(1)警戒反应。此阶段的生理基础为自主神经中的交感神经。当主体突然受到某种环境刺激需要进行认知评价时,交感神经兴奋,以帮助主体进行判断。如在环境危险情况下,主体会扩大瞳孔,以便看得更为清楚,停止消化,以便血液从胃流往肌肉,分泌更多的荷尔蒙促使身体作好迎战或逃跑的准备。

(2)抗拒(或适应)阶段。环境压力下的警戒反应是一个短暂的过程。之后,主体对环境重新评价,并准备面对任何可能的危险。此时在副交感神经的作用下,心率、呼吸速度和内分泌恢复正常,食物消化重新开始,为进一步的应对作好准备。

(3)衰竭阶段。应激反应会消耗大量的体能。个体如果长时间处于应激状态,就会导致肌肉力量降低,甚至体能耗竭而亡。

2.心理反应

并非所有的环境压力都会引起警戒反应和抗拒反应,是否构成压力取决于个体对环境的认知评价。同样的环境是否能对个体产生压力因人而异。个体的认知评价取决于两个方面:一方面是个体的心理因素,如智力、动机、知识或经验;另一方面是个体对特定环境的认知评价,如对刺激的控制感、预见性等,个体的有关知识越丰富,控制能力越强,把该刺激评价为威胁的可能性就越小,引起的环境压力的程度就越低。只有将刺激评价为环境压力才能顺序发生塞利说的生理反应。

在抗拒阶段,许多的应对过程也包含着认知过程,个体进一步认知评价环境刺激,采取相应的行为。行为成功后则环境刺激对个体不构成环境压力。反之,如果抗拒阶段的应对未获得成功,则加剧了"把刺激评价为威胁"的倾向,这种认知应变过程常伴随着不同程度的愤怒、恐惧、焦虑等情绪。消极情绪引起不良的生理反应,当全部应对能力耗尽时,个体就进入到衰竭期。但个体有调节自身的能力,也可成功地应对这种危害。这可能是因为当某种令人反感的刺激长时间作用时,随着对刺激的神经生理敏感性降低,个体对其开始适应。同时,随着相关知识与经验的丰富,预见性和控制感的增强,个体学习适应了这种环境刺激。(如图5-2)

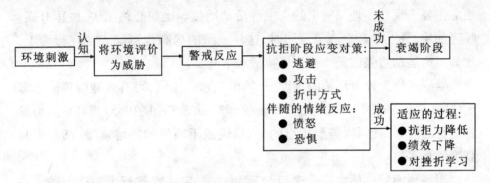

图5-2　环境认知评价过程

一般来说,个体所体验的环境压力会受到压力持续时间的影响。长期压力(chronic stress)因其持续时间较长,所以其效应比短期压力(acute stress)更大些,也更复杂些。但无论是长期压力还是短期压力,环境压力都会对个体的生理和心理产生危害。有研究指出,无论环境压力的时间持续长短,都会延长激发状态升高以及内分泌失调的持续时间,导致脑部机制的永久性改变,(Ellen & Van Kammen,1990)也可能使性激素浓度改变,肾上腺皮质的脂肪减少,并且使淋巴细胞的活动降低。(Weiss & Baum, 1989)科恩与威廉森(Cohen & Williamson)认为,应激通过破坏免疫系统的作用而导致疾病。[1] 科恩、蒂勒尔和史密斯(Cohen, Tyrrell & Smith, 1991)最新的研究

---

① Sheldon Cohen & Gail M. Williamson,"Stress and infectious disease in humans,"in *Psychological Bulletin*,Vol. 109,No. 1(1991),pp. 5-24.

肯定地指出,人在承受长期压力之后患感冒的可能性是平时的两倍。在心理上,持续的压力会引起心理疾病。长期的压力会显著减弱个体对心理障碍的防御能力。[①] 长期的环境压力会干扰作业任务的完成,影响心理和身体健康。

(四) 环境压力的理论

1. 唤醒理论

环境刺激对个体产生的影响之一就是提高唤醒的强度。伯伦(Chamberlin, 1960)将唤醒表述成处于连续体中的状态,这个连续体一端是睡眠状态,而另一端是兴奋状态或者其他非睡眠状态下的增强活动。从神经生理学的角度来看,唤醒是通过大脑唤醒中心网状结构引发的大脑活动的增强。唤醒主要表现在生理反应上的自主性活动增强。比如心跳加快、血压升高、呼吸加快、肾上腺素提高等。同时,这种唤醒的提高也可能表现在行为上,比如肌肉运动增强或是个体报告唤醒水平升高。

唤醒可作为评价环境的维度。[②] 唤醒的水平不同,可有效地解释诸如温度(Bell & Greene, 1982)、拥挤[③]和噪声[④](Klein & Beith, 1985)等环境压力导致的行为后果。但是,需要指出的是,愉快或不愉快的环境刺激,都会引起高唤醒水平。

当遇到唤醒的环境应激时,我们会出现一定的唤醒行为对待应激。一方面,唤醒会促使我们去寻找有关其内部状态的信息,我们会试图去寻找解释唤醒及其产生的原因。例如,我们会评价唤醒的性质是愉快的还是不愉快的、唤醒的原因是周围的食物还是我们自己的认知。在一定程度上,个体

① Stephen J. Lepore, Gary W. Evans & Margaret L. Schneider, "Dynamic role of social support in the link between chronic stress and psychological distress," in *Journal of Personality and Social Psychology*, Vol. 61, No. 6(1991), pp. 899-909.

② J. A. Russell & J. Snodgrass, "Emotion and the environment," in *Handbook of Environmental Psychology*. New York: John Wiley & Sons, 1987, pp. 245-280.

③ Gary W. Evans, Stephen V. Jacobs, David Dooley, et al., "The interaction of stressful life events and chronic strains on community mental health," in *American Journal of Community Psychology*, Vol. 15, No. 1(1987), pp. 23-34.

④ D. E. Broadbent, *Decision and Stress*. London: Academic Press, 1971.

根据周围人表现出来的情绪解释唤醒。[1] 如何解释唤醒将对我们的行为有重大的影响。例如,我们如果将唤醒归因为自己的愤怒,尽管事实上可能是由环境中的某一刺激引起的,我们也可能变得更加好斗和具有攻击性(Zillmann, 1979),此时,我们会感到环境压力。另一方面,唤醒表现为个体会寻求别人的看法。个体通过与别人的比较来评价自己的行为。我们会评价在此环境压力的作用下我们的行为是否适合,我们做得是比别人好还是比别人差。[2] 当我们拿不如自己的人比较时,环境压力会降低。例如,拥挤的个体和受自然灾害的个体比较时,前者会降低环境压力。

2. 环境负荷理论

环境负荷理论源于对注意和信息加工的研究,尤其探讨了对新奇和意外刺激的反应。归结起来,环境负荷理论主要包括以下五方面的内容:

(1) 我们加工外部刺激的能力是有限的。每一次对输入刺激的注意力也是有限的。

(2) 当来自环境的信息量超过个体加工信息的最大容量时,就会导致信息超载。信息超载的一般反应是视野狭窄,即我们忽略那些与手头任务不太相关的信息,但对于有关的信息则给予更多的关注。个体往往会积极地采取措施,以阻止无关或干扰信息的出现。艾文特和埃文斯曾指出教师可利用阻止干扰刺激的出现来改变教室的环境,从而集中学生的注意力。[3]

(3) 当一个刺激出现时(或个体觉得这个刺激出现时),就会要求个体有相应的适应性反应,该刺激的意义是由一个调节过程来评估的,随后个体

① Rainer Reisenzein, "The Schachter theory of emotion: Two decades later," in *Psychological Bulletin*, Vol. 94, No. 2 (1983), pp. 239-264; Stanley Schachter & Jerome Singer, "Cognitive, social, and physiological determinants of emotional state," in *Psychological Review*, Vol. 69, No. 5 (1962), pp. 379-399; Michael F. Scheier, Charles S. Carver & Frederick X. Gibbons, "Self-directed attention, awareness of bodily states, and suggestibility," in *Journal of Personality and Social Psychology*, Vol. 37, No. 9 (1979), pp. 1576-1588.

② Leon Festinger, "A theory of social comparison processes," in *Human Relations*, Vol. 7 (1954). pp. 117-140; Thomas A. Wills, "Similarity and self-esteem in downward comparison," in *Social Comparison: Contemporary Theory and Research*. England: L. Erlbaum Associates, 1991, pp. 51-78.

③ Sherry Ahrentzen & Gary W. Evans, "Distraction, privacy, and classroom design," in *Environment and Behavior*, Vol. 16, No. 4 (1984), pp. 437-454.

就会决定采取什么应对反应。因此,刺激越大,越不可测或越不可控制,这种刺激对个体的适应性意义越大,需要个体给予的注意力就越强。

（4）一个人的注意力并不是一个恒量,会随着刺激的大小而变化。长时间的注意可能会导致注意衰竭,超负荷的注意会导致心理错误增加。例如,长时间的驾驶会导致注意衰竭,进而导致事故增多。

（5）通过减少信息加工或者有利于恢复健康和体力的环境,注意力疲劳可以得到改善。例如长时间学习后去自然中散步,可以减少注意疲劳。这个理论被称为注意恢复理论（Kaplan & Kaplan,1989；Kaplan,1995）。

一般而言,对当前任务最为重要的刺激会受到很多的注意,而次要的刺激则会被忽略。如果这些次要的刺激有可能干扰中心任务,忽略次要刺激会提高绩效。但是,当我们需要同时完成两种任务,而其中一种任务需要广泛的注意时,另一种任务的绩效就会下降。布朗和珀尔顿（Brown & Poulton）要求被试在居民区（重要刺激相对较少）和拥挤的购物中心停车场（重要刺激相对较多）边开车边听磁带中播放的一系列数字,并判断在不同的序列中,哪些数字有了变化。[①] 结果发现,当被试在购物中心开车时,完成次要的数字任务时出错较多。其推测原因为,当被试在购物中心时,把更多的注意力放在集中开车这一重要的刺激中,从而干扰了数字任务这一次要刺激。

很多学者在该理论的基础之上提出了摆脱超负荷情况的方法。超负荷这一概念与对休闲环境及其他一些被称为恢复性环境的研究关系十分密切。R·卡普兰和S·卡普兰（R. Kaplan & S. Kaplan,1989）指出,长时间集中注意于一项任务会导致"注意指向疲劳",这是一种类似于超负荷的心理疲劳状态。他们的研究表明,注意指向疲劳状态最有可能在恢复性环境中得以恢复,这种环境有四个特点：①远离,或者不同于你平常所处的日常环境；②扩展,或能提供一个在时间和空间上都能有所拓展的经历；③入迷,或是产生兴趣并且参与其中；④兼容,即你想要做的事能从环境中获得支持。很多人（Herzog,Black,Fountain & Knotts,1997）认为,自然环境在恢复性方面是最为有效的。

---

① I. D. Brown & E. C. Poulton, "Measuring the spare 'mental capacity' of car drivers by a subsidiary task," in *Ergonomics*, Vol. 4, No. 1(1961), pp. 35-40.

3.资源保护理论

资源保护理论(conservation of resources,COR)由霍布夫(Hobfoll)提出,该理论认为人们的重要资源(包括社会、心理及物质资源)的受损程度及把这种损失最小化的能力决定了人们所承受的压力的大小。[1] 资源指任何能帮助人们达到目标的东西,包括有形资产(例如房子、财物)和无形资产(例如社会关系),社会资源(例如家庭)及个人的能力(如解决问题的能力),[2]失去资源中的一样就会引发环境压力。相反,拥有稳定的资源则会减少个体的环境压力。同样的,在失去资源后重新获得也会减少环境压力。费力蒂(J. R. Freedy)在关于雨果飓风的影响的研究中指出,以上范围的资源损失必然导致灾难后的痛苦和压力。在飓风过后的两到三个月里,资源损失直接关系到悲痛,而且在对灾后影响进行预测时,损失是最有预测力的因素。

4.适应水平理论

唤醒和超负荷理论说明了过多的环境刺激对行为和情绪有负面的影响,而刺激不足理论的研究证明过少的刺激也会产生令人不满意的影响。那么是不是中等的刺激最为理想呢? 沃威尔(Wohlwill,1974)在他的环境刺激作用的适应水平(adaptation level)理论中提出,中等的刺激较为理想。沃威尔借鉴了赫尔森(Helson, 1964)提出的关于感知的适应水平理论。赫尔森首先作了一个假设,假如人们都不喜欢拥挤,至少在某些场合下不喜欢,如在节假日的商场或是大型戏剧演出结束后。但是另一方面,多数人也不喜欢整天被社会孤立。在此基础上,奥尔特曼(1975)提出了人们调节自己的个人空间用以达到所需刺激的环境水平。之后, Garling 等人指出了环境中不确定的最佳水平被接受的机制。[3] 沃威尔认为这种情况适合于各类刺激,如温度、噪声甚至是复杂的路边景色,无论环境的复杂性如何,我们都喜

① Stevan E. Hobfoll, "Conservation of resources: A new attempt at conceptualizing stress," in *American Psychologist*, Vol. 44, No. 3(1989), pp. 513-524.

② John R. Freedy, Michael E. Saladin, Dean G. Kilpatrick, et al., "Understanding acute psychological distress following natural disaster," in *Journal of Traumatic Stress*, Vol. 7, No. 2(1994), pp. 257-273.

③ T. Garling, A. Biel & M. Gustafsson, "The new environmental psychology: The human interdependence paradigm," in *Handbook of Environmental Psychology*. New York: John Wiley & Sons 2002. pp. 85-95.

欢最佳的水平。

环境中有 3 个维度决定了环境刺激:强度、多样性和模式。在强度维度上,过强或过弱的环境都会给个体造成干扰。如过多的社会性活动会使我们分心,不知如何进行时间管理;相反,若好几个月内都没有社会活动,在一个很安静的空间里待好久也会使个体出现失常反应。在多样性维度上,环境的复杂性居于适中的情况下才能最大限度地吸引个体,并使个体产生愉悦感而不是产生压力。在模式维度上,个体对确定的模式体验的压力更小。例如,我们对自己居住的小区体会的环境压力更小,若我们到达一个陌生的地方,并且这一地点没有明确的标志我们就会产生环境压力。

沃威尔提出,最佳刺激的确定由个体的经验决定。个体的经验受到文化和环境的影响。例如,在偏远山区生活的个体,在寂静的环境中思路清晰,对孤独的忍耐力较强,当他们进入城市生活后,很容易感到嘈杂、拥挤、生活节奏快。相反,生活在城市的个体去山区后很易感到孤独、缺少刺激。但是必须指出的是,这种最佳刺激会随着时间的推移以及不同刺激对个体的影响而变化。

5. 行为局限理论

当个体面对一个无法控制的环境时,就会感觉到环境压力。例如,个体在一望无际的沙漠中,会感到无助担忧,在人数众多的公众环境中,会感到拥挤,但又无能为力。这种环境控制感的消失,就是环境刺激中的行为局限理论。这里的局限和约束是指环境中某些现象限制或干扰了我们想要做的事情。这种约束和限制可能是环境的一种实际不良影响,或者是觉得环境对我们的行为有所限制的一种观念。例如,坦纳(Tanner,1999)发现,不论是主观上的约束还是客观上的约束都能对瑞士成年人在自我报告中能否少用汽车的态度进行预测。

个体在这种不能控制的环境中,会产生一些消极的情绪,这时个体就会尽力重新对环境获得控制感,这个过程称为心理阻抗。这种阻抗会使个体摆脱环境的限制重新获得自由。心理阻抗并非个体真实的体验,在个体预料到限制的环境时这种心理现象就会发生。例如,我们预料到在一望无际的草原中会迷失方向时,会选择在帐篷中不出门,减少这种行为的限制。如果我们在重新获得行动自由的过程中,获得控制感的努力屡遭失败,将会产生习得性无助。也就是说,当我们认为自己的行动对改变当前的情境无济于事,我们就会放弃重新获得自由的行为。

重新获得控制感能使我们减少环境压力。例如,格勒斯和辛格(Glass & Singer,1972)告知被试,在实验中他们可以通过一个按钮来减少有害噪声的音量。实际上,即使被试没有按那个按钮,但仅仅是简单地告知被试这个情况,就可减少甚至消除噪声所带来的许多消极影响。同样,对拥挤的控制感能够减少拥挤带来的不愉快感[①]。相反,对空气污染的失控感会降低对解决问题的努力(Evans & Jacbs,1981)。另外,Allen 和 Ferrand(1999)发现,个人控制感可以预测对环境负责任的行为。

第二节　环境压力源

压力的来源即压力源,又称应激源或紧张源,是指对个体的适应能力进行挑战、促进个体产生压力反应的因素。压力源威胁着我们拥有的资源——工作的安全感、所爱的人的健康与幸福、笃信的信仰以及自我印象。(Hobfoll,1989)环境压力源无所不在,但其强度和影响力又有很大的差别。拉扎勒斯和科恩(Lazarus & Cohen,1977)把环境压力源分为三类:灾难性事件、个人应激源和背景应激源。这些应激源在影响的严重性方面各不相同,同时在其他维度上也有所变化,比如对它们作出反应时应对(coping)或者适应过程的容易程度。

一、灾难性事件

自然灾害、战争、核事故或者火灾是不可预测的强有力的威胁,一般会影响到周边的所有事物。这些灾难性事件(cataclysmic events)是不可抵御的应激源,具有一些基本特征。它们通常是突发的,发生前很少或者根本没有什么征兆。它们的冲击力非常大,或多或少引发一些很普遍的反应,而且通常要想有效地应对它们需要极大的努力。灾难性事件波及范围广,影响人数多。发生在三里岛和切尔诺贝利的事故,圣海伦火山大爆发,以及更多

---

① Ellen J. Langer & Susan Saegert, "Crowding and cognitive control," in *Journal of Personality and Social Psychology*, Vol. 35, No. 3(1977), pp. 175-182.

很常见的龙卷风、飓风等自然灾害统统都被认为属于这类应激源。[1] 由于灾难事件的不可预测性和突发性,有关的研究大多针对事件发生后幸存者群体的反应而进行。

突发的灾难性事件发生的那一刹那,受害者的反应是震惊或茫然,应对非常困难,而且可能无法马上缓解痛苦。然而,这类事件严重的威胁期通常(但不完全都是)结束得很快,随后开始进入恢复期。如,龙卷风的袭击可能只有很短的时间,其他灾难性事件可能会持续几天。当应激源不会再发生时,重建及或多或少的恢复一般都能够实现。但当已经发生的破坏并没有将要发生的破坏重大时,恢复起来则更加困难。(Baum,Fleming & Davidson,1983)

灾难性事件的一个重要特征是,它影响到很多的人,这在某方面来说有利于应对。与其他人在一起、在感情或观点上与别人作比较,这些都已经被确认为应对这类威胁的重要方式,主要是由于社会支持(social support)能够在应激过程中起缓冲作用。[2] 由于人们可以与经历同一困难的其他人一起分担痛苦,一些研究表明,这种情况下会出现这些人团结在一起的结果。(Quarantelli,1985)当然,这种情况并不总是发生,因为个体有自己的个性差异,不可能一直被压力“绑在一起”。

社会援助对于增强灾民的控制感和灾后重建的信心起着相当重要的作用。帮助那些失去亲人的幸存者走出心理困境常常是第一步和最重要的一步。但灾后心理援助需要足够的耐心和同情心,言语安慰和说教不可能使当事人很快忘记经历的事实,有时甚至会使他们越发的悲伤和压抑,甚至愤怒。共患难的幸存者之间更容易彼此理解,产生心理亲和(cohesion)。例如有人描述 1976 年唐山大地震后观察到的现象:一群幸存者聚在一起,男女老少挤在一个临时搭起的帐篷里,一位老人被推选为首领,像原始人一样过原始公社制的生活。

---

[1] Andrew Baum,Raymond Fleming & Laura M. Davidson,"Natural disaster and technological catastrophe,"in *Environment and Behavior*,Vol. 15,No. 3(1983),pp. 333-354.

[2] Fran H. Norris & Krzysztof Kaniasty,"Received and perceived social support in times of stress:A test of the social support deterioration deterrence model,"in *Journal of Personality and Social Psychology*,Vol. 71,No. 3(1996),pp. 498-511.

灾害心理透析

一、社会灾害及灾害心理特征的分类

据不完全统计,危及城市安全的灾害主要有:火灾、洪灾、震灾、瘟疫、酸雨、噪声、气候异常等。

根据灾害的种类与程度,我们可将受害者分为四类。第一受害者指灾区中直接暴露于灾难环境中的人。受害者对蒙难时的惨景记忆深刻,无论是心理还是躯体,都遭受重大创伤,甚至产生不可逆的反应。他们对灾难的后遗症反应往往程度较重,持续时间较长,若不及时给予心理调适和支持,很可能导致神经质和创伤性生理功能紊乱,对人们的生活、工作不利。第二受害者一般指第一受害者的直系亲属或关系密切的朋友。由于他们与受害者有着直接的关系,所以当灾害来临时,眼看着亲人失去或遭受伤残,他们会产生强烈的悲哀和负罪感。此种情绪得不到及时的疏导和遏制,可导致不同程度的身心紊乱,从而进入病态。第三受害者指身处救灾现场的工作人员。他们除了具有第一受害者的心理反应外,很有可能在持续性的救灾活动中,自觉不自觉地产生沉重的悲哀和负罪感,最终降低抗灾救援的自信心。第四受害者指非灾区的民众。他们往往根据距离的远近以及与受害者关系的亲疏,表现出不同的心理反应,这一群体往往是灾情发生后,社会得以稳定的一支重要队伍,能否快速高效地对他们进行有效的心理疏导,是减轻、减少灾害负面影响的关键要素。

二、灾难初始期、进行期、结束期社会群体出现的心理反应

灾害初始期,心理、生理反应急剧加重,严重者无法自控或出现不可逆反应。个体会出现不同程度的恐惧、紧张、焦虑的心理:理智者会认为自己意志不坚强、是软弱者,甚至会说自己不该出现这种不良心态,并对自己进行适度的抑制和压抑;非理智者在高度的心理压力下,很可能出现失望、绝望的心理。事实证明,不同文化背景和个性特征的人,面对灾害的心理差异较大。一般来说,文化程度较高的人获得知识较多,接受信息能力较强,思维较敏捷,能客观地看待灾害所引发的各种社会危机,并冷静地分析灾害给自身带来的各方面影响,因而积极地调适心态,尽可能在社会、他人的支持下减少伤害;而文化程度较低的人,由于自身知识贫乏,接受信息能力较差,又缺乏独立思考能力,对外界的信息及影响听之任之,甚至相信迷信、宗教活动能救助自己，以此来消除内心的恐慌。

　　在灾害进行期，随着灾害破坏程度的加剧，无论是群体还是个体承受灾害的能力都在逐渐减弱。原有的不安、烦躁、焦虑、恐慌心理此时达到不能自控的状态，严重者会出现精神强烈的生理心理病症。大多数人此时对人、对事会表现得非常敏感、多疑、高度紧张和戒备；人变得麻木、焦虑，做噩梦，感到孤独、忧郁；记忆、思维、感知出现迟钝或偏差；心理恐惧，严重者可伴有头痛、心悸、感知觉障碍、痉挛、腹泻、耳鸣、食欲不振、内分泌失调、免疫力下降等生理症状。

　　灾害结束期，一般指灾害发生后一至两个月内。遭到灾害事件沉重打击的个体或群体此时敏感性较高，缺乏应有的承受力，常伴有不同程度的身心功能紊乱。对外界事物的反应趋于狭隘，自主性受障，如易激惹、失眠、强烈的负罪感、记忆减退、注意力分散等。出现以上症候群，如不及时地进行扼制，随着时间的推移，将会出现接踵而来的症候群。单从应激性紊乱病程来看，可分为慢性型、延迟型和复发型。慢性型在灾害发生后即有症状，持续几年不消退；延迟型的症状出现较晚；复发型在灾害后症状已出现，并逐渐消退，后因某些原因重现。

二、个人应激源

　　个人应激源(personal stressors)指个体体验的应激性生活事件和一些烦心的日常琐事。诸如疾病、亲人死亡或者失业等都属于个人应激源。其对个体的冲击强度不等，有的是以灾难性强度的表现方式冲击个体，有的可能是微不足道的小事影响个体。很多的小问题累积在一起让个体无法摆脱，这些小小的不幸或不顺心加在一起有可能把人拖累得疲惫不堪，甚至把人彻底拖垮。在同一时间内个人应激源要比灾难性事件影响的人数少一些，它可能在预料之中也可能在预料之外。一般来说，当个人应激源刚刚开始产生严重影响时，就可采取一些应对方法来防止其进一步恶化，尽管事实有时并非如此。个人应激源有时在广度、持续时间和严重程度上与灾难性事件十分相似，比如死亡和失业。不过，任何时候，经历某一特定个人应激源的人数会相对少一些，这点十分重要，因为这样提供社会支持的人也会少一些。有时灾难性事件会导致个人应激源的产生，比如洪水会导致亲人丧失、失业以及其他种种个人应激源的产生。

为了研究生活事件的应激后果,心理学家 Holmes 和 Rahe 对一系列生活事件进行调查研究,根据被试的排列整理出生活事件量表,也称社会再调整等级量表。[①] 表中每一生活事件都被赋予一定的分值,然后用这一量表对一般人进行跟踪观察。结果发现,积分 300 分以上的研究对象中,80% 的人在被观察后一年内罹患重病。[②] 一般来说,一年之内积分 150 ~ 199 分为中等生活危机,200 ~ 299 分为较严重生活危机,超过 300 分为严重生活危机。处在严重危机之中的个人,随着积分的增加病情会加重,包括各种炎症、溃疡、呼吸疾病,甚至猝死。

紧张情绪催人老,春秋时期伍子胥为逃避楚平王的追杀被困文昭关一夜愁白头的故事,以及《三国演义》之中周瑜因诸葛亮气愤至死的故事,都生动地说明了心理上的压力事件对个体身体的不利影响。英国一位从事癌症研究的专家调查了 250 名癌症患者,发现因重大生活事件使精神受到严重打击者竟高达 156 人;国内学者许永杰研究发现,81.2% 的癌症病人在患病前半年至八年内遭受过重大生活事件的打击。个体将这些消极的刺激认知为压力,必然引起心理应激反应,同时伴随着生理应激反应,引起内分泌失调和免疫力下降。心理应激和生理应激互为因果,这时个体的人格特征、物质环境条件和社会支持对缓解应激的严重后果都起着重要作用。

三、背景应激源

背景应激源(background stressors)是指强度较低、持续时间长、几乎成为常规的应激源。其特点是重复性和持续性。罗顿(Rotton)将背景刺激源分为两类:生活事件和环境刺激。生活事件(daily hassles)(微小应激源)是一些稳定的、强度不大的日常生活问题。(Lazarus,1985; Zike & Chamberlain,1987)环境应激源(ambient stressors)是指长期的整体的环境状况,比如大气污染、噪声、拥挤等。一般情况下,这些都是有害刺激,作为应激源它们都需要我们去应对或适应。(Campbell,1983)

背景应激源的挑战度和强度不如灾难事件和强应激性个人应激源,但由于

---

① Thomas H. Holmes & Richard H. Rahe, "The social readjustment rating scale," in *Journal of Psychosomatic Research*, Vol. 11, No. 2(1967), pp. 213-218.

② R. H. Rahe, "Subjects' recent life changes and their near-future illness susceptibility," in *Advances in Psychosomatic Medicine*, Vol. 8(1971), pp. 2-19.

日常生活中难以躲避,这些稳定持续的刺激潜移默化地影响着人们的情绪状态,长期的情绪状态形成了个人的心境。良好的心境有利于健康、生活、工作和人际交往;长期的不良心境会干扰人的正常思维,损害人的身心健康。不良的心境也会引起事故和疾病,免疫力的下降,因此,背景应激的影响不容忽视。

第三节　环境压力应对

任何事物都有正反两方面的意义和效应,环境压力也如此。首先,环境压力具有机体唤醒的作用,恰当的唤醒水平可以维持较高的工作业绩。其次,塞利和拉扎勒斯的研究表明,压力引起的应激是一种全身心的唤醒与激活——它不仅唤醒和吸引人的注意去应对所面临的挑战,同时也激发了机体组织的活力和免疫系统的战斗力。恰当的环境压力有益于个体的成熟,它能使个体学会处理环境压力的方法。从这个角度而言,适当的环境压力是保持生命活力和增强个体生存能力的必要条件。但是过度的和长期的环境压力会给个体造成损害,会对个体的身心发展产生影响。个体在压力状态下常常将注意力集中于感知到的环境压力而忽略其他的刺激,甚至潜在的危险,以致造成连续的意想不到的后果。而且某个或某些附加的环境应激源必然加剧个体的应激反应,累积的结果超过了个人的应对能力,则有可能使个体进入衰竭阶段,导致一系列失去控制的恶性循环。

过度的环境压力会对个体的身心产生影响,如何减轻这种影响呢? 有两种方法:一是减少压力意识或者减轻反应的症状;一是帮助个体获得一个最佳的反应途径。最佳的反应途径有助于人们更好地认识压力,更透彻地理解环境压力。

一、环境压力的防御机制

根据弗洛伊德的观点,人类为了避免精神上的痛苦、紧张焦虑、尴尬、罪恶感等心理,有意无意间使用的各种心理上的调整,自我对本我进行压抑,这种压抑是自我的一种全然潜意识的自我防御功能。人们可以利用本能反应来面对应激事件和环境压力源,这种本能的反应被称为防御机制。在各种环境条件下,人们常常应用防御机制,利用自我为中介变量,使得个体从有危险的环境之中摆脱出来,获得自我保护。防御机制是个体习惯化的行为和本能的反应,这种反应经常受个体的教育水平文化背景的影响。但是,当个体应用防御机制时确是无意识的,这种无意识的反应会保护个体应对环境压力,减少环境压力带来的焦虑和烦恼。防御机制的应用使得个体从环境压力中解脱出来,保证个体的正常发育和成熟。

(一)压抑(repression)

压抑是各种防御机制中最基本的方法。压抑是指个体将一些自我所不能接受或具有威胁性、痛苦的经验及冲动,在不知不觉中从个体的意识中抑制到潜意识里去的现象。这种防御机制是一种"动机性的遗忘"。个体在面对不愉快的情绪时,不知不觉有目的地遗忘,并不是因时间久而自然忘却。压抑的内容往往是令人恐惧的冲动或思想。例如,我们常说"我真希望没这回事""我不要再想它了",或者在日常生活中,有时我们做梦、不小心说溜了嘴或偶然有失态的行为表现,都是这种压抑的结果。

压抑表面上看起来使个体把事情忘记了,而事实上它仍然保存在我们的潜意识中,使人们受到折磨,并在人们的行为中间接地表现出来。例如,有一位姓李的老师,其岳母相当势利,又爱挑剔,由于她一直觉得李老师配不上自己的女儿,故此多年来每次见到李老师总是冷嘲热讽的,令李老师十分难受和尴尬。李太太生下儿子后让李老师通知各至亲好友。李老师忙碌地打了一连串电话后,在与太太复核有无遗漏时,才骤然发觉自己居然忘了致电岳母大人。李老师用压抑的防御方式来逃避面对岳母的痛苦。压抑有时也会导致失去记忆,例如,有一些曾遭受极度悲伤或目睹惊恐事件的人,会把那次经历忘得一干二净,以失去记忆来免去面对的痛苦与悲伤。当然不是每一次的压抑都会导致失去记忆,只有个人主观认定极端可怕的经历,才会导致失去记忆。

压抑减少了个体恐惧的痛苦的意识,同时在某种程度上阻碍了人们的意识,从而引起意识刻板印象,导致许多无效行为。另一方面,也应该看到,某些压抑是个体正常发展的一部分内容。人们压抑意识里与道德规范、行为准则相违背的东西。正是由于把压抑运用于社会实践活动,才使人们形成了熟练化的防御机制。

(二)否定(denial)

否定是一种比较原始而简单的防御机制,其方法是借着扭曲个体在创伤情境下的想法、情感及感觉来逃避心理上的痛苦,或将不愉快的事件否定,当作它根本没有发生,以此来获取心理上暂时的安慰。否定与压抑极为相似,否定不是有目的地忘却,而是把不愉快的事情加以否定,拒绝看到或听到事件的真实方面。

否定现象在日常生活中处处可见,例如,小孩子闯了祸,用双手把眼睛蒙起来,就像沙漠中的鸵鸟遭遇敌情时把头埋于沙中。许多人面对绝症,或亲人的死亡,就常会本能地说"这不是真的",用否定的方式来逃避巨大的伤痛。

心理学家拉扎勒斯在对即将动手术的病人所作的研究中发现,使用否认并坚持一些错觉的人,会比那些坚持知道手术一切实情和精确估算愈后情形的人复原得好。因此,拉扎勒斯认为否认(拒绝面对现实)和错觉(对现象有错误的信念)对某些人在某些情况下是有益健康的。但拉扎勒斯也指出,否认与错觉并不是适用于每一种情况。例如在医院确认疾病的情况下,病人利用否认机制就是不妥的。不过在无能为力的情况时,否认与错觉仍不失为有效的适应方式。

(三)退回(regression)

退回是指个体在遭遇到挫折时,表现出其年龄所不应有之幼稚行为反应,是一种反成熟的倒退现象。

根据勒温等人的研究,认为2~5岁的儿童遭遇挫折而表现退回行为,平均要比实际年龄倒退一年或一年半。退回行为不仅见于小孩,有时也发生于成人。例如,有一教师在成长过程中被母亲管教得十分严格,加上母亲的蛮横无理,令她对权威人物产生极大的恐惧,甚至到她成年后,虽然学有所长,但在权威人物面前,她就会变得毫无主张。在课堂上,她是一位极受欢迎的教师,但校长每次约见她,她却总感到毫无自信,而且领导每要求她做任何事,她都说不会做,要求领导教她,并请求校长详细告诉她如何做。所有表现,就像一个无知愚昧的小女孩。这个教师表现出的极端依赖,就是一种退回行为。

当成人由于某些特殊的原因,采用较幼稚的行为反应,并非不可。例如,做父亲的在地上扮马扮牛给孩子骑,做妻子的偶尔向丈夫撒娇等,这种"偶然倒退"反而会给生活增添不少情趣与色彩。但如常常"退化",使用较原始而幼稚的方法来应付困难,而且利用自己的退化行为来争取别人的同情与照顾,用以避免面对现实的问题与痛苦,就是一种心理症状了。

(四)反向(reaction formation)

当个体的欲望和动机不为自己的意识或社会所接受,唯恐自己会做出不当的行为时,就将其压抑至潜意识,并再以相反的行为表现在外显行为上称为反向。也就是说使用反向者,其表现的外在行为与其内在的动机是相反的。在性质上,反向行为也是一种压抑过程。例如,一位继母根本不喜欢丈夫前妻所生之子,但恐遭人非议,乃以过分溺爱、放纵方式来表示自己很爱他。

反向行为如使用适当,可帮助人适应生活;但如过度使用,不断压抑自己心中的欲望或动机,且以相反的行为表现出来,就会使个体不敢面对自己,而活得很辛苦、很孤独,甚至形成严重的心理困扰。在很多精神病患者身上,常可见此种防御机制被过度使用。

(五)合理化(rationalization)

合理化是指制造合理的理由来解释并遮掩自我的伤害。表现为当个体的动机未能实现或行为不能符合社会规范时,个体搜集一些合乎自己内心需要的理由,给自己的行为一个合理的解释,以掩饰自己的过失,减免焦虑的痛苦和维护自尊免受伤害。一般而言,合理化可分为三种方式:酸葡萄心理、甜柠檬心理、推诿。个体为了解除内心不安,编造一些理由自我安慰,以消除紧张,减轻压力,使自己从不满、不安等消极心理状态中解脱出来,保护自己免受伤害。这种合理化的防御机制从心理健康的角度看有一定意义,在某种程度上可以起到缓解消极情绪的作用并能协助我们接受现实。但真正应对挫折不能只停留在自圆其说上。当情绪稳定后,应该冷静地、客观地分析达不到目标的原因,重新选择目标,或改进努力方式。

(六)转移(displacement)

转移是指原先对某些对象的情感、欲望或态度,因某种原因(如不合社会规范或具有危险性或不为自我意识所允许等)无法向其对象直接表现,而把它转移到一个较安全、较为大家所接受的对象身上,以减轻自己心理上的焦虑。例如,有位被上司责备的先生回家后因情绪不佳,就借题发挥骂了太太一顿,而做太太的莫名其妙挨了丈夫骂,心里不愉快,刚好小孩在旁边吵,就顺手给了他一巴掌,儿子平白无故挨了巴掌,满腔怒火地走开,正好遇上家中小黑狗向他走来,就顺势踢了小黑狗一脚,这些都是转移的例子。转移不一定只出现在负面的感受上,有时正面的感受我们也会使用转移的方式。一位结婚多年、膝下无子的老师,将其全部心力用于关怀他的学生,就是正面转移的例子。

转移有多种形式,有替代性对象的转移、替代性方法的转移、情绪的转移。事实上,转移使用得当,对社会及个人都有益,例如,中年丧子的妇人,将其心力转移于照顾孤儿院的孤儿。但转移不当就会造成伤害,例如,新闻中报道的一个失恋的青年人,因其女友弃他而去,心生怨恨,便杀人泄恨,在其被逮捕前连杀了十多位与其女友相似的人。因此要合理使用转移这种防御机制才能缓解环境压力带来的损害,转移得当甚至能起到良好的助人助己作用。

(七)幻想(fantasy)

当人无法处理现实生活中的困难,或是无法忍受一些情绪的困扰时,将自己暂时抽离现实,在幻想的世界中得到内心的平静和达到在现实生活中无法经历的满足,称为幻想。幻想与常说的"白日梦"相似,例如,工人柯金上班时,被领班无理地骂了一顿,十分愤怒,但位居人下,无法可施,回家途中,他买了一张彩票,吃饭时与太太闲谈说:"如果中了奖,我要自己开间工厂,重金将领班请来,然后给他颜色看,令他受辱……"谈着谈着,柯金轻松多了,他用的方法就是幻想。幻想可以是一种使生活愉快的活动(很多文学、艺术创作都源自幻想),也可能有破坏性的力量(当幻想取代了实际的行动时)。幻想可以说是一种思维上的退化。因为在幻想世界中,可以不必按照现实原则与逻辑思维来处理问题,可依个体的需求,天马行空,自行编撰。

幻想使人暂时脱离现实,使个人情绪获得缓和,但幻想并不能解决现实问题,人必须鼓起勇气面对现实并克服困难,才能解决问题。

(八)升华(sublimation)

"升华"一词是弗洛伊德最早使用的,他认为将一些本能的行动如饥饿、性欲或攻击的内驱力转移到自己或社会所接纳的范围时,就是升华。例如,有打人冲动的人,借锻炼拳击或摔跤等方式来满足。一生命运多舛的西汉文史学家司马迁,因仗义执言,得罪当朝皇帝,被判处宫刑,在狱里,他撰写了《史记》。他是悲恼中之坚强者,将自己的悲情升华,为后世开创了一个壮观伟丽的文史境界。升华是一种很有建设性的心理作用,也是维护心理健康的必需品,升华帮助个体积极地应对压力,是一种积极的防御机制。

以上的论述分别描述了压力的各种防御机制,但在现实生活中人们并不是把它们割裂开来应对压力,而是将多种防御机制联合起来共同抵制压力。(参阅表5-1)社会适应能力强的人能灵活使用最合适的防御机制。

表 5-1　防御机制的模式①

应激种类	共同防御机制
失败	合理化、文饰作用、投射、补偿作用
内疚	合理化、投射、解脱
敌意	幻想、压抑、反应形式、移置作用
歧视感	自居作用、补偿、幻想
生活中的失望	合理化、幻想、隔离和孤立
个体的局限性	否认、幻想、补偿作用
被禁止的特性	合理化、投射、压抑作用

二、减少环境压力的策略

环境压力无处不在,时刻伴随着我们进行的社会活动。面对复杂的环境压力,个体防御机制能够减少压力给我们带来的焦虑和痛苦,除此之外,还有很多积极的方法能够使人们摆脱压力,更好地适应环境。

(一)培养积极的人格

1. 乐观

人们对压力源的认知评价、应对方式、个性等方面的综合,导致人们的一系列心理、生理和行为反应,最终决定着人们是健康抑或疾病。沙伊尔和卡弗(Scheier & Carver, 1992)指出,乐观主义者,例如持"在不确定的时候,我通常会往最好的方面预想"意见的人,不仅感到更多的可控制性,而且能更好地处理压力事件,并且享受健康。在学期的最后一个月里,预先被确定为乐观的学生更少地报告疲劳、咳嗽和疼痛。在法学院最初的很有压力的几周,乐观的学生(认为"我不一定会失败")情绪更好,免疫系统有更强的抗感染能力。(Segerstrom, 1999)同样,乐观者在应对压力时,血压只有很小的上升,他们从心脏手术中复原得更快。另一项研究是问 795 名 64 ~ 79 岁的美国人是否对未来充满希望,5 年之后,研究者核对这些人的时候,回答"不"的人当中有 29% 已经死亡,比起回答"是"的 11% 的死亡率高一倍多。(Stern, 2001)另外,Maruta(2002)发现乐观的人比悲观的人活得更长。

---

① 俞国良,王青兰,杨治良:《环境心理学》,人民教育出版社,2000 年,第 98 页。

2. 坚强

坚强的个体一般目标专一,有毅力,能坚持不懈,百折不挠,不达目的不罢休,能持之以恒地把注意力集中于某个问题上,心理状态高度稳定,能顽强地克服困难,敢于标新立异,提出自己的见解,敢做别人所未做的事情。

Kobasa 认为,坚强是由三个主要的特质组成:控制、信念和挑战。控制的含义与 Rotter 提出的控制点(locus of control)相似,是指个人对自身行为、外部环境进行有效控制的期望;信念是对自我和人生目的与意义的一种感受;挑战反映了安全、稳定和可预测性等因素对个体的重要性程度。那些较坚强的人能积极地面对生活,相信自己能有效地控制生活,并能很好地将自我和人生目的结合起来。此外,他们会把变化看作可以促进他们成长与发展的催化剂。

(二)改变认知方式

不同的认知方式会令个体对压力产生不同的心理感觉。我国专家运用了半结构访谈法对山西省某乡镇的 3 位艾滋病患者进行了质性研究。研究表明患者在未正确认识艾滋病的性质时对应激反应强烈,均出现强烈的精神崩溃,直至接受抗精神病性药物治疗;而在正确认识艾滋病的性质之后他们能很快主动求助,有效利用社会资源,短时间重建自尊自信,提升主观幸福感。(董海原,王艳军,张跃,2007)莫泽和利维-丽伯伊尔(Moser & Levy-Leboyer, 1985)的研究表明,对一个有故障的电话机失去控制感会导致人的攻击行为,但获得一些可恢复控制感的相关信息,即可通过信息改变个体对故障电话机控制的认知可减少攻击行为。

可以帮助个体改变认知方式的具体措施包括:

(1)重新评价情境。尽管个体不可能摆脱应激性事件,但可以换一种不同的思维方式,这就是重新评价过程。个体对情境或刺激的思考方式将会影响其情绪感受。重新评价可以使愤怒化为同情、忧虑转为果断、损失变成良机。

(2)从经验中学习。一些创伤性事件和不治之症的受害者报告说,经验使他们变得更坚强、更愉快,甚至会成为一名品质更优秀的人。在逆境中善于发现意义和好处的能力对心灵的康复非常重要,它能缓解严重疾病的进程。在一项对携带艾滋病病毒的男人进行的纵向研究中,结果发现,与善于在不幸中发现意义和目的的人相比，那些"回避思考"的人的免疫机能会急剧地衰退，其死亡的概率也更大。

（3）进行社会比较。在困难的情境中，成功的应对者通常会把自己与其他不幸（感到不幸）的人相比较。他们即使患有致命的疾病，也会发现有些人的情况比起他们还要糟。下行比较可以通过降低个体自我评价的参照体系，以维持积极的自我评价，是压力事件和心理健康的一种应对机制，具有很好的适应功能。有时，成功的应对者也把自己与那些比他们做得更好的人进行比较。如果能够从被比较的人那里获得有关应对方式、疾病控制或改善压力情境的信息，那就是有益处的。Lockwood 和 Kunda 研究发现，给那些具有抱负的教师呈现优秀教师的角色模范，这些教师对自己的教学技能和动机水平会拥有更高的评价；此外，Vander 和 Oldersma 等人也研究发现，癌症病人会花费更多的时间阅读其他病人的积极内容，而且阅读积极内容越多，病人积极的情绪体验就会越多，对自己病情的评价也会越好。

（三）寻求社会支持

社会支持是个体面临压力的缓冲剂，建立和维持强有力的社会支持系统可以缓解环境压力，包括家人、朋友、社会组织和团体等。高校教师工作压力、应对方式与社会支持的相关研究显示，工作压力与社会支持呈显著的负相关。

Fukunishi(1999)研究了应激的应对，包括对葡萄糖耐量正常的人的社会支持、疾病应对以及情绪状态的研究。他发现，那些很少利用社会支持的人与葡萄糖耐量异常的发作相关。似乎葡萄糖耐量异常的患者总是不能充分利用社会支持来应对应激，即使当别人提供社会支持，而且他们感觉到社会支持时也是如此。科恩作了一项有关社会关系多样性（不止一种社会关系）和感冒易感性的关系的研究，结果发现，社会关系种类越多，感冒的发病率越少。也就是说，一个人的社会网的种类越多，他得感冒的机会就越小。为什么社会关系网可以使得个体免受应激的危害呢？一个可能的解释在于个体对应激的觉知能力上。如果个体认为他的社会关系网可以帮助他应对一些可能存在的不利事件，那么他就可能不会把它们看作应激事件。由于社会关系可以减少个体的应激，所以它就会减少人们感染疾病的危险。（Cohen,1997）

(四)培养幽默感

幽默是一种应对环境压力的方式,也可以将其当作一种应对技术,尤其是当这种幽默使你看到问题的荒谬性,并使你远离问题或者获得控制感的时候。笑是我们通常表达幽默的方式。美国罗马琳达大学的伯克教授在题为《笑和免疫体的关系》的论文中总结出笑对于减少精神压力有着相当的影响力,即负面作用的精神压力可以增加皮质醇(cortisol)、促肾上腺皮质激素(corticotrophin)和儿茶酚胺(catecholamine)、生长荷尔蒙和催乳激素(prolactin)等压力荷尔蒙。他还继续和同事坦恩博士一起研究笑对人体免疫体的影响,他们对 60 名成人进行禁食,并让他们连续看 60 分钟引人发笑的录像,然后抽取他们的血液比较体内抗体 IFN 的变化,结果发现 IFN 的量增加了 200 倍。IFN 对 T 细胞的生长,细胞毒素的区分,以及白细胞的更新和 B 细胞(具有产生免疫蛋白质的功能)的生长都有作用。纽约州立大学的 Arthur Stone 教授以任意抽取的 72 人为对象研究笑和免疫体的相关性,让他们记录自己一天笑的次数,然后分析他们的黏液,结果发现笑的人的黏液含有抗体免疫蛋白质 A 的含量更多。(Arthur Stone,2002)加利福尼亚大学洛杉矶分校痛症治疗所的负责人 David Bresler 博士让深受痛症困扰的病人看着镜子微笑,发现即使是假笑对病人也有相当好的效果。由此可见培养幽默感对于应对环境压力具有积极作用。

(五)学会放松

应对压力所带来的生理紧张和消极情绪的最直接的方式就是平静下来:暂时停止工作,通过沉思、冥想或者放松来降低身体的生理唤醒。

第一个方法就是逐步放松训练——学着使从脚趾到头顶的肌肉交替地紧张和放松,清理你的大脑,集中精力去冥想,这样就能使血压降低、应激激素水平下降,缓解愤怒或焦虑情绪,提高免疫力。第二个方法就是呼吸放松。假设你置身一个非常舒适的环境。深呼吸,从头到脚放松每一块肌肉,享受安宁,冥想,排除杂念。还可以通过锻炼来进行放松。在同样的压力下,身体健康的人显示出较少的生理唤醒。人锻炼得越多,他们的焦虑、抑郁、易怒情绪就会越少,患感冒和其他疾病的概率也会越小。尤其是有氧运动,它能缓解压力,减轻抑郁和焦虑。

(六)其他策略

(1)接受任务不要超出个体所能控制的范围。只有自己才能决定所接受的任务可能需要多少时间和精力。如果盲目地接受巨大的任务,会给自己带来巨大的压力,并且在完成的过程中很易出现拖延现象。

(2)立即处理产生环境压力的事件。延迟处理会导致压力增大,最好是立即解决问题,使事情朝着令人愉快的方向发展。

(3)灵活。允许自己有时间来变通,以处理一些未料的、破坏计划的事件。这样会增强个体对变化事件的控制力,减少环境压力。

(4)知道自己并不总是正确的或完美的。完美主义者常常把他们过高的标准应用于他人,并且不可避免地感到失望。将正确或完美看作生活的中心那仅仅会使个体感受到更多的环境压力。

(5)自信。如果个体在与人交往中足够自信,能单独作决定,那么这样就减少了与不同个体对环境压力的处理方式的比较,并在独立处理的过程中减少了干扰因素,增加了控制感。

(6)学会说"不"。做他人要求的每件事是不可能的,如果你没有时间,你必须学会说"不"。这不是件易事。但如果不这么做,你会感到更多的环境压力。

(7)避免一次产生太多的生活变化。对于一个环境改变较大的事件,要循序渐进。一次只采取一个步骤,环境压力就会少些。

(8)预期环境压力事件的发生并作好准备。在环境压力事件未发生过之前预期这种压力事件可能发生的概率或程度,提前作好发生后应对的准备,增强个体对于压力事件的控制力。若个体无法单独应对,应提前考虑寻找社会支持。

(9)表达个人的感受。对于任何行为,表达你的愤怒或痛苦,都能减轻你所能感受到的压力水平。但在这其中最为重要的,就是不去制造环境压力事件以外的主观事件,并尽力帮助解决客观事件。

通过以上一系列的方法,可以逐步缓解人们面对环境压力时的焦虑以及不安,逐步进行放松,排除压力事件所造成的内心感受,长此以往,使人们逐步达到身心放松、减缓环境压力的目的。

【反思与探究】

1.概念解释题

(1)心理压力;(2)环境压力;(3)警戒反应;(4)抗拒阶段;(5)衰竭阶

段;(6)唤醒;(7)压力源;(8)个人应激物;(9)背景应激源;(10)防御机制。

2.简述题

(1)简述环境压力的类型。

(2)简述塞利的环境压力模型。

(3)简述环境压力理论。

(4)简述环境压力源的主要存在方式。

3.论述题

结合自身经验,论述应对压力的方法。

4.案例分析

某大学大三学生王某,坐在教室里看书时,因为同学吵闹干扰自己,无法看书,并有强烈的不安全感,以致只能坐在角落或者靠墙而坐,否则无法安心看书。同时,他对同寝室一位同学放收音机的行为非常反感,有时简直难以忍受,尤其是睡午觉时总担心会有收音机的声音干扰自己,从而睡不着觉,经常休息不好。但王某又不好意思跟其当面发生冲突,因为觉得为这样的小事发脾气,可能是自己的不对。由于很长时间不能摆脱这种心理困境,王某很苦恼,这严重影响了他的日常生活和学习。临近毕业,他心中一片茫然,担心找不到理想的工作,有时候也懒得去想这个问题,怕增添烦恼。另外,他学习一般,在班上成绩中游,看到其他同学都在准备考研究生,自己也想考,但是又不能集中精力学习。他家在农村,经济状况一般,他认为自己有责任挑起家庭的重担,但又觉得力不从心。

请结合案例分析该学生的压力性质及来源,结合自己的经验,论述如何帮他减轻环境压力。

【拓展阅读】

1.吴建平,訾非,李明:《环境与人类心理:首届中国环境与生态心理学大会论文集》,中央编译出版社,2011年。

2.[美]保罗·贝尔等:《环境心理学》(第5版),朱建军,吴建平等译,中国人民大学出版社,2009年。

3. R. S. Lazarus, "The concepts of stress and disease," in *Society*, *stress and disease*, No. 1(1971), pp. 53-58.

4. Gary W. Evans & Rachel Stecker, "Motivational consequences of environ-

mental stress," in *Journal of environmental psychology*, Vol. 24, No. 2(2004), pp. 143-165.

5. G. Moser & D. Uzzell, "Environmental psychology," in *Handbook of Psychology: Volume 5 Personality and Social Psychology*. New York: John Wiley & Sons, 2003.

6. Robert M. Sapolsky, Lewis C. Krey & Bruce S. McEwen, "The neuroendocrinology of stress and aging: the glucocorticoid cascade hypothesis," in *Endocrine Reviews*, Vol. 7, No. 3(2002), pp. 284-301.

7. Suzanne C. Segerstrom & Gregory E. Miller, "Psychological stress and the human immune system: a meta-analytic study of 30 years of inquiry," in *Psychological Bulletin*, Vol. 130, No. 4(2004), pp. 601-630.

第六章　环境危害与环境行为

学习目标

1. 准确掌握自然灾害、科技灾害的概念和特点,能够结合实际情况分析它们对人类的影响。

2. 了解天气和气候对人类行为的影响,能在日常生活中运用相关知识解释常见的行为表现。

3. 了解空气污染的现状、分类及其危害,掌握它对人类心理和行为产生的影响。

4. 准确掌握应对环境危害的方法,学会运用心理干预手段解决实际小问题。

引言

在电影《2012》中,地球将会在 2012 年 12 月 21 日面临世界末日,全球性大地震、海啸、风暴等毁灭性灾害同时出现,整个世界将走向尽头。虽然《2012》只是电影,它通过夸张和震撼的效果将灾难对人的影响凸显出来,但不可否认的是,环境问题变得越来越不可忽视了。除了像电影中描述的这种快节奏的令人印象深刻的自然灾难,如地震、海啸、洪水等,我们还面临着一些觉察不到的危险,比如有毒气体、噪声、气候变暖等环境问题,这些危害对人的影响是缓慢的,甚至是悄无声息的,有时候人们根本意识不到慢性危险的存在。

今天的环境心理学家关心与环境有关的问题,包括环境灾难、天气和气候、空气污染,以及它们对人产生的影响。在这一章,我们将对这些内容进行详细讨论。

第一节　环境灾害

进入工业文明时代以来,科学技术突飞猛进,人口数量急剧膨胀,经济实力空前提高。在追求发展的同时,人类对自然环境展开了前所未有的大规模的开发利用,这也引发了深重的环境灾难。环境问题具有了与以往完全不同的性质,并且上升为从根本上影响人类社会生存和发展的重大问题。

进入20世纪之后,随着资源的过度开发和生态破坏愈演愈烈,环境问题已经成为当今世界最重要的问题之一。温室效应引发的全球气候变暖,南北极上空臭氧层的破坏,自然资源的耗竭,全球性生物多样性的减少,固体有害废弃物的大量产生和堆砌等一系列的环境问题,已成为人类社会实现持续发展的最重要障碍之一。严格说来,一切危害人类和其他生物生存和发展的环境结果或状态的变化,均应称为环境问题,即环境灾害。

在这一节的内容中,我们将环境灾害区分为自然灾害和科技灾害(人为灾害)。

一、自然灾害

(一)自然灾害的概念

我们很难给自然灾害下一个准确的定义,因为很难确定一个精确的标准。一般而言,自然灾害是由自然界的力量引发的,不受人力控制。因为它们是控制地球和大气的自然界的产物,所以人们必须学会在遇到它们时该如何面对。另一方面,界定是什么构成了灾难是一件棘手的事情。有什么可以把灾难和那些不太严重的事故以及系列事故区分开来呢? 例如地震和台风,这些事件并不总是造成破坏。所以,在定义自然灾害的时候,是否有一个分界点或标准,在一定破坏程度以上是灾难,不达到这个标准就不是灾难?

美国联邦应急管理局(FEMA)给出的定义是:通常说,灾难是飓风、龙卷风、暴风雨、洪水、满潮、风动水、海啸、地震、暴风雪、干旱、爆炸或其他灾难性事件,破坏足够严重,以至于总统认为应该进行必要的灾难援助(1984)。①这个定义包括一些突发事件以及对这些事件是否会造成足够的破坏的判断,事件的性质以及破坏的程度通常被官方当作判断灾难的标准。但这个定义只是用来确定是否需要进行紧急救援和救济的,它所关注的仅仅是与

---

① [美]保罗·贝尔等:《环境心理学》(第5版),朱建军,吴建平等译,中国人民大学出版社,2009年,第195页。

这些救援行动有关的问题。

夸兰泰丽认为,考察灾难的破坏程度,应该看它对社会的破坏性(disruption),即个人、群体、组织的功能在多大程度上被扰乱了,不能再像以前那样发挥作用了。那么,到底多大的破坏才能区分灾难和一般的"混乱场面",我们暂且可以将自然灾害定义为,由于自然力量给社会带来破坏的事件。[①] 我们可能也会假定这种破坏必须是实实在在的。下面我们再从自然灾害的特征来区别一般事件和自然灾害,从而丰富它的定义。

(二)自然灾害的特征

自然灾害具有很多重要的特征:它们是突然的、强力的以及不可控的,它们会带来破坏以及混乱,而且一般持续时间较短,等等。

(1)自然灾害最具代表性的特征是不可控性。因为人们并不能指引地震发生在某个地区而远离这一地区,它们在哪里或以什么规模出现是由自然条件决定的。

(2)自然灾害往往发生突然,而且一般是不可预测的。虽然人们能获得一些预警,但通常没什么时间准备或逃离,而且人们并不能预测灾难发生的准确地点。它们往往只是持续几秒到几分钟的时间,很少会超过几天。干旱和寒冷等的时间或许会持续得久一些,但大多数风暴和地震等灾难都结束得很快。

(3)自然灾害的破坏力有时非常巨大,而且常常是实实在在的。换言之,它们确实常常带来破坏甚至是浩劫。

灾难的一些特征能帮助人们预测灾难会产生什么危害。事件持续期(event duration),即灾难事件对人们产生的影响会持续多久或者它发生的时间有多长,是一个重要的变量。一场灾难持续的时间越长,受害者就越有可能遭受危险和伤害,因此时间越长的灾难带来的影响就会越大。与之有关的是灾难的最低点(low point),即形势可能达到的最坏点,过了这个点之后灾难造成的威胁开始消退,形势开始改善,人们的注意力也将放到次级应激源(secondary stressors)以及重建工作上。[②]

---

① [美]保罗·贝尔等:《环境心理学》(第 5 版),朱建军,吴建平等译,中国人民大学出版社,2009 年,第 196 页。

② [美]保罗·贝尔等:《环境心理学》(第 5 版),朱建军,吴建平等译,中国人民大学出版社,2009 年,第 198 页。

（三）自然灾害对心理的影响

有关自然灾害对行为和心理健康所产生的影响的研究有不同的结果。一些研究认为灾难来源于深层的不安和压力，这些不安和压力可能会导致长期的情绪问题，而其他研究则认为这种心理影响是突发的而且在危险过去之后会快速地消散。

1. 即时反应

实际突发事件的最初影响可能非常剧烈，人们的反应可能是被吓到了。在面对自然灾害时，人们最不常显露的就是惊慌。一些人面对灾难的即时反应是撤退，大多数人是震惊，还有些人的反应却是漠然、不相信、伤心或是有一种同其他人谈论此事的强烈欲望。

自然灾害还带来了压力、焦虑、沮丧和其他诸如此类的不安情绪，它限制了人们的行动自由及活动范围，耗尽了资源，并造成人员短缺现象，从而导致一个社区的崩溃与瓦解。灾难带来的生命威胁，与灾难之前或之后其他加深恐惧及应激的因素一起作用，会诱发情绪的变化从而导致——至少是短暂的——心理健康问题。研究显示，灾难的受害者在灾难发生不久之后更易出现应激症状和情绪问题。

一些研究还表明，整个灾难的结果可能是积极的，因为它增强了社会凝聚力，比如在汶川地震中，受灾群众和爱心人士自发地聚在一起相互救援。

2. 长期影响

随着灾难事件的过去，我们所看到的心理健康问题及与应激有关的反应也会随之减少。研究发现，大多数洪水、龙卷风、飓风和其他自然灾害的受害者都会出现强迫思维、焦虑、抑郁以及其他与应激有关的情绪障碍。研究者曾经认为这些影响会持续一年，但是实际上不会持续那么长的时间。此外，这些影响并不像人们想象的那样广泛。研究发现超过25%甚至30%的受害者很少在灾难发生数月后心理还会受到影响，只有那些在灾难中损失最大、受害最严重的人，才会受到持续的心理影响。

灾难的持续影响如果比较深刻，就被称为创伤后应激障碍（post-traumatic stress disorder, PTSD），这是一种经历了创伤事件后的焦虑障碍，患者经常不由自主地回想创伤事件，又强烈地希望忘记这些事件，还伴有睡眠失调、社会退缩、高度唤醒等症状。由于PTSD令人衰弱而且难以解决，因此常被看作灾难引起的一种极端结果。对于灾难受害者，PTSD似乎经常与强迫思维及脑中不断重现灾难片段联系在一起。①

3.社会支持与灾难

社会支持对于帮助人们应对压力具有很重要的作用。在某种程度上，灾难所带来的积极的社会影响可能与灾难对社会支持方面的影响以及个人对社会网络的适应感有关。社会支持通常被定义为一个人被别人视为有价值的、值得尊重的，而且能在需要的时候获得别人的帮助、情感支持以及其他援助。拥有更多社会支持的人通常能更好地处理应激问题，而且在灾难过后较少会出现适应问题。

Kaniasty 和 Norris 提出，灾难让受害者可获得的社会支持减少，降低社会支持在缓解压力方面的有效性。人们在遭受灾害之后，对社会支持的需求会大幅度提高，同时灾难似乎也降低了社会支持的数量。因为在灾难过后，大家都受到同样的影响，因此大多数成员都需要帮助。同时那些有可能提供支持的人因在灾难过后要面对的支持需求急剧增长，可能会精疲力竭或者无法满足这些需求。当对支持的需求远远超过了可获得的数量时这种情况就会出现，这也直接增加了灾后应激以及调整的难度。②

二、科技灾难

在很大程度上，科技水平的提高增强了人们对自然环境的控制感，也增强了人们对自然环境危害的适应水平。当生存或健康遇到持续的威胁，人们就会制造机器或其他工具来解决问题。但在解决问题的同时它们也会出现问题，比如交通事故、有毒化学物质泄漏以及桥梁坍塌等。这些灾难的特点不同于自然灾害，其结果也不尽相同。

（一）科技灾难的特点

（1）科技灾难不是自然力量的产物，是人为的，是由人类的过失或失算造成的，或者说是人类广阔的技术领域里的失败所造成的。

（2）科技灾难通常比自然灾害更有可能威胁人们的控制感，这是因为科技事故是人们控制上的失误造成的，它动摇了人们以后对事物的控制力的

---

① ［美］保罗·贝尔等:《环境心理学》(第 5 版),朱建军,吴建平等译,中国人民大学出版社,2009 年,第 203 页。

② ［美］保罗·贝尔等:《环境心理学》(第 5 版),朱建军,吴建平等译,中国人民大学出版社,2009 年,第 206 页。

信心。人们从未想到会发生这些事故——科技产品的设计就是要求它们从来不会突然出现故障,而且在它们不能再发挥作用时会及时警告人们。但科技灾难降低了人们对科技的想当然的支配感,进而降低人们在生活的其他方面的支配期望值,并导致压力的产生。

(3)自然灾害通常会带来大量的破坏,而人为事故的破坏性通常不是那么明显。人们对科技灾难不太熟悉,它们不常发生,但具有潜在的普遍性。自然灾害会选择它们发生的地点,飓风通常在海边,而龙卷风多在内陆。科技事故根本不可预测:你不可能像预见一场暴风雪一样预见一个从未发生问题的东西突然出现故障。科技灾难的打击通常是突然的,没有一点预警,而且这些事故发生的速度也使它们很难被避免。大的电力故障会使城市陷入数分钟的黑暗,但是一般很快就会修复。这类技术故障通常比较短暂,即使出现最坏的情况也会很快过去。然而另外一些科技灾难却很漫长而且不会有清晰的"最低点",例如,某些情况下,人们知道自己接触过有毒化学物品或辐射,但并没有意识到这些情况造成的后果通常是长期的,因为疾病要潜伏好多年,也许还有很多不确定的因素。在有些科技灾难中并不存在什么从某点开始,事情会慢慢变好的"最低点"。也许最坏的事情已经过去,也许还只是个开始。因此,这些事故结束后人们很难回到正常的生活中。

(4)自然灾害和人为灾难之间另一个可能的区别是灾后社区的反应。正如先前提到的,自然灾害过后社区的凝聚力以及成员的归属感都加强了,社会关系的这些变化会给灾后的重建和恢复工作带来至关重要的资源。而一些研究表明,人为灾难过后,更可能发生的也许是邻居之间的争论与冲突。人们对这些事故只有愤怒、挫败、怨恨、无助、防御以及其他一些极端态度,而找不到任何支持、合作的迹象。

(二)科技灾难的影响

人为灾难的即时效果通常与自然灾害的即时反应是一样的,特别是在它们的持续时间、突发性方面都一致时。弗里茨和马克思在1954年对一些人为事故进行了研究,这其中包括一场空难——飞机直接冲进了正在观看飞行表演的人群中。在接受采访的受害者中只有不到10%的人反映在灾难发生时有种"不受控制"的感觉,而另一些人则感到迷惑和糊涂,还有一些人则做出富有建设性和理智性的行为。

当科技事故所带来的冲击持续较长时间的时候,自然灾害和科技灾难的影响就不大相同了。一些人认为科技灾难的后果要比自然灾害的后果更加复杂,持续得更久。科技灾难的受害人普遍体验着长期的精神痛苦,包括情绪障碍。灾难所带来的一个十分明显的后果就是更多的强迫思维以及对灾难的回忆。一些研究发现强迫思维以及创伤后应激障碍与人为灾难有关。而且有研究发现急性 PTSD 与创伤后精神障碍经常同时发生,或者说急性 PTSD 是创伤后精神障碍的一部分。PTSD 中的悲痛症状是灾后最初反应以及灾后应对的根本,而持续的 PTSD 会加重抑郁或其他心理障碍。强迫思维或记忆被证实是使灾难具有毁灭性的原因之一,因为它们引起了灾后长期的应激。

科技灾难除了能带来悲痛,一般还会导致行为受限、控制感丧失以及伴随这些状态的其他问题。

第二节　天气、气候和行为

"凄风苦雨""秋高气爽"等成语是形容不同的天气或季节对人们的心情和行为的影响。现在的科学已经验证了在某种程度上天气或气候可以影响人们的心情,比如季节性抑郁症。

为什么气候或者天气会影响人们的行为? 它们通过什么途径进行影响以及产生的具体影响是什么呢? 这节将探讨与这些问题相关的内容。

一、天气或气候对行为进行影响的机制

天气是指相对快速的冷热改变或是暂时的冷热条件,比如一个寒流或者热流。气候则是指一般情况下具有的天气状况或长期存在的主要天气状况。

天气可以预期短期行为,比如在阴天的时候,人们会减少出行的频率。气候则预期长期行为,影响人们的性格。自然气候使地球上不同区域的人类形成了不同的人种,也使不同区域的人们形成了不同的性格。研究表明,人的行为不仅受大脑的支配,还受气候条件的影响。比如,生活在热带地区的人,在室外活动的时间较多,且由于气温高,生活在那里的人性情易暴躁而发怒;居住在寒冷地带的人,因为室外活动不多,大部分时间在一个不太大的空间里与别人朝夕相处,就养成了能控制自己的情绪、具有较强的耐心

和忍耐力的性格。

不过,气候究竟怎样影响人的行为,目前还没有确定的理论或数据对此进行说明。首先,客观的物理状态和个体特质(包括个体对环境的适应水平、个体感觉舒适的刺激范围),会引起个体对环境的中介状态(个体的唤醒水平),进而促进个体采取相应的对策。如果客观物理环境(高低温、海拔、风等)在个体的最佳觉知范围内,个体会感到愉悦;若超出了个体的最佳觉知范围,如酷暑、严寒,个体会采取相应的应对策略,如逃避、适应或者流汗等行为来保护自己。

我们需要明确一点:行为并不会由于某个单独因素的作用而发生改变,相反,行为是各种因素相互交织的结果,就如海拔的变化往往还会伴随着气压、风等因素的变化进而影响人们产生不同的行为方式。

二、气候和行为

在感知和认知水平上,人们对环境特性的理解往往有着不确定性,感觉器官也无法感知一些隐性的环境状况,如核污染、臭氧层污染等。在一个相对较长时期里的气候变化,人们也很难对它们有直接的知觉。个体的这些局限要求环境心理学研究重视建构宏观的、社会心理学的取向,取代局部的、个体主义取向,重视在社会—文化和集体水平上关注人们的环境行为和意识。[①] 这在某种程度上说明了在探讨气候和行为之间的关系时,实验室研究方法的局限性。

(一)典型气候现象:全球变暖、臭氧层空洞和厄尔尼诺现象

如今,科学家普遍关心的一个问题就是全球变暖。二氧化碳的释放量增加,造成地表温度不断上升的现象,被气象学家称之为全球变暖。在平衡的生态系统中,生命体中碳的重复循环构成一个整体的食物链,保证了全球的碳平衡。数百万年以来,地球表面的温度都在有规律地变动,气象学家们认为,温室效应是地球得以保持温度的自然现象。现在人类活动干扰了正常的碳循环,气体的积累量超出了植物(因为人类的原因,它们在不断地减少)光合作用的承载力,就形成温室效应。图6-1为20世纪70年代至21世

---

① Jr. Kahn & H. Peter , *The Human Relationship with Nature*: *Development and Culture*. Cambridge: The MIT Press, 1999.

(a) 20世纪70年代　全球平均:0.00℃　　(b) 20世纪90年代　全球平均:0.18℃

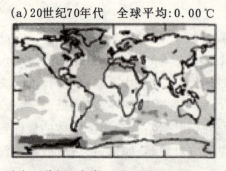 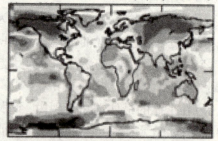

(c) 20世纪90年代　全球平均0.31℃　　(d) 21世纪头10年　全球平均:0.51℃

-3.2 -1.5 -1.0 -0.6 -0.3 -0.1 0.1 0.3 0.6 1.0 1.5 2.0　　　-1.5 -1.0 -0.6 -0.3 -0.1 0.1 0.3 0.6 1.0 1.5 2.3

温度距平/℃　　　　　　　　　　温度距平/℃

图6-1　20世纪70年代至21世纪头10年平均温度
距平(相对于1951—1980年)

纪头10年平均温度距平,图右上角的数字为全球平均温度距平,可见近40年气候变暖十分明显。[1]

　　温室效应还与很多其他因素相关,如臭氧层空洞。臭氧本身也是一种温室气体,其浓度及在大气中的分布也会对地球大气温室效应产生影响。2000—2006年南极臭氧层空洞最大时面积超过2 900万平方千米,差不多有3个中国那么大,占据了整个南极洲,其中心地区的臭氧总量与正常值相比耗损了70%左右。臭氧亏损使到达地面的紫外辐射强度剧增,这将会加剧温室效应,影响地球气候,危害农业和渔业生产,导致更多未知、严峻的生态后果。

---

① James Hansen,Reto Ruedy,Makiko Sato,et al. ,"Global surface temperature change,"in *Reviews of Geophysics*,Vol. 48,No. 4(2010).

温室效应还会加剧厄尔尼诺现象①的发生,厄尔尼诺现象出现的首要条件就是全球气温的上升,而厄尔尼诺年气候异常的主要原因也是气温上升引发的一系列结果。

全球变暖会打破自然平衡,带来严重的后果。首先,是地表温度的上升和雨量的变化。在未来,温室效应的发展可能使气候带分别向两极移动数百公里,目前的热带雨林可能会永远消失,变成沙漠;二氧化碳如果发展为现在的4倍,潮湿、肥沃的赤道地区将会干涸;森林毁坏得越多,全球变暖进程就越快,越无法制止。其次,地球温度上升会引起极地冰山的融化和海平面的上升,沿海城市将会被淹没,最终造成大批的世界性环境难民。最后,会使海平面温度上升,加快气流的形成和移动过程,增加飓风和其他气象灾害的发生率。

(二)气候对行为的影响

目前,气候与行为间的关系,主要有三种不同的观点:气候决定论、气候可能论、气候概率论。

气候决定论(determinism)认为,气候一定会引起一类行为,比如高温会引起犯罪。气候可能论(possibilism)认为,气候对行为有一定的制约作用,它使人们的一些活动可以进行,另一些活动不能进行。比如,中雪的天气允许人们滑雪,但小雪的天气则不可以滑雪。气候概率论(probabilism)是介于两者之间,认为气候不是导致某种行为产生的决定性因素,但却影响了某些行为出现的概率,比如下雪减少了人们开车的可能,但增加了人们参加冬季运动的可能性。

实际上,这三种观点并不相互排斥,它们适用于行为的不同领域。

在适度的高温环境中停留的时间稍长,对身体不会有什么大的损害;从低温环境进入高温环境,身体也会自动调节适应。这种适应过程叫作环境的适应性。它主要包括生理调节机制的改变,如进入高温环境中后,会流出很多汗。环境适应性不同于适应环境:环境适应性指适应环境中的各种刺激,如温度、风、湿度等;适应环境指适应环境中的某种特别刺激。

环境适应性是可以遗传的,可以让后人更好地生存下来并遗传给后代。

---

① 厄尔尼诺现象是指热带中、东太平洋表层海水大面积升温,由于水的比热容比空气约大4倍,密度约大1000倍,因此海水的微小变化(如0.5 ℃)所释放的热量使其上空的大气环流发生剧烈变化,从而造成的一种气候异常的现象。

还有一些环境适应性是后天获得的。

三、天气和行为

2012 年,国家出台了《防暑降温措施管理办法》,明确规定日最高气温达到40℃以上停止室外露天作业。此次政府部门为高温天气立法并关注极端天气对人的影响,在一定程度上说明了天气与行为之间的关系。在这里,我们关注热、冷、大气压、风等天气对行为的影响。

(一)热与行为

1. 对高温的知觉

个体对温度的知觉包括温度的物理成分和心理成分。温度知觉的物理成分是指对周围环境实际温度的知觉,心理成分主要指对个体身体内部温度的知觉,也就是对核心温度或深度温度(37 ℃左右)的知觉。核心温度根据周围环境的温度来自动调节体温,使之与环境相适应,大脑中视丘下部就起到了这个作用。还有一个心理成分是体表的温度感受器,它们有些对热敏感,有些对冷敏感。温度感受器最终取决于相对温度,而非绝对温度。比如冬天很冷时,暴露在外面的手放在温水中,会觉得水很烫。

因此,人对环境的知觉很大程度上取决于身体和环境的温度差。人体的温度要求核心温度为37 ℃,高于45 ℃或者低于25 ℃人就会死亡,温度维持在正常水平,人才能够存活。众所周知,当极端天气来临时,人并不会被热死或冻僵,这是因为人体会启动相应的机制平衡身体温度和周围温度,如高温时,人们会出汗、喝水、喘气,还会穿宽松衣服并且尽量减少活动来降低身体温度。

2. 热与个人行为

实验室研究通过研究反应时、行走速度、警觉性、记忆力和计算能力等来反映高温环境对人行为的影响。研究发现温度越高,操作行为受到的影响越大,在此环境中正常工作的时间越短。也有一些研究认为热不会妨碍操作行为,相反有助于任务的完成。实验室研究得到的结果不一致,主要是因为任务的类型以及与热环境接触的时间长短不同。

那么现实情境中的高温对行为有何影响?佩普勒考察了有空调和无空调学习环境对学生学习成绩的影响,发现无空调学校学生的高分分布随温度升高而加宽。这说明,热影响了学习。

关于热对行为影响的研究表明,热有时会干扰行为,有时会促进行为。桑德斯卓姆(Sundstrom)认为,个体的体温、新陈代谢的消耗、环境适应性、技能水平、动机和压力等都会导致热对行为产生不同的影响。贝尔认为:第一,唤醒理论可以解释热的影响作用,因为与热环境接触可能会提高唤醒水平,从而提高任务操作;第二,热破坏了身体的核心温度,妨碍了操作的进行;第三,热影响了个体的注意,随着温度增加,个体注意范围变窄;第四,热影响到了知觉控制,当温度变高,个体会感到对环境的控制力减弱,导致操作受损;第五,每个人都有不同的适应水平,或说每个人忍受高温的最大限度不同。

总之,唤醒、核心温度、注意、知觉控制和适应水平都可以用于解释热对任务操作产生的影响。

3. 热与社会行为

(1)热与人际吸引。根据拜恩提出的人际吸引模型,当周围环境温度过高,人们体验到热带来的不愉快时,人际吸引降低,也就是说高温减少人际吸引,特别是当热与拥挤相伴时。

(2)热与攻击行为。巴伦和贝尔在1975年进行假装电击实验,他们先安排实验助手去激怒或赞扬被试,然后给被试一个表现攻击性的机会,即可以去电击他的实验助手(实际上没有被电击)。在环境舒适(23 ℃)的时候,被试对激惹自己的实验助手的攻击行为多于那些赞扬他们的人。环境不舒适(35 ℃)的时候,被试总体攻击次数降低,且对激怒他们的人的攻击次数相比对赞扬他们的人的攻击次数有所下降。

实验结果是:当温度为23 ℃时,被试生气程度越高,攻击性越强;当温度为35 ℃,生气程度越高,攻击性越低。也就是说,实验室高温条件下,被激怒的被试的暴力水平相对较低,它们的关系可以用一个倒U形曲线来表示,即"消极情感

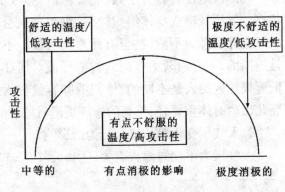

图6-2　消极情感逃离模型

逃离模型"①（如图6-2）。按照这个模型,消极情感可能是热和攻击性的一个中介变量,在倒U形的某一段区间内,消极情感增加了攻击性行为,但是超过这一个区间,攻击性随消极情感的增加而下降,因为此时个体将注意力放在尽快消除不适感上,所以其攻击行为减少。

(3)热与利他行为。总体而言,热使利他行为减少。研究发现,利他行为在夏天随温度的升高而降低,在冬天随温度的升高而上升。二者的关系较复杂,因为它们还受其他因素的影响,例如被帮助者的外貌、热引起的人的好或坏的情绪体验等。

(二)冷与行为

如果个体长时间在冷环境中,可能造成两种损伤:冻伤、体温降低。

1.冷与健康

冷和健康似乎没有直接的关系,低温对健康不会有危害。

2.严寒与操作

研究发现,当温度低于13 ℃时,个体反应变慢,思维灵活性和肌肉的灵敏性降低。

3.严寒与社会行为

温度低的时候,个体的感觉更消极。班尼特等人的观察结果表明,在寒冷的冬天,利他行为增多、犯罪率减少。

(三)大气压对人的影响

1.海拔对生理的影响

高海拔地区具有气压低、氧气稀薄、温度低、日照强、潮湿、风大等气候特点。气压低造成身体组织缺氧,组织缺氧会影响身心健康。极度的组织缺氧会导致意识不清,甚至有死亡的可能。不过高海拔带来的生理反应都是短期的,人会渐渐适应高海拔的环境。居住在高海拔的人的生理指标与低海拔地区的人是不同的,他们的肺容量较大,肺部通往动脉的血压更高,婴儿出生时体重要轻、长高的速度更慢、性成熟晚等。

2.大气压变化对情绪和行为的影响

大气压力不仅与海拔有关,还和天气、季节变化有关。很多研究发现大

---

① [美]保罗·贝尔等:《环境心理学》(第5版),朱建军,吴建平等译,中国人民大学出版社,2009年,第176页。

气压对人的影响可概括为三类：

（1）增加了疾病发生的概率。一些临床研究表明，发病率与季节引起的大气压变化有关联；

（2）季节引起的大气压变化也会影响个体的心理，如对情绪的影响。精神病的发作率、自杀率和社会冲突也会受到影响；

（3）对人行为的影响。很多研究表明，学校中的分裂行为和治安，随天气和大气压的改变而发生变化。

（四）风与行为

对风的知觉涉及多个感觉道。皮肤的知觉系统首先感受到风带来的压力，风是特别冷或热、湿或干，皮肤的温度感受器都会觉察到；肌肉对风的抵抗可以觉察到风力的大小；在室内，观察被风吹动的树叶等可以了解到风力的大小；风声也是觉察风力大小的一个线索。对风力大小的鉴定，常用的指标是蒲福风力等级。

所以，湿度和风力是影响个体对周围环境知觉的因素，注意、唤醒水平和知觉控制的减弱是风对行为产生影响的一个中介变量，也就是说风不会直接影响行为。

第三节　空气污染

近 40 年来，空气污染日益成为危害人类生存与发展的重大社会问题之一。据世界卫生组织（WHO）估计，目前全世界有 16 亿人生活在含有高浓度污染物的空气中，每年有几十万人死于与空气污染相关的疾病，而到 2020 年这一数字将达到 800 万。

可喜的是，随着社会经济的快速发展、人民生活水平的逐渐提高及环保意识的不断增强，人们对坏境质量的要求提高了，对空气污染的关注也随之增多了。

一、空气污染概述

（一）空气污染的概念及其现状

1. 空气污染的概念

所谓空气污染，即指空气中含有一种或多种污染物，其存在的量、性质及时间会伤害到人类、植物及动物的生命,损害财物,或干扰舒适的生活环境,如臭味的存在。可见,我们所理解的空气污染与国际标准化组织(ISO)总结的大气污染的概念基本一致,即"由于人类活动或自然过程引起某些物质进入大气中,呈现出足够的浓度,达到足够的时间,并因此危害了人体的舒适、健康和福利或环境的现象"。因此,两个词汇具有通用性。

究其原因,空气污染主要是由自然因素和人为因素两个方面造成的。火山爆发、森林火灾、腐烂的动植物、煤田、油田等释放出的有害气体造成的空气污染属于自然污染,而工业生产、农业生产、交通运输、居民日常生活活动等造成的空气污染属于人为污染。其中,后者是现今空气污染的主要来源。

2. 空气污染现状

随着人口的急剧增加、人类经济的飞速增长,地球上的空气污染也日趋严重。蒙古国首都乌兰巴托连续3年被世卫组织评为世界空气污染最严重的十大城市之一,据媒体报道,乌兰巴托冬天的空气污染相当于每人每天吸4~5包香烟的危害,而且近几年的空气污染程度在逐年加剧,严重威胁居民的健康。据统计,全世界每年排入大气的污染物有6亿多吨。目前,全球性空气污染问题主要表现在温室效应、酸雨和臭氧层破坏三个方面。

近年来,虽然我国空气污染防治工作取得了很大的成效,但由于各种原因,我国空气污染状况仍然十分严重,主要表现为:城市大气环境中总悬浮颗粒物浓度普遍超标;二氧化硫污染保持在较高水平;机动车尾气污染物排放总量迅速增加;氮氧化物污染呈加重趋势;全国形成华中、西南、华东、华南多个酸雨区,以华中酸雨区为重。2011年进行的一项盖洛普调查显示,香港市民已经成为世界上受污染困扰最严重的群体,70%的被调查者表示对每天所呼吸空气的质量严重不满。据香港环保组织"健康空气行动"发布的调查显示,每10万香港死亡病例中,有43例的死因是空气污染,比例之高位列世界第八。从调查数字看,香港空气污染的致命程度比内地高出20%。

我国能源结构中有75%是由煤为原料组成的,空气中大部分二氧化硫、几乎全部的烟尘和一半以上的悬浮颗粒物都来自煤炭的燃烧,这决定了我国的空气污染属于煤烟型污染,以粉尘和酸雨危害最大,污染程度在加重。按世界银行的估计,全世界空气污染最严重的城市有一半在中国,亚洲地区排放的二氧化硫有2/3来自中国,这些都与中国的能源生产和消费有关。

据预算,21 世纪上半叶,我国能源开发、利用和消费仍会有一个较大幅度的增长,而我国的经济发展水平和能源资源的特点决定了"以煤为主"的能源结构将长期存在。

因此,控制煤烟型空气污染将长期作为我国空气污染控制领域的主要任务。当然,对其他方面可能造成的污染也要进行预防和控制。

二、空气污染的类型

1.空气污染按污染物扩散的广度,可分为全球性(或跨越国界)污染和地方性(或局部性)污染。

(1)全球性污染

由二氧化硫等引起的酸雨污染、二氧化碳等引起的温室效应、氯氟烃等引起的臭氧层破坏,它们的危害不仅在本地区、本国,还经常波及邻国,是全球性的,因此称为跨国界的污染。如北美死湖事件,美国东北部和加拿大东南部是西半球工业最发达的地区,每年向大气中排放二氧化硫 2500 多万吨。其中约有 380 万吨由美国飘到加拿大,100 多万吨由加拿大飘到美国。20 世纪 70 年代开始,这些地区出现了大面积酸雨区,酸雨比番茄汁还要酸,多个湖泊池塘漂浮死鱼,湖滨树木枯萎。

要缓解和解决此类污染,最重要也是最困难的,就是如何采取行动。这不是任何一个国家的单独行动,而是整个国际社会的艰难选择,需要世界各国共同商议制定的国际公约或协议(如《京都议定书》)来约束,然后各国根据规定采取科学技术手段达到目标或要求,这需要国际社会真正持久地进行全球环境治理方面的合作。

(2)地方性污染

汽车尾气的污染一般局限于城市道路及其附近,臭气的污染多在发源地及周围,此类污染波及面小,仅是局部的,故可称之为地方性污染。对地方性污染的控制主要由国家或地方政府制定法规来约束,在此基础上,还需要各地区或各户居民采用可行的技术手段进行治理。

2.根据燃料性质和污染物的组成,可将空气污染分为煤炭型、石油型、混合型和特殊型污染四类。

(1)煤炭型空气污染

主要污染物是由煤炭燃烧时放出的烟气、粉尘、二氧化硫等构成的一次污染物,以及由这些污染物发生化学反应而生成的硫酸、硫酸盐类气溶胶等二次污染物。造成这类污染的污染源主要是工业企业烟气排放物,其次是家庭炉灶等取暖设备排放的烟气。

(2)石油型空气污染

主要污染物是二氧化氮、烯烃、链状烷烃、醇、羰基化合物,以及它们在大气中形成的臭氧等,主要来自汽车尾气、石油冶炼及石油化工厂的废气排放。

(3)混合型空气污染

主要污染物来自以煤炭及石油为燃料的污染源排放,以及从工厂企业排出的各种化学物质等。例如,日本横滨、川崎等地区发生的污染事件就属于此种污染类型。

(4)特殊型空气污染

特殊型污染是指有关工厂企业排放的特殊气体所造成的污染,这类污染常限于局部范围之内。如生产磷肥的企业排放的特殊气体引起的氟污染、氯碱工业周围形成的氯气污染等。

3.根据污染物的化学性质及其存在的大气状况,可分为还原型空气污染和氧化型空气污染。

(1)还原型空气污染

多发生于以煤炭为主要燃料且兼用石油的地区,故又叫煤烟型大气污染。主要污染物是二氧化硫、一氧化碳和颗粒物。在低温、高湿、弱风的阴天,特别是伴有逆温存在时,这些一次污染物容易在低空聚集,形成还原性烟雾,引发污染事故。早期发生在英国的伦敦烟雾事件就属于此类情况,所以这种大气污染也称作伦敦烟雾型。

(2)氧化型大气污染

多发生在以石油为主要燃料的地区,污染物主要来自汽车尾气,所以又叫汽车尾气型大气污染。其主要的一次污染物是一氧化碳、氮氧化物、碳氢化合物等,它们在太阳短波光作用下发生光化学反应生成醛类、臭氧、过氧乙酰硝酸酯等二次污染物,这些污染物具有极强的氧化性,对眼睛黏膜组织有强刺激性。著名的洛杉矶烟雾事件就是典型的氧化型大气污染。

4.按围护结构,空气污染还可分为室外空气污染和室内空气污染。

近年来,室内空气污染越来越引起人们的重视。据说,其污染浓度有时高出室外几十倍甚至上百倍。世界卫生组织称,每年室内空气污染造成160万人死亡——每20秒就有1人死亡。[①] 室外空气污染,即我们经常所说的空气污染。

三、空气污染的危害及影响

空气中主要的污染物,概括起来可分为两类,即颗粒状污染物(如烟、雾、粉尘等)和气态污染物(如二氧化硫、硫化氢、一氧化碳、二氧化碳、二氧化氮、氨、氯气、臭氧等),这些污染物不仅对人的健康有很大的危害,而且会影响动植物的生长、发育,以及全球气候变化。

1. 对人体健康的危害

人需要呼吸空气以维持生命,一个成年人每天呼吸2万多次,吸入空气达15~20立方米。因此,被污染的空气对人体健康有直接的影响。

空气中的有害物质主要通过人的直接呼吸、附着在食物上或溶于水中被人食用、接触或刺激表面皮肤三条途径侵入人体,其中通过呼吸而侵入人体是最主要的途径,危害也最大。空气被污染后,由于污染物质的来源、性质和持续时间的不同,人的年龄、性格、健康状况的差异,对人体造成的危害也不尽相同,但大致可分为急性危害、慢性危害、致癌三种。

(1)急性危害

在某种特定条件和环境下,当大气处于逆温状态时,污染物便不易扩散,使空气中的污染物浓度急剧增加,这就容易造成空气污染急性危害事件的发生。此时,人们的生命安全受到严重威胁,极易出现快速中毒或死亡现象。

1952年的英国伦敦大雾就是因为烧煤所产生的烟尘和烟雾散发不出去,造成千万人呼吸道感染,4天中死亡达4000多人。其中,慢性支气管炎、支气管肺炎和心脏病患者死亡最多。1991年日本四日市石油冶炼和工业燃油所排放的工业废气,使空气中二氧化硫的浓度超过标准5~6倍,致使全市哮喘病患者疾病发作。1929年5月15日,有124人死于美国克利夫兰的克里尔医院的一场火灾中,死亡的直接原因是含有硝化纤维的感光胶片着火而产生大量的二氧化氮。

---

① 《世界卫生组织:每年室内空气污染造成160万人死亡》,载《首都公共卫生》2011年第1期,第46页。

美国洛杉矶、日本东京、澳大利亚悉尼、意大利热那亚等汽车众多的城市都先后出现过光化学烟雾等急性危害事件,这些危害事件对患有心肺等疾病的老人和儿童的威胁最大。

(2)慢性危害

低浓度的污染长期作用于人体,会产生慢性的、难以鉴别的远期效应,这种效应往往不易引人注意。空气污染对人体健康的这种慢性危害是由污染物与呼吸道黏膜表面接触引起的,主要表现为眼、鼻黏膜刺激,慢性支气管炎,哮喘,肺癌及因生理机能障碍而加重的高血压、心脏病,等。如西欧、日本近 20 年呼吸道疾病增加 9 倍;20 世纪 50、60 年代美国呼吸道疾病死亡率增加 1 倍多,肺气肿死亡率增加 4 倍。

(3)致癌作用

随着工业的迅速发展和人口急剧增长,大量燃烧煤炭、石油所产生的化学物质使空气中致癌物质的种类日益增多,其中能确定的有致癌作用的就有数十种,如某些多环芳烃、脂肪烃类及金属与非金属元素(如铍、镍、砷)等。环境中还经常存在一些致癌物,如二氧化硫、氮氧化合物等,它们与致癌物作用于机体,会增加致癌概率。当与机体内免疫功能衰退、激素分泌失调、营养不良等内因一起作用时,这些外因会促使癌症的发生。

我国云南省某县居民用烟煤取暖做饭,由于没有炉灶及排烟设备,室内空气严重污染,居民肺癌死亡率居全国之首,其中以女性为多。工业致癌物(如石棉、砷等)、吸烟等环境因素也被认为是肺癌患者日益增多的主要原因。这里要强调的是,被动吸烟的人的发病概率甚至比吸烟的人还高。

空气污染还可能引起胎儿畸形,如甲基汞能引起胎儿先天性水俣病,多氯联苯能引起皮肤色素沉着症;除此之外,还会使细胞发生突变,造成人体臃肿。

2.对生物的危害

空气污染物,尤其是二氧化硫、氟化物等对植物的危害是十分严重的。污染物浓度不高,会对植物产生慢性危害,使植物叶片褪绿,有时表面上看不出危害症状,但生理机能已受到影响,造成植物产量下降、品质变坏;污染物浓度很高,会对植物产生急性危害,使植物叶表面产生伤斑,或者直接使叶片枯萎脱落。动物会因吸入污染空气或吃含污染物的食物而发病或死亡。

3.对全球气候的影响

空气污染对局部地区和全球气候都会产生一定影响,从长远看,对全球气候的影响将是十分严重的。经过研究,人们认为在有可能引起气候变化的各种空气污染物质中,二氧化碳具有重大的作用。从地球上无数烟囱和其他种种废气管道排放到大气中的二氧化碳,约有 50% 留在空气里。空气中的二氧化碳含量照现在的速度增加下去,不仅会产生温室效应,若干年后还会使南北极的冰川融化,导致全球的气候异常。

　　反过来,全球气候变暖将严重威胁生物多样性,同时它可能导致的灾害和异常天气现象会给人类社会发展造成巨大的经济损失。在空气污染的背景下,随着全球变暖,中国气象灾害有加重的趋势。以 2006 年为例,台风、洪涝、旱灾、风雹、地震、低温冷冻、雪灾、山体滑坡、泥石流、病虫害等各类自然灾害都有不同程度的发生,因各类自然灾害死亡 3186 人,农作物受灾面积 410 913 平方千米,倒塌房屋 193.3 万间,直接经济损失 2528.1 亿元。有研究表明,未来 20~50 年中,气候变暖将严重影响中国长期的粮食安全,如不采取任何措施,到 2030 年,中国种植业生产能力总体上可能下降 5% ~ 10%,到 21 世纪后半期,主要粮食作物小麦、水稻以及玉米的产量,最多可下降 37%。上述种种情况将严重制约中国经济发展的速度。

　　除此之外,尘等气溶胶粒子增多,使大气混浊度增加,太阳辐射减弱,进而影响地球长波辐射,也可能导致天气、气候异常。

四、空气污染对心理健康和行为的影响

　　随着人类经济文化的发展,心理问题对人们生活质量的影响日趋明显,这间接促使一个新课题的产生:空气污染对人们心理健康与行为的影响。如空气污染物中的一氧化碳会影响人的反应时、双手的灵巧程度以及注意力。严重的空气污染至少影响三种社会行为:娱乐行为、人际关系以及攻击。当空气质量不佳时,人们不愿意进行户外活动。研究证实,空气污染会带来更多的敌意和攻击性行为,减少人们的互助行为。最后,空气污染还会引起心理问题,抑郁、易怒、焦虑都会出现。另外,有些精神疾病也与空气污染有关。

　　先前有研究显示,长期暴露于被污染的空气中会引发体内炎症,导致高血压、糖尿病和肥胖等多种健康问题。最近,又有新的研究显示,长期暴露于被污染的环境中可能会改变大脑构造,影响学习能力和记忆力,最终引发抑郁。这是因为空气中的有害物质会让海马体中的促炎细胞因子更活跃,

而海马体易受炎症影响。[①]

目前由装潢材料所产生的挥发性有毒物质所造成的室内空气污染和居民身体健康危害也受到广泛关注。研究发现,污染物超标家庭居民各因子得分均高于非超标家庭,且阳性项目数差异有统计学意义,提示室内空气污染对人群心理健康亦存在一定的影响:一方面室内空气污染会引起人体出现各种不良建筑综合征(SBS),进而导致个体出现心理健康问题;另一方面有机溶剂为神经性毒物,其早期、低剂量作用可表现为神经及心理行为功能的改变,有机溶剂混合物对作业工人的心理状态也有一定的影响。

室内空气污染可能是现代社会心理疾患加重的重要外源性物质性因素之一,我国学者提出,室内空气污染与心理疾患的关系是通过机体产生的过敏性炎症所介导的,室内空气污染可能是现代抑郁症和自杀行为的重要原因之一。

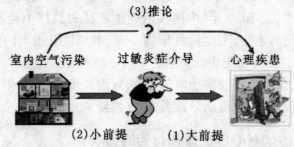

图 6-3　室内空气污染和心理疾患关系的逻辑学推理[②]

在人们面临各种压力的今天,"办公室心理污染"也愈来愈成为不可忽视的问题。"味污染"使人头脑发胀、六神无主,进而造成嗅觉的短暂消失;长久处于一个环境还会使人头晕眼花、昏昏沉沉、心不在焉,工作效率低下,甚至有时会感觉心情郁闷。虽然对人体健康暂时不会有什么影响,但长期在空气污染的环境下工作,人们会烦躁不安、恐惧、视觉模糊、注意力难以集中,甚至焦虑、情绪激动,容易与人发生冲突,富于攻击性。

由此可见,空气污染对人体健康的影响和危害是明显的。所以要保护

---

①《空气污染或影响学习能力和记忆力引发抑郁》,来源:凤凰网,2011 年 7 月 11 日,网址:http://zhongyi. ifeng. com/news/yyqy/20117/92702. shtml。

② 杨旭,周鄂生,覃萍:《室内空气污染所致过敏性炎症介导的心理疾患》,来源:中国环境科学学会室内环境与健康分会,2009 年 6 月 5 日,网址:www. chinacses. org. cn/c/cn/news/2009-06/05/news_2761. html。

好人体健康,就必须保护好我们的生存环境,保护好人类生存的地球。这就要求我们必须从我做起,从现在做起,消灭污染,保护环境,为创造一个优美舒适的家园而努力。

> ### 知识链接
>
> **吸烟的危害——《一天两包烟 全家患肺癌:沈阳一男子烟瘾过大祸害全家》**
>
> 　　吸烟有害健康,这是人人皆知的常识。可又有哪位吸烟者会把烟盒上的这句警告真正当回事呢? 近日,一则"男子一天两包烟全家患肺癌"的消息在网上掀起了轩然大波,在使人惶恐不已的同时,也给世人敲响了警钟:吸烟不仅仅对健康有害,还会危及生命!
>
> 　　民间有俗语说"烟袋不离手,能活九十九"。于是,从古时的老旱烟,到早些年的自卷烟,再到现在各种各样包装精美的香烟,似乎我们的祖祖辈辈都脱不开"烟瘾"的纠缠。很多男人会说,吸烟是工作需要,吸烟是应酬的必需品,吸烟是为了解闷……他们深谙吸烟的危害,却心存侥幸,以为疾病不会那么轻易找上门来。殊不知,嗜烟如命,往往会成为肺癌的最大元凶。
>
> 　　一、事件追踪:沈阳一男子一天两包烟,全家患肺癌
>
> 　　在 2010 年初,李女士的丈夫被查出患有肺癌鳞癌并已到晚期,李女士悉心照料半年之后,丈夫还是过世了。在最后的那段时间里,李女士发觉自己总是身上乏力,时常咳嗽,痰中还带血丝。一经检查,她竟然也患上了肺癌鳞癌! 好在发现比较及时,能控制癌症的发展。可谁知祸不单行,54岁的她刚刚送走了丈夫,自己又患上癌症之后,年仅29 岁的女儿于2012 年9 月份也在单位体检中被查出肺部异常,经确诊为小细胞肺癌。这种肺癌相比鳞癌,转移更快、恶性程度更高,女儿开始了持续的化疗。家中连遭不幸,厄运像一团阴影笼罩在这家人的心中。记者在采访过程中了解到,李女士的丈夫生前烟瘾很大,每天至少两包烟,她和女儿经常被动吸二手烟。莫非,真的是因为其丈夫一天两包烟,全家患肺癌?
>
> 　　二、专家解疑:吸烟或是肺癌真凶
>
> 　　据李女士的主治医师介绍,吸烟、二手烟与肺癌鳞癌、小细胞癌有密切的关系,这是医学教科书上都已经十分明确的。而他们医院每年接诊肺癌患者700余例,其中鳞癌、小细胞癌占到75%,询问病史时,93%患者有长期吸烟、被动吸烟史。像这种"一天两包烟全家患肺癌"的现象,其实也不难解释。

三、长期吸烟与肺癌的关系密不可分

1. 各种癌症的发病率中吸烟者较不吸烟者高 7 ~ 11 倍,肺癌与吸烟的关系更为密切。吸烟者患肺癌的危险性是不吸烟者的 13 倍,如果每日吸烟在 35 支以上,则其危险性增至 45 倍。

2. 统计显示:每日吸烟量越多,开始吸烟的年龄越小,吸烟时间越长,烟草焦油含量越高,则诱发癌的危险性也就越大。每日吸烟 25 支以上的吸烟者肺癌发病率为 250/100 000。

3. 吸烟者还可造成室内空气污染,使多数人被动吸烟。近年来已证实被动吸烟者患肺癌的危险性大大增加。研究证明:如果在一个家庭内,丈夫吸烟,妻子不吸烟,经常在一起生活,那么,将来妻子得肺癌的机会比丈夫不吸烟的妻子要高 1 ~ 3 倍。

吸烟者,请慎思慎行!

（引自河南健康网 2012 年 12 月 10 日）

第四节　　如何应对环境危害

随着环境与气候的日益恶化,大自然已经给人类的生存环境亮起了红灯,加之人为的事故,全世界各国人民都遭受了极大的危害。

不可否认,科学的进步使人类具有了预报、预防、减轻一些大规模自然灾害的能力。然而,在四川汶川大地震的记忆仍让人痛彻心扉,邻邦日本又连遭地震、海啸和核泄漏的打击之时,我们发现人类并没有、也不可能完全避免灾害,其巨大的破坏性不仅表现在物质方面的经济损失以及对社会秩序和人民生命安全的威胁,更表现在它们给人的心理带来的强烈影响。

因此,应对环境危害,不仅需要人为控制空气污染、减小灾害发生的概率,还要关注人们的心理健康、提高人们的心理素质,以应对不可避免的环境灾害所造成的巨大压力。

一、如何减少大气污染

大气污染防治工作一直是环保的重要领域,近年来,国家发布了《节能减排综合性工作方案》《国家酸雨和二氧化硫污染防治"十一五"规划》,采取了脱硫优惠电价、限期淘汰、"区域限批"等一系列政策措施,加大环境保护投入,实施工程减排、结构减排、管理减排,取得了显著成效。截至 2011 年,全国累计建成运行燃煤电厂脱硫设施 6 亿千瓦,火电脱硫机组装机容量比例由 2005 年的 12% 提高到 87.6%。

防治大气污染是一个庞大的系统工程,需要个人、集体、国家,乃至全球各国的共同努力,可考虑采取如下几方面措施:

1. 减少污染物排放量。改革能源结构、多采用无污染能源(如太阳能、风能、水力发电)、用低污染能源(如天然气)对燃料进行预处理(如烧煤前先进行脱硫)、改进燃烧技术等均可减少排污量。另外,在污染物进入大气之前,使用除尘消烟、冷凝、液体吸收、回收处理等技术消除废气中的部分污染物,可减少进入大气的污染物数量。还可采取推广使用低硫低灰分优质煤、大力推广和强制使用清洁燃料等措施。

最重要的是,要大力发展循环经济。减量化(reduce)、再使用(reuse)和再循环(recycle)的“三 R 原则”是循环经济的核心,具体做法是尽量减少资源投入和废物产生,尽量延长产品的使用周期,实现生产过程中废气、废渣以及日常生活废物的循环利用。发展循环经济还要求在尽量减少一次性能源利用的基础上,开发利用清洁能源。

2. 控制排放和充分利用大气自净能力。气象条件不同,大气对污染物的容量便不同,即使排入同样数量的污染物,造成的污染物浓度也会不同。对于风力大、通风好、湍流盛、对流强的地区和时段,大气扩散稀释能力强,可接受较多的污染物;而厂矿企业逆温的地区和时段,大气扩散稀释能力弱,不能接受较多的污染物,否则会造成严重的大气污染。因此对不同地区、不同时段的排放量要进行有效的控制。

3. 厂址选择、烟囱设计、城区与工业区规划等要合理,不要过度集中排放,不要造成重复叠加污染,避免局地严重污染事件发生。

4. 绿化造林,使更多植物吸收污染物,减轻大气污染程度。利用生物净化,即生物体通过吸收分解及转化作用,可以使生态环境中污染物浓度降低或消失。在生物净化中,绿色植物和微生物起着重要作用。

目前我国已明确规定禁止使用氟利昂生产制冷设备的工艺,改善能源结构已列入政府工作日程,北方地区治理沙尘暴的工作也已全面展开,相信不久的将来祖国的天空会更蓝,清新的空气会更宜人。

二、如何防止室内空气污染

1. 提高室内空气污染防治意识,养成科学的生活习惯。每天定时开窗通风换气,即使在冬天也要坚持;烹饪时切勿将食用油过度加热,同时应打开抽烟机或开窗换气,降低烹饪造成的室内空气污染。

2. 在室内装修时应慎重选择建筑、装饰材料,切忌过度装修。在选购家具时应选择实木家具,尽量不选择密度板和纤维板等材质的家具,以减少黏合剂中甲醛的释放。刚装修好的房间不要急于入住,应开窗通风一段时间后入住。由于建筑、装饰材料和家具中甲醛的释放是一个缓慢的过程,入住后仍需每天开窗通风换气,以保证房间中有足够的新风量。

3. 尽量不在室内饲养宠物,被褥、毛毯和地毯应经常在阳光下晾晒,以避免尘螨滋生。在室内培育一些绿色植物,可起到一定的净化空气的作用。当感觉室内空气质量不好时,可请具有资质的检测单位进行检测。

三、如何应对环境灾害引起的轻度心理障碍

俗话说"身体易救,心病难治",幸存者虽然留住了性命,但心中却容易留下难以愈合的伤口,可以说没有健康心理的人不是完整意义上的人,救人的根本是拯救生命并恢复心理健康。

灾后很多人的轻度心理障碍和情绪波动可以自我恢复,而另外一部分人会转变为严重的心理障碍,这是为什么? 心理学研究人员发现,回避负面、否定的认知是导致灾后严重障碍的危险因素,它们大大妨碍了人们心理健康的恢复。因此,从以下几个方面开展预防,可减少心理问题的发生,降低严重心理障碍的发生率。

(一)普及相关知识

1. 可以通过互联网、报纸、电视、广播等多种渠道及时发布自然灾害和突发事件的信息,普及灾难本身及灾难发生时的相关信息和逃生知识,使人们对灾难有更科学、冷静的认识,帮助个体更客观、理智地面对现实,纠正错误、不合理的认知,减少一些不必要的恐慌,这在一定程度上会减少灾难造成的影响。广泛开展应对自然灾害的全民教育,使民众及时了解各种自然灾害所带来的危害,以及避免和减少这些危害的相应措施、方法,发动民众和社会各界投入防灾、减灾的工作中。

　　根据世界银行和美国地质调查所的计算,目前情况下,如果在备灾、减灾和防灾战略中投入 400 亿美元,就可以在世界范围内使自然灾害造成的经济损失减少 2800 亿美元。也就是说,人类社会在备灾、减灾和防灾战略中投入的经费,可以在灾害到来时以 7 倍的数额得到补偿。

　　2. 灾后加大心理卫生知识的普及,让人们意识到自己产生的哪种情绪是正常的、周围的人也有的,而哪些又是不正常的、超出了自我控制能力的范围,需要求助于专业人员才能解决的。比如,内疚感和愤怒是人们为逃避灾难带来的强烈的无能为力的感觉所采取的一种应对方式,当灾后重新建立新的控制感后,就会放下内疚感和愤怒。为何要逃避强烈的无能为力的感觉? 心理学家认为人的情感需求中需要控制感,彻底的无能为力是极其可怕的。重大灾难破坏了人的控制感,强烈的无能为力的感觉就会随之产生。当人们了解了这些情绪产生的机制,明白在灾难来临的那一瞬间,我们在相当程度上的确无能为力,那么心结自然就会打开一些。

(二)打开情绪发泄的窗户

　　这一点对我们中国人非常重要。我们在情绪表达方面比较压抑、委婉,平时劝人时也喜欢说"不要哭,要坚强""不要难过了""有什么大不了的"等等。其实恰恰相反,此时我们应该说的、应该做的就是让幸存者把悲伤、痛苦甚至是攻击情绪发泄出来,并告诉他们这是一种正常的情绪反应,绝对不是软弱、不坚强的表现。我们还要使有此类情绪问题的人明白,及时的发泄是非常必要的,因为情绪发泄后理性思维才会回到大脑,内心才能逐步恢复平静。因此,要学会缓解各种负面情绪,要敢于把内心的感觉向家人、朋友倾诉。整个社会要努力营造一种能让幸存者把负面情绪顺利宣泄、释放的氛围。

(三)呵护关怀柔弱孩子的心灵

　　儿童比成人更为脆弱,灾难事件对孩子造成的心理创伤更为严重,有的甚至会影响其一生的心理健康。假如不进行有效的心理干预,强恐惧症、焦虑症、创伤后应激障碍等各种心理障碍出现的概率就会很高。

　　当孩子出现诸如发脾气、攻击行为、过于害怕离开父母、怕独处、遗尿、吮手指、要求喂饭和帮助穿衣、情绪烦躁、注意力不集中、容易与其他人发生矛盾等行为的时候,家长就应意识到该儿童的心理可能受到了创伤。当发现孩子有这些症状时,家长不能急躁,要时刻关注孩子的反应,多与孩子交流,使他们明白灾难只是一种自然现象。同时,家长还应多关爱孩子,倾听孩子的心声,让他们明白父母是爱他们的,他们是安全的。父母若无法解决,应及时寻求专业人员的心理援助。

(四)培养良好的行为习惯和方式

1.保证充足的睡眠,尽量让自己的生活作息恢复正常。如果失眠,可以用舒缓的音乐让自己平静下来,或者在医生的指导下借助药物进入睡眠。

2.学习放松技巧。深呼吸就是一种最简便的自我放松方法,当觉得焦虑、烦躁或者恐惧时,可以深呼吸多次,这样就会觉得轻松不少。另外,肌肉松紧法、生物反馈法等都是有效的方法。

四、如何干预已出现的严重心理障碍

(一)心理干预

心理危机干预是指针对处于心理危机状态的个人及时给予适当的心理援助,其目的是预防疾病、缓解症状、减少共病、阻止迁延。目前主要的干预措施是认知—行为疗法、心理疏泄、严重应激诱因疏泄治疗、想象回忆治疗以及其他心理治疗技术的综合运用。

1.急性应激障碍(ASD)的干预

由于急性应激障碍由强烈的应激性生活事件引起,因而心理治疗具有重要的意义。首先,是让患者尽快摆脱创伤环境、避免进一步的刺激。在能与患者接触的情况下,建立良好的医患关系,对患者进行解释性心理治疗和支持性心理治疗可能会取得很好的效果。要帮助患者建立起自我的心理应激应对方式,发挥个人的缓冲作用,避免过大的伤害。处理的关键是鼓励其宣泄,让他尽量哭出来或说出来;同时,要运用接受性和包容性语言,如"你的感受我完全可以理解"等,一边安慰一边引导。

在与患者进行心理会谈时,不要避免和患者讨论应激性事件,而要因人而异,与患者会谈交流事件的经过,包括患者的所见所闻和所作所为。这样的讨论将有助于减少有些患者可能存在的对自身感受的消极评价。要告诉患者,人们在遭受天灾人祸之后,在身体和心理上都会有一系列的反应,这些反应包括恐慌、忧虑、情绪低落、失眠、频繁做噩梦,有的人会烦躁易怒,也会心神恍惚,难以集中注意力,但是,这些反应都是人类正常的应激机能,很多人的症状都会有所缓解,虽然很多症状将会持续一段时间,但是不会严重到影响正常工作和生活。要对患者强调指出,在大多数情况下,人们面临紧急意外时,不大可能做得更令人满意。

2. 创伤后应激障碍(PTSD)干预

理论上讲,PTSD 的危机干预可以预防疾病发生,缓解精神和躯体症状,预防不良后果的发生。我们可以根据莱纳等人(Lerner & Shelton,2001)提出的创伤应激处理十步模型来进行干预:①评估对自我及他人的危险性;②考虑伤害的身体及知觉机制;③评估能动性水平;④确定治疗需要;⑤观察及识别每个个体的创伤应激症状;⑥作自我介绍,声明你的角色和任务,并开始与对方建立关系;⑦通过允许当事人陈述他(她)所经历的事件使其慢慢平静;⑧通过积极的、投入的倾听向其提供支持;⑨提供有效的、模式化的教育与引导;⑩使当事人面对现实,展望未来,并提供转介建议。[①]

(二)药物干预

药物治疗是心理干预的辅助方法,对于临床症状明显的患者,常需要药物治疗,适当的药物可以较快地缓解患者回避、过度警觉、抑郁、焦虑、恐惧、失眠等症状,便于心理治疗的开展和奏效,为心理治疗打好基础。

广泛宣传和普及全球环境变化知识、提高公民保护全球环境和气候的意识、引导公众建立有助于减少环境危害的生活方式和消费模式,是政府社会管理、公共服务职能的重要组成部分,是政府不可推卸的责任。当然,应对环境危害不是一朝一夕的事,也不仅仅是工业经济的事,它与每个人的生活息息相关,多使用一张纸、多开一会空调、多踩一次油门……都与环境危害紧密相连。多一个人从自身做起,从点滴做起,用实实在在的行动来阻止环境继续恶化,成功应对环境危害的希望就增加了一份。

【反思与探究】

1. 讨论题

(1)什么是自然灾害和科技灾害?根据你的理解分析它们的特点和区别。

(2)高温天气影响人的行为,尝试运用所学的理论知识解释炎热的夏天人们为什么有时会变得更加烦躁不安。

---

① 段鑫星,程婧:《大学生心理危机干预》,科学出版社,2006 年,第 113—114 页。

（3）记录同学在课间休息时的情绪状态，观察是否与天气有关。

（4）空气污染对心理和行为有哪些影响？查阅文献，了解最新研究进展。

2. 案例分析

12 岁的刘小桦是温总理第一个看望的羌族孤儿，温总理带着哽咽的频频叮嘱和刘小桦不断哭泣点头的一幕，让亿万国人为之心痛。温家宝对在场工作人员说："孩子心理创伤很大，要派人做好安慰工作。"

在汶川地震中，很多孩子失去了幼小鲜活的生命。存活下来的孩子是幸运的，但是这些孩子中有相当一部分变成了孤儿，或者失去了很多亲人。在他们幼小的心灵里，这次灾难所造成的重创或许会让他们永生难忘。

面对这些孩子们，我们应该如何去做，才能让他们尽快从阴影中走出来？

【拓展阅读】

网址：http://www.colorado.edu/hazards.（该网址提供自然危险的相关信息，由位于科罗拉多大学的自然危险研究中心发布，是一个国家级自然灾害与人类对危险和灾难进行调试的信息交换站点。）

第七章　噪声与行为

学习目标

　　1. 准确理解噪声的概念，了解噪声的种类，并能结合实际分析噪声的来源。

　　2. 理解噪声对人们身心健康的影响，并能辩证地看待噪声对人们生活和工作的影响。在此基础上进一步分析噪声对人产生影响的原因。

　　3. 了解有关噪声的标准和噪声控制方法，能在实际生活中有目的地降低噪声对自己或他人产生的不利影响。

引言

　　每天早晨，某小区的广场上总聚集着很多参加晨练的人，其中不乏空竹爱好者。空竹一旦抖起来，立马嗡嗡声四起，声音时大时小，时疾时缓，一会儿若飞机飞过头顶，噪声震耳，一会儿若蜂入花园，低缓动听。技术高超者甚至可以把空竹抖成"神龙摆尾""游龙戏凤""大鹏展翅""蛟龙出海"等花样，表演起来如行云流水，一气呵成。抖空竹的人在来往绕回中既展示了技艺，又锻炼了身体、愉悦了心情。对于抖空竹的人来说，空竹发出的是一种令人愉悦的乐音，他们深深陶醉于其中。然而另一方面，这个广场附近的居民却对空竹声不胜其扰，对此怨声载道，原因就是轰鸣的空竹声干扰了他们的休息，使他们心情也变得烦躁。

　　人类生活中充满了各种各样的声音。有的声音让人惬意，如溪水的潺潺声，小鸟的歌唱声，微风吹拂树叶的沙沙声，歌唱家悦耳动听的歌声，孩子们玩耍的笑声……然而现实中也有很多声音让人烦躁，马路上刺耳的汽车喇叭声，工地里震耳欲聋的机器轰鸣声，商业中心喧闹的嘈杂声，这些声音无一例外会引起人们的反感，很容易被人们认定为噪声。但是对于空竹声这类声音，它们到底是令人心旷神怡的乐音还是使人烦躁的噪声，往往取决于听者的兴趣和爱好。这就是为什么抖空竹者陶醉其中，而听空竹者却对空竹声难以忍受。

与地震、爆炸等灾难性事件对人造成强烈应激反应相比,噪声往往重复出现、持续发生、强度较小,有时人们甚至对之习以为常,然而噪声对人们的心情、行为乃至健康都具有更大的危害,它已成为现代社会最严重的三大环境公害之一。但是噪声到底是如何产生,对人们有何影响呢? 为什么人们有时可以适应噪声,有时又不能呢? 人们如何有效地控制并降低噪声对人的不利影响? 在这一章里,我们将详细探讨与噪声相关的种种问题。

第一节　噪声与噪声源

噪声是声音的一种,在理解噪声如何产生之前,有必要先了解声音的产生原理。声音来源于物质的振动,物质的振动会产生声波。声波可以通过空气、水或其他介质进行传播。声波引起人耳鼓室气压迅速变化,从而带来鼓膜的振动,再通过一系列的神经传导,就会产生人们的听觉体验。声波的振动具有三个物理特征,即频率、振幅和波形。与此相应,人们的听觉体验有音调(音高)、响度和音色的区别。

一、声音的特性

对声音的考量包含物理和心理两个方面。从物理学的角度来说,声音在空气中传播时引起空气分子发生疏密变化,当空气分子受压聚集时,就会产生正压力,而当它们疏散开时,则会产生负压力。这种压力的变化可以用图表示成正弦波,波峰代表正压力,波谷代表负压力(如图 7-1 所示)。

声波的振幅是指声波的压力,以波形的高度来表示。振幅越大心理上感受到声音的响度就越高。声波的频率是指声波每秒钟振动的次数,以从波峰到波谷的周期数表示。声音的频率越高,人们感受到的声音就越高(音高)。此外,声音的波形特征也会影响到人们对声音的感受,也即音色。

(一)振幅和响度

响度(loudness),也称音强,是声波振幅的一种主观属性。它是人们对声音强弱的主观感觉,声波的振幅越大则人们所感受到的声音的响度越大。声波振幅的大小决定于作用在声源上的压力的大小,公认的测量方法是对声波的压力测量(声压)。声压的单位为帕(Pa),它与基准声压比值的对数值再乘以 20 的积称为声压级,单位为分贝(dB)。分贝是根据 1000 赫兹的

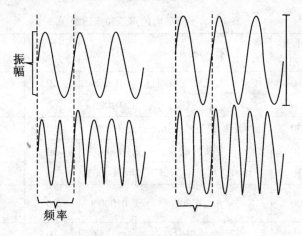

图 7-1　声波的图示

注:频率从上到下增加;幅度从左到右增加

声音在不同强度下的声压比值,取其常用对数的 1/10 而定的。分贝量表将人所能感受的巨大范围的振幅变化值压缩在较小的范围内。人耳所能探测的最强音比其所能听到的最弱音大约强 1000 亿倍。通过对数转换的分贝量表不仅使数字计算上简化很多,也使数字、单位的变化与人感受声音变化的强度相一致,这是因为人们所感受到声音的强度变化值与实际声音的变化是一种非线性的对数函数关系。为了方便计量,人们规定以人类能听到的平均绝对阈限值,即 1000 赫兹附近的压力变化为 0 分贝参考点,此时的压力为 2×10^{-5} 帕(牛顿/平方米)。

环境心理学家也常用分贝来进行噪声的测量和评价。0 分贝是人耳刚能听到的最微弱的声音(相当于人们的听觉阈限值);30~40 分贝是较为理想的安静环境;70 分贝的声音会干扰谈话,影响人们的工作效率;如果长期生活在 90 分贝以上的噪声环境中,人们的听力会受到严重影响,并产生神经衰弱、头疼、高血压、抑郁等身心疾病;如果突然暴露在高达 150 分贝的噪声环境中,人的鼓膜会破裂出血,双耳完全失去听力。因此,我国著名声学家马大猷院士曾提出了三条建议:为了保护人们的听力和身体健康,噪声的允许值不能超过 90 分贝(75~90 分贝之间);为了保证交谈和通讯联络,环境噪声的允许值要控制在 45~60 分贝,不能超过 70 分贝;为了保障休息和睡眠,噪声应控制在 35~50 分贝。表 7-1 介绍了不同环境下的声压和声压级。

表 7-1　不同环境的声压和声压级[①]

声压(帕)	声压级 (分贝)	不同环境	声压(帕)	声压级 (分贝)	不同环境
630	150	喷气式飞机喷气口附近	0.063	70	繁华街道上
200	140	喷气式飞机附近	0.020	60	普通说话
63	130	开坯锻锤,铆钉枪操作位置	0.0063	50	微电机附近
20	120	大型球磨机旁	0.0020	40	安静房间
6.3	110	8-18 型鼓风机附近	0.00063	30	轻声耳语
2.0	100	纺织车间	0.00020	20	树叶落下的 沙沙声
0.63	90	4-72 型风机附近	0.000063	10	农村静夜
0.20	80	公共汽车内	0.000020	0	刚刚听到 的声音

　　响度是人们对声音响亮程度的主观感受,它主要与声波的振幅或声强有关,但同样受到频率的影响。测量声音响度的国际标准单位是宋(sone),人们把在 40 分贝时听到的 1000 赫兹纯音的响度认定为 1 宋。人耳所感受到的响度大小首先依声音的强度为转移,与强度的对数成正比,声音强度越大,感受到的响度越高,反之亦然。另外,人们对声音响度的感知还与声音的频率存在关系,对于不同频率的声音,若要在我们主观感觉上听起来一样响,它们所要求的强度是不一样的。人们根据响度与频率和强度的关系绘制出了等响曲线,例如,200 赫兹 30 分贝的声音和 1000 赫兹 10 分贝的声音在人耳听起来具有相同的响度。

(二)频率和音调

　　音调(pitch)是人对声波频率的主观感受,它的大小主要取决于声音中最低频率(声波基频)的高低。频率高则音调高,反之则低,单位用赫兹(Hz)表示。人耳对频率的感觉范围(音域)是从最低可听频率 20 赫兹到最高可听频率 20 000 赫兹,超过或低于这一频率范围的声音均为不可听声。实验证明,音调除了受频率影响之外,还与声音的响度及波形有关。对于同一声音刺激的音调感知,不同的人之间有着巨大的个体差异,这充分表现了音调是一种主观心理量。心理学中规定,主观感觉的音调单位为美(mel),

---

① 参见赵良省:《噪声与振动控制技术》,化学工业出版社,2004 年,第 17—18 页。

通常定义响度为 40 分贝的 1000 赫兹纯音音调为 1000 美。声音频率变化数值的对数与引起人感觉上音调变化的程度呈正比。不管原来频率是多少，只要两个 40 分贝的纯音频率都增加 1 倍，人耳感受到的音调变化则相同。

（三）波形和音色

音色（timbre）是声波波形的一种主观属性，也就是指我们听到的声音在波形上的差异。不同的发音体所发出的声波都有自己的特点，即使具有同样的响度和音高，我们听起来在音色上是不同的。音色的不同是由于各发音体所发出的声波都有自己的特殊波形。最简单的声波是纯音，是单一的正弦曲线形式的振动（如图 7-2a），如由音叉所产生的声音。在日常生活中，除少数发声物体能发出纯音外，绝大多数的发声体所发出的声音都是复合音，如音乐声、语言声和噪音。任何复合音又都可分解为几个频率不同的纯音。复合音中频率最低、能量最大的单音叫基音（基波），其他的音叫泛音（谐波）。例如，频率是 100 赫兹的钢琴声和 100 赫兹的黑管声，除了基音相同，即音调相同外，它们又具有不同数量、不同强度的泛音，因而各具有不同的音色。根据复合音中波形和振幅是否有周期性的振动，可把声音分为乐音和噪音。乐音是周期性的声波振动（见图 7-2 中的 a 和 b，其中 b 是一种管风琴的乐音），是由物体有规则的振动产生的声音，即听起来比较谐和悦耳的声音，如钢琴、笛子发出的声音。噪音是不规则的声波，且无周期性（见图 7-2c）。噪音和噪声的含义有所不同。噪音是物理学的声学术语，与"乐音"相对，是由物体不规则的振动而产生的声音，听起来不和谐的声音，如电锯声、急刹车声。

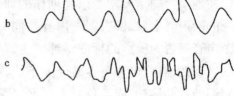

图 7-2 不同音色的声波

而噪声是环境科学的术语，是现在人们日常生活中经常使用的名词，主要指人们厌烦的声音，会干扰人们休息、学习和工作的声音。有时即使是乐音，对人们来说也会成为噪声，如深夜隔壁邻居家里传来的电视机声对于需要入睡的人来说就是噪声。可见，噪音和噪声两个概念的侧重点有所不同，有必要加以区分。

除了振幅、频率、波形之外，声波的物理特征还有音值，又称音长，是由振动持续时间的长短决定的。持续的时间长,音则长,反之则短。总之,人们对声音的主观感受不仅受到声音各种客观属性的综合影响,而且也受到个体主观状态的影响,例如人们本身对声音的感受性的差别。

二、噪声的概念与种类

著名诗人余光中先生曾在《你的耳朵特别名贵?》一文中写道:"噪音[①]害人于无形,有时甚于刀枪。噪音,是听觉的污染,是耳朵吃进去的毒药。"他还写道:"人叫狗吠,到底还是以血肉之躯摇舌鼓肺制造出来的'原音',无论怎么吵人,总还有个极限……但是用机器来吵人,管它是收音机、电视机、唱机、扩音器,或是工厂开工,电单车发动,却是以逸待劳、以物役人的按钮战争。"[②]上述文字生动地描述了人们生活中所经常遭受到的噪声。技术时代的人们必定要为享用技术付出代价:必须忍受马路上高分贝的吵闹,忍受狭隘的公共空间中的嘈杂,忍受电子产品虽微弱但执着的"音乐声"。那么,我们到底该如何理解噪声,科学地界定噪声?

(一)噪声的概念

关于噪声,最简单最常见的定义是:"人们不需要、不想要的声音。"衡量一种声音是不是噪声,要根据个体的心理状态即需要情况而定。一个人可能喜欢用立体音响听喜爱的摇滚音乐,但是这打扰了他室友的学习或休息,即使他所听的是天才音乐家创作的曲子,对于他的室友来说这就是难以忍受的噪声。也就是说,同一声音在同一场合对不同的人效果不同。衡量一个声音是否为噪声的标准是纯粹主观的,它是根据个人的主观判断而决定的。当然,有些声音更容易令人不快,不是因为它们干扰了活动,而是因为它们的音调、响度或音色令人厌恶,比如电锯的声音,几乎所有人都将其视为噪声。一种声音总是被接受或总是被拒绝的情况是很少的,而且几乎任何一种声音都能在特定的场合下被当作噪声。因此,环境心理学家认为,噪声即令人烦躁、使人不愉快以及不需要的声音。

(二)噪声的种类

噪声的种类是多种多样的,可以按照不同的标准进行划分。

---

① 此处"噪音"即噪声。
② 余光中:《世界华文散文精品·余光中卷》,广州出版社,2000年,第104、106页。

1. 按照噪声的强度和影响的程度,可以将噪声分为过响声、妨碍声、不愉快声和无影响声。过响声即指如喷气式飞机发动、起飞时的强度很大的声音,这种噪声使人烦躁不安,还会引起头痛、听力下降、疾病,对人的身心健康危害极大。妨碍声指响度不大但确实会干扰人们所进行的活动的声音,比如你在音乐厅听音乐,旁边人不停地小声说话、嗑瓜子等,声音虽然不高,却妨碍了你对音乐的欣赏,这就属于妨碍声。不愉快声是难听的、使人不愉快的声音,如摩擦声、汽车急刹车的尖锐声、金属碰撞发出的声音等。无影响声指人们已经适应或习惯了的声音,比如夏天风扇的声音,屋外风吹树叶的沙沙声。人们的听觉系统一旦适应了这些声音,对它们的感受性会大大降低,甚至感觉不到它们的存在。因此这类噪声对人们正常生活基本没有什么影响。

2. 按照噪声的时间特性,也就是噪声的出现随时间变化的情况,还可以分为稳态噪声和非稳态噪声。稳态噪声的强度不随时间变化而变化或者强度的起伏不大(不超过3分贝)。织布机、电脑、通风机等机器运转所产生的噪声就属于稳态噪声。非稳态噪声即噪声随时间的变化而不断变化,并且噪声强度的起伏较大。它可以分为周期性噪声、无规则噪声或脉冲噪声。周期性噪声的强度随着时间的变化而呈现周期性的变化,故称为周期性噪声。人们对这种噪声会产生心理预期,而心理预期会在一定程度上减少噪声对人的影响。无规则噪声的强度不随时间的变化而变化,人们不容易对这样的噪声产生适应和预期,例如马路上时不时出现的重型机车或高音喇叭的声音。脉冲噪声的强度随时间的变化会发生很突然的起伏变化,如铆锤和冲床的撞击声。由于噪声的起伏较大且毫无规律,这类噪声对人的影响最大。

3. 按照噪声频率的组成,可以将噪声分为窄频带、宽频带和白噪声。窄频带,即噪声中包含较少种频率的声音。宽频带即噪声中包含很多种频率的声音。白噪声是指所有频率的声音具有相同能量的随机噪声。

三、噪声的主要来源

噪声是现代城市的主要污染之一,它已被国际标准化组织列为首要公害,在我国也被视为城市的第二大公害。人们一方面憎恶噪声,声讨噪声对自己生活所带来的干扰,另一方面却又在有意或无意地制造更大的噪声。

这种现象并不难理解,因为噪声本身是高速的现代工业化发展的副产品,人们在享受优质的现代生活时,却不得不面对日益严重的噪声污染。为了认识噪声的危害,我们首先要分析,在现代社会中,噪声的主要来源有哪些。一般来讲,噪声源可以归为以下四种:

(一)交通噪声

交通噪声主要是指各种交通运输工具在行驶过程中所产生的声音。这些噪声的噪声源是流动的,干扰范围很广,是许多大型或中型城市噪声的主要来源。按照交通工具类型可以分为公路噪声、铁路噪声和航空噪声。公路噪声是公路上行驶的机动车、人力车等发出的噪声,大小取决于道路上的交通量和道路品质等。主要包括小轿车、公共汽车、电车、摩托车、拖拉机等发出的喇叭声、刹车声、排气声等。公路噪声是人们生活中接触最为广泛的噪声源,需要设计专门的防治措施。铁路噪声是火车行驶在铁路上时产生的噪声,这种噪声主要对铁路沿线的居民产生影响。航空噪声主要包括飞机起飞、空中飞行、飞机降落时的声音。这种声音的强度大,造成的影响很大。现代超音速飞机为人提供快捷的运输服务的同时,也给人带来了巨大的噪声问题。典型的协和式飞机在跑道上滑行时,噪声高达 100 ~ 200 分贝,比亚音速飞机高 10 ~ 20 分贝。超音速飞机还会引起音爆,它在飞行时会发出打雷般的声音。由于超音速飞机的飞行速度比声音的速度快,使得飞机飞行时产生的声波集合在一起,加强了声压,这就会产生音爆。音爆对人们的听力会造成损伤,对建筑物也会造成影响,严重时甚至会使山体崩塌。因此,人们禁止超音速飞机在陆地上空以超音速飞行。

(二)工业噪声

工业噪声又称生产性噪声,是指工业生产过程中产生的噪声,其影响面虽不及交通噪声那么广,但对局部地区的污染也相当严重。工业噪声主要包括以下几个类型:①机械性噪声,即由机械的撞击、摩擦、固体的振动和转动而产生的噪声,如电锯、机床、碎石机等发出的声音;②空气动力性噪声,指由于空气振动而产生的噪声,如通风机、空气压缩机、喷射机、锅炉排气等产生的声音;③电磁性噪声,如发电机、变压器等发出的声音。人们很难杜绝工业噪声的影响,因此一般把大型的工业企业建造在远离城市中心的郊区,这在一定程度上可以降低对人们的危害。但是对于在高噪声环境中工作的工人来说,就需要采取必要的保护措施。

(三)建筑噪声

建筑噪声主要是指建筑施工现场各种建筑机械工作时产生的噪声。建筑噪声主要包括在施工中使用的各种动力机械,进行挖掘、搅拌、拆除等工序时及各种生产机械运转产生的噪声,也包括频繁地运输材料和构件所产生的噪声。由于施工现场一般都在市区,而且受现实条件的限制,场地较小,尤其是很多建筑工地紧挨现有居民楼,因此这类噪声对附近居民的干扰比一般工厂还要严重。因此,在需要安静的环境时,如要保障即将参加高考的学生的睡眠与学习,国家一般会对建筑施工设置严格的时间限制,严禁晚上进行施工。

(四)社会生活噪声

社会生活噪声主要是指各种社会活动与日常生活中所产生的噪声。包括家庭噪声,如彩电、冰箱、空调、洗衣机等家用电器所产生的噪声;文化娱乐场所、商店、集贸市场发出的声音;街道、马路上人群的喧哗声、高音喇叭声等。这些声源离人们很近,对人们的身心健康也会造成很大影响,尤其是当人们觉得这些噪声没有必要,或者噪声制造者忽视他人的感受时,如有些司机不停地按高音喇叭,这种噪声引起的烦躁程度会更高。随着社会的发展和现代化程度的不断提高,整个社会的噪声也将会不断增加,然而人们可以通过吸音等手段来减少噪声的危害。

第二节　噪声的影响

噪声是一种危害范围极大,人们又很难回避的环境公害。我们可以闭上眼睛不看东西,但不能"闭上"耳朵来拒绝听到某种声音。在日常生活与工作中人们有时可以适应噪声,对噪声的敏感性降低,主观上甚至不觉得噪声对自己生活会产生影响。然而对于绝大部分的噪声,人们是很难适应的,这时就会产生很多不满情绪。长久处于噪声环境,即使是已经适应了的噪声环境也会给人带来多方面的危害。高强度的噪声会造成听力损伤,严重时可以导致不可逆转的耳聋。噪声环境还会使人们的心情烦躁,降低人们工作和生活的满意度。长期处于噪声环境中,还会对人们的身心健康构成威胁。此外,噪声还会干扰人们的日常生活与工作,降低日常沟通和工作的效率,不利于社会经济的发展。

一、听力损伤

耳朵是声音的门户,噪声对人们的危害也首先体现在对听力的影响上,它会使人们的听力受到损伤。高强度的声音(例如高达 150 分贝的声音)可以使人耳鼓室破裂并损伤耳朵的其他部分,这无疑会造成严重的耳聋。然而噪声对听力更为普遍的影响还是来自较低强度的声源(90~120 分贝),例如工厂车间车床发出的噪声。这些噪声会使内耳耳蜗的毛细胞受损伤,从而影响人们的听力。这种损伤分为两种情况:暂时性阈限移位(temporary threshold shift, TTS)和永久性阈限移位(noise-induced permanent threshold shift, NIPTS)。阈限移位是指由于噪声影响,人们能听到给定频率声音的最低振幅比正常振幅阈值高。听力损伤的指数通常就是阈移后的新阈限与正常阈限值的分贝数之差,例如听力损失 20 分贝,就是指新阈限比正常阈限超过 20 分贝。暂时性阈移是一种听觉疲劳现象,是一种可恢复的生理改变,并没有发生器质性的病变,通常在损伤性噪声后的 16 个小时之内就可以恢复。也就是说,当人们在噪声环境中感觉耳朵难受、听力下降时,如果及时离开这种环境,随着噪声的消失,听力就会逐渐恢复正常。前人研究发现,人们听 115 分贝的噪声 20 分钟后,过 0.5 秒钟测得的听觉阈限比正常阈限升高 50 分贝,15 分钟后仍然比原来损失 30 分贝,过 5 个小时,还损失 20 分贝,甚至 24 小时之后还有 10 分贝的损失,直到 4 天后才恢复正常。可见,强度较高的声音即使作用的时间不长,但对人们的听力还是有较大的影响。

如果人们长年累月处于强噪声环境中而没有采取必要的防护措施,耳朵会经常地出现听觉疲劳现象,并且人耳不能及时从听觉疲劳中得到恢复,这样会对听力造成严重的后果。此时听觉器官就不仅仅发生功能性变化,而很可能发生器质性的病变,最终会导致永久性的听觉阈限移位,这就是通常所说的噪声性耳聋。噪声性耳聋是一种常见的职业病,在工业化的社会中,成千上万的人受到听力损伤的折磨。Rosen 等人把美国的噪声问题与相对安静的苏丹尼斯地区作了比较,结果发现,苏丹尼斯部落里 70 岁老人的听力竟然与20岁的美国青年不相上下。[①] 可见在噪声嘈杂的美国社会,即使

---

① S. Rosen, M. Bergman, D. Plester, et al. ,"Presbycusis study of a relatively noise-free population in the Sudan," in *Annals of Otology, Rhinology and Laryngology*, Vol. 71 (1962), pp. 727-743.

是青少年,他们的听力也受到了很大的损害,而安静的环境则有利于保护人们的听力。在日常生活中,很多高噪声并非总是必不可少的,而是人们有意或无意造成的。例如,大学生和青年常常爱通过立体音响听吵闹的摇滚音乐,更有一些年轻人喜欢高噪声给自身带来的唤醒状态,他们会人为地把摩托车的噪声放大,这些行为都给其他人带来了干扰。还有很多年轻人喜欢长时间用耳机听音乐,结果在不知不觉中对自己的听力造成了永久性的损伤。

一般来说,听力损失在 10 分贝以内的,属于正常情况,人们不会感到听力受损。在 30 分贝以内,属于轻度耳聋。在 60 分贝以内,听觉障碍就比较明显了,属于中度耳聋。损失达到 60 ~ 85 分贝,即为重度耳聋。如果损失达到 85 分贝以上,人们就几乎丧失了听力。因此,为了保护人们的听力,一是要限制在高噪声环境下停留的时间,二是要采取必要的防护措施,尽量降低噪声对听力的损伤。

二、噪声烦躁

噪声在心理上对人们最普遍的影响是引起噪声烦躁。噪声烦躁(noise annoyance)通常是指噪声所带来的负面情绪,人们经常通过噪声烦躁程度来衡量产生噪声的环境因素所带来的不利影响。早在 2000 多年前,亚里士多德就注意到刺耳的噪声令人痛苦。叔本华在他的《论噪音①》一文中也表达了他对噪声的嫌恶:"噪音对于知识分子却是一种折磨。在几乎所有伟大作家的传记或已记录下来的个人言论中,我都能找到他们对噪音的抱怨……如果说还有某位作家尚未对此问题表达自己的看法,那也只是因为没有恰当的机会罢了。"②而现代发达的交通运输网络,工厂里昼夜不停的机器轰鸣,乃至商业区间嘈杂的噪声远比亚里士多德、叔本华他们生活的年代更为严重,因此也就不难理解为什么噪声会使现代人经常心情烦躁了。

为了评估噪声给人们带来的烦躁程度,有必要了解不同性质的噪声对人们带来的不同影响。显然,并非所有的噪声都能带来相似的烦躁程度。人们发现决定噪声烦躁程度的影响因素主要有三个:噪声的音量、可预见性

---

① 此处"噪音"即噪声。

② [德]叔本华:《叔本华论说文集》,范进,柯锦华,秦典华等译,商务印书馆,1999 年,第 492 页。

及可控性。① 当其他因素保持不变时,音量大的、不可预见的、可控性较低的
噪声要比那些音量相对轻一些、可预见的、可控性高的噪声所引起的不良反
应大。噪声的音量越大,就越有可能干扰人们的言语交流和思维。何存道
曾对噪声的烦躁程度进行了调查,发现噪声强度越强,就越容易引起人们的
烦躁情绪②,二者之间存在着显著的正比关系(如图7-3)。

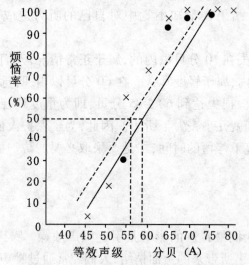

●——白天的回归线和烦恼度实测值;r=0.955
×---- 晚上的回归线和烦恼度实测值;r=0.948

图7-3　噪声级与烦恼度的关系

　　除了噪声强度的影响,噪声的频率变化特性(可预见性)也与噪声烦躁
有着密切关系。人们对可预见的或稳定的噪声比较容易适应,一旦适应了
某种噪声,人们对这种声音的敏感性就大大降低,就不会觉得噪声烦人了。
可是如果噪声是一种阶段性突发的非稳定声音,就会变得非常烦人。噪声
越是无法预料,对人的唤醒作用越强,占据的注意力就越多,使得人们疲于
应付,烦躁不安。

　　更值得注意的是,噪声的可控性也会显著地影响噪声的烦躁程度。如
果人们可以随时让噪声减弱或停止,或者在必要的时候逃离噪声环境,那么
这种噪声带来的烦躁程度就比那些人们无法控制的噪声要小得多。Glass

① David C. Glass & Jerome E. Singer, *Urban Stress*. New York: Academic Press, 1972.
② 何存道:《噪声烦恼度调查研究》,载《心理科学通讯》1983 年第 6 期,第 41—44 页。

和 Singer(1972)告知被试,在实验中他们可以通过按一个按钮来减少有害噪声的音量,而对另外的被试,则没有给予他们对噪声的控制感。实际上,即使具有控制感的被试没有按那个按钮,仅仅是简单地被告知这个情况,他们对噪声的消极感受也会大大降低,反之没有控制感的被试却报告了更多的消极情绪。也就是说,人们只要感到自己能够控制噪声,就会更少体验到噪声带来的烦躁情绪。这就是为什么人们不觉得自己钉钉子时的声音烦人,但隔壁邻居会对这样的声音难以忍受。人们总是试图通过努力获得对噪声的控制感,如关上窗户以隔绝噪声,当这些努力都失败时,就会加剧噪声对人们的负面影响,严重时可能会导致习得性无助。处于习得性无助的人,会放弃自己所有可行的努力,而被动地接受噪声的破坏,这无疑会对人的身心造成伤害。

现实中的噪声往往不是来自某种单一的声源,而是多种声源掺杂在一起造成的。为了提高研究的生态效度,最近一些环境心理学家开始关心复合噪声对人们烦躁情绪的影响。Pierrette 等人调查了法国一个城市中遭受工业工厂和交通运输复合噪声的居民的烦躁程度,[①]结果发现噪声强度水平对人们感受的烦躁程度有直接的影响,并且发现复合声中只有最强的声音刺激对人具有影响,复合噪声对人的影响并非是线性叠加的关系。更重要的是,研究结果显示很多非听觉方面的因素与噪声烦躁有着紧密的联系:人们对工厂厂址危害健康的担忧与噪声烦躁呈正相关;人们对噪声的敏感程度和噪声烦躁呈正相关。这一研究提示我们,除了上述音量、可预见性和可控性等噪声的客观属性会影响噪声烦躁程度外,一些心理因素对于人们感受到的烦躁程度也有一定影响,例如人格特点(Green & Fidell,1991)、恐惧情绪(Miedema & Vos,1999)等。

保罗等人总结了影响噪声烦躁的一些心理因素:①人们觉得对于他们想要的或有价值的东西来说,噪声的存在完全没有必要或没有价值。当人们觉得噪声的存在可以为他们带来一定的利益时,会对噪声有更高的耐受性。②人们觉得制造噪声的人毫不在意听到噪声的人的利益。例如,如果一个人觉得他的邻居完全不顾及他需要休息时,邻居家传来的噪声更容易

① M. Pierrette,C. Marquis-Favre, J. Morel,et al. ,"Noise annoyance from industrial and road traffic combined noises: A survey and a total annoyance model comparison,"in *Journal of Environmental Psychology*,Vol. 32,No. 2(2012),pp. 178-186.

引起他的烦躁。③听到噪声的人认为噪声会对他们的健康有危害。④听到噪声的人把噪声与恐惧联系起来。⑤听到噪声的人对周围环境的其他方面也感到不满意。此外,噪声敏感性也是影响噪声烦躁程度的重要因素。噪声的敏感性是个体固有的特性,与其他人相比,一些人对噪声更为厌恶,在某种程度上是由于他们对待噪声的态度更为消极,对噪声的反应更为强烈,表现得更为烦躁,他们更易产生心理障碍。①

三、噪声对身体健康的其他影响

噪声不仅会损害人们的听力,还会对身体健康造成其他的严重后果。这些影响主要体现在神经系统、内分泌系统、心血管系统及消化系统上。

(一)噪声对神经系统的影响

噪声持续地作用于人的中枢神经系统会引起大脑皮层功能紊乱,导致头晕、头痛、耳鸣、多梦、失眠、记忆力减退、注意力不集中等症状,也即临床上所说的神经官能症。日本东京在 20 世纪 60 年代是世界上公认的“噪声之都”。据报道称,东京市民每天要服用 600 万片安眠药或其他镇静剂来治疗噪声带来的不利影响。同期,在欧美也有大量的居民患有类似的神经衰弱症。当患病者离开噪声环境时,这些症状会得到明显的好转。除了对中枢神经系统的影响,噪声对植物性神经系统也有影响。长期的强噪声作用会造成植物性神经系统功能紊乱,表现为脸色苍白、血管痉挛、心律失常等。

(二)噪声对内分泌系统的影响

噪声对人们的内分泌系统也具有较大的影响。在 70 ~ 80 分贝中等强度的噪声作用下,个体会出现应激反应,此时肾上腺素的分泌量增加,使肾上腺皮质功能增强。在 100 分贝以上的高强度噪声的作用下,肾上腺皮质功能的改变还会伴随有电解质失去平衡以及血糖水平的变化。另外,噪声刺激还会通过交感神经系统引起肾上腺髓质激素分泌的改变。

(三)噪声对心血管系统的影响

大量的对人类和动物的研究发现,噪声对心血管系统具有很大的影响。噪声致使心跳加快、心律不齐、心血管痉挛、血管紧张度降低、血压改变以及

---

① [美]保罗·贝尔等:《环境心理学》(第 5 版),朱建军,吴建平等译,中国人民大学出版社,2009 年,第 139 页。

心电图缺血性变化等症状。我国学者通过对大白鼠的研究发现,噪声可以通过损坏心脏组织的自由基而损害心脏功能。[①] 也有资料表明,长期在噪声环境工作的工人当中,有部分人的心电图出现缺血性改变。另外,为了探明噪声导致高血压的机理,研究者让一些已经被诊断为患有中度高血压的人暴露在 105 分贝的环境中 30 分钟,并分别测量了这些患者在噪声环境和安静环境的血压值。结果发现,当处在噪声环境时,收缩压和舒张压都明显升高,(Eggertsen, et al. ,1987)从而导致周围血管阻力增强,而这会促发高血压。据报道,沈阳市一家工厂里长期在剁纹机旁(噪声强度达 116 分贝)工作的 40 岁以上的人中,患有心脏病的占大部分。有趣的是,人们发现,年轻无工作经验的工人似乎比有经验的工人更易遭受噪声的折磨。工作经验可以帮助人们适应噪声,减少噪声的危害。此外,噪声对心血管系统的影响也受到工作满意度和社会支持这两个变量的调节。

(四)噪声对消化系统的影响

长期处于噪声环境下的人更易出现肠胃不适症状及器质性消化不良问题。Doring 等人提出噪声会直接影响肠组织,干扰胃肠功能。[②] 噪声对消化系统的影响随着噪声强度的增加而增强。60 分贝的噪声即可抑制胃的功能,并使唾液分泌减少 44%;80~90 分贝的噪声则会抑制胃的收缩,使其收缩活动减少 37%。还有少数人属于胃分泌兴奋型,噪声的作用反而会促进胃液的分泌,从而造成胃酸过多。噪声对消化系统的影响,致使在噪声环境下工作的人特别容易患溃疡病。

除了上述健康问题,噪声对人们的免疫系统也有影响,使人们更容易感染疾病。另外,也有研究表明婴儿夭折与其母亲在怀孕期间暴露于飞机噪声中有一定的关系。那么噪声为什么对人们的身体健康具有这么广泛的影响? 一种观点是认为高分贝的噪声能增强人们的唤醒程度和压力感,那么与应激反应有关的疾病在噪声作用下也会出现。另外,一些人认为噪声是

---

① 侯公林:《非稳态噪声对动物行为及心脏自由基损伤的影响》,载《应用心理学》2002 年第 4 期,第 47—50 页。

② H. F. Doring G. Hauf & M. Seiberling, *Effects of high intensity sound on the contractile function of the isolated ileum of guinea pigs and rabbits*. In noise as a public health problem, Proceedings of the Third International Congress (ASHA Report No. 10). Rockville, MD: American Speech and Hearing Association,1980.

通过改变与健康紧密相关的行为,从而影响到人们的健康。[①] 例如,人们因为受到噪声的干扰而去喝更多的酒或者咖啡,抽更多的烟或减少运动,噪声就通过这些不健康的行为方式对健康造成影响。调查研究也表明,噪声确实会增加人们的吸烟行为,噪声越大,人们的吸烟行为也越多。同时,噪声还会影响人们吸烟的方式,噪声越大,人们越倾向于采用不利于健康的吸烟方式,如增加吐烟圈的次数。

四、噪声对心理功能的影响

噪声不仅会引起人们烦躁的情绪,而且如果人们持续受到噪声的侵扰,也可能会出现心理疾病。我国学者曾发现工厂里的噪声会使工人感到紧张、疲劳,并会产生抑郁和愤怒情绪。[②] 多个在工业现场的调查也都显示,高强度的噪声刺激能够造成头痛、恶心、阳痿、情感与情绪的变化。一项跨国家、地区的横断研究发现,长期暴露于飞机和交通噪声环境中的儿童更易出现多动症等心理病症。[③] 可见噪声不仅损害人们的身体健康,也对人们的心理健康造成威胁。此外,噪声对人们的认知能力和社会行为也具有较大影响。

(一)噪声对认知活动的影响

1. 噪声对注意的影响

在噪声刺激下,人们的注意力难以集中。噪声会影响我们对信息加工的能力。它一方面占据了人们的注意资源,造成注意超载,从而干扰和限制对重要信息的加工;另一方面,噪声能使人分心,难以把注意力集中于当前任务中。噪声造成的注意涣散对脑力劳动者或者需要高度集中注意力的工作者的影响尤为严重。有人通过对打字、排字、校对、速记等工作的调查,发现差错率随着噪声的增高而上升。又据对电话交换台的调查发现,当噪声强度从50分贝调到30分贝时,差错率减少42%。由于噪声能分散人们的

① D. R. Cherek, "Effects of acute exposure to increased levels of background industrial noise on cigarette smoking behavior," in *International Archives of Occupational and Environmental Health*, Vol. 56, No. 1 (1985), pp. 23-30.

② 李俊杰:《噪声对工人情绪影响测试》,载《中国心理卫生杂志》1996年第S1期,第44页。

③ S. A. Stansfeld, C. Clark, R. M. Cameron, et al., "Aircraft and road traffic noise exposure and children's mental health," in *Journal of Enviromental Psychology*, Vol. 29, No. 2 (2009), pp. 203-207.

注意力,在噪声条件下的工作容易产生各种伤亡事故,特别是能够遮蔽危险警报信号和行车信号的强噪声,更容易导致事故。据对两个工厂工伤事故的比较,发现在 95 分贝的噪声环境中工作的人,其事故率大大高于在强度为 80 分贝的噪声环境中工作的人。同一个工厂,噪声环境比安静环境的工作事故量高出 20 倍之多。美国根据不同工种人员的医疗事故报告的研究发现,在较为吵闹的工厂区域要比其他区域发生的事故多。美国联邦铁路局通过对 22 个月发生的造成 25 名铁路职工死亡的 19 起事故的分析,也得出这些事故的主要原因是高强度的噪声。

2. 噪声对记忆的影响

强烈的噪声刺激对人们的记忆力也具有影响。Hockey 的研究发现,噪声会对工作记忆造成影响。[①] 我国学者张乐和梁宁建也通过短时记忆广度实验和 Sternberg 反应时实验考察了不同的背景噪声(交通噪声、生活噪声、舒缓乐音)对个体数字短时记忆的影响,结果发现虽然不同噪声对短时记忆的广度影响不明显,但是在提取短时记忆时,噪声级越高则反应时越长,正确率越低。[②] Hygge 等人关注噪声对长时记忆的影响,发现道路交通噪声和有意义的无关言语噪声对情境记忆的回忆、语义记忆的复述及对注意均具有一定影响。[③] 而 Sorqvist 的研究则发现,无关言语噪声甚至比飞机噪声对人们的篇章记忆具有更大的危害。[④] 尽管研究结果略有不同,但是总体上研究者都发现了无关声音效应(irrelevant sound effect),即在有与当前任务无关的声音刺激呈现时,即使告知被试不要注意该声音刺激,被试当前的记忆任务仍然会受到显著的影响。总之,强烈的噪声刺激对人的认知活动产生消极影响,它会使我们的记忆力下降。

---

① Glyn Robert John Hockey, "Changes in operator efficiency as a function of environmental stress, fatigue, and circadian rhythms," in *Handbook of Perception and Human Performance*. New York: Johns Wiley & Sons, 1986, pp. 1-49.

② 张乐,梁宁建:《不同背景噪音干扰下的数字短时记忆研究》,载《心理科学》2006 年第 29 卷第 4 期,第 789—794 页。

③ Staffan Hygge, Eva Boman & Ingela Enmarker, I., "The effects of road traffic noise and meaningful irrelevant speech on different memory systems," in *Scandinavian Journal of Psychology*, Vol. 44, No. 1(2003), pp. 13-21.

④ Patrik Sörqvist, "Effects of aircraft noise and speech on prose memory: What role for working memory capacity?" in *Journal of Environmental Psychology*, Vol. 30, No. 1(2010), pp. 112-118.

3. 噪声对阅读的影响

阅读是人们掌握知识,增长才干的一条主要途径,儿童更是通过阅读活动来获取科学文化知识。然而不幸的是,很多儿童的居住和学习环境均处于嘈杂的噪声之中。越来越多的研究证据表明,噪声能影响儿童的学习成绩和压力水平。科恩等人对纽约市一条喧闹的高速公路旁边的一幢高层公寓大厦的研究发现,噪声刺激对低层居民的影响比高层居民更为严重。[①] 居住在低层的儿童听力辨别能力比高层的儿童差,而他们的听力问题会导致其阅读能力下降。此外,在教学环境中,研究者同样也发现了噪声对阅读能力的影响。同一座教学楼,临近轻轨一侧的小学生的阅读能力要比相对安静一侧的学生差。当把轻轨两旁加装上隔音的挡板后,临近轻轨一侧的学生的阅读能力可以恢复到和另外一侧学生一样的水平。[②] 研究者认为,噪声会干扰儿童辨别发音相似的字母,从而导致阅读能力与口头表达能力发展缓慢。若儿童长期处于噪声环境中,他们的语言获得能力和阅读能力降低,进而导致学习成绩下降。

对成人的研究也发现,当处于比较嘈杂的开放式工作空间时,人们的认知能力要比在安静的环境下降很多,体内会分泌更多的与应激相关的儿茶酚胺类和皮质类激素。[③] 因此有必要在居住、教学以及工作环境中进行一些降噪处理。如在教室里安装具有吸音功能的天花板,在轨道两侧装置降噪隔板等。这样可以在一定程度上促进阅读成绩的恢复。

(二)噪声对社会行为的影响

人们的社会行为直接影响社会交往乃至人际关系,而大量的研究也证实了噪声对人们的亲社会行为以及反社会行为都有一定的影响。

1. 噪声与人际吸引

显而易见,如果一个人是噪声制造者,那么人们对他的评价会变差,他

---

① Sheldon Cohen, David C. Glass & Jerome E. Singer, "Apartment noise, auditory discrimination, and reading ability in children, "in *Journal of Experimental Social Psychology*, Vol. 9, No. 5(1973), pp. 407-422.

② Arline L. Bronzaft & Dennis P. McCarthy, "The effect of elevated train noise on reading ability, "in *Environment and Behavior*, Vol. 7, No. 4(1975), pp. 517-527.

③ Helena Jahncke, Staffan Hygge, Niklas Halin, et al., "Open-plan office noise: Cognitive performance and restoration, "in *Journal of Environmental Psychology*, Vol. 31 No. 4(2011), pp. 373-382.

的人际吸引力自然降低。环境心理学进行实验室研究时,通常用人际距离作为衡量人际吸引力的指标。环境心理学家发现,当处于噪声环境中时,人们相互之间的人际距离会增大,这意味着人们之间的人际吸引力降低。人们发现,即使只有 80 分贝的噪声也可以拉开人与人之间的身体距离。如果居住环境遭受着较大的交通噪声,那么邻居间的非正式交往也会相应减少。现代都市生活中,人际交往的频率和质量都远远低于乡村中的居民,这一定程度上也可能是都市里的高噪声所导致的。噪声还可能使人们对他人产生更多的消极评价,对他人作出极端的、不成熟的判断。研究者认为,噪声会增大环境刺激负荷程度。噪声使人们的注意力变窄,因此人们只能关注有限的重要刺激,对别人的注意力也就随之减少了。

2. 噪声与攻击行为

关于攻击的理论一般认为,人们的唤醒水平对攻击行为有一定的中介作用,在可能产生攻击行为的情况下,个体的唤醒水平与其攻击行为的强度呈正相关。由此可以推论,噪声能增加人们的唤醒水平,也会使那些已经具有攻击意图的个体表现出更强的攻击行为,Green 和 O'Neal 的研究验证了上述假设。[①] 他们给被试播放暴力倾向的职业拳击赛电影,然后通过电击他人以检测被试的攻击性。在电击实验中,被试误以为可以通过电击设备对他人实施电击(实际上电流没有发出去),电击对象由实验助手扮演,根据电击的程度装出痛苦的表情。被试选择的电击的强度、持续时间、次数作为攻击性的指标。在电击实验中,一半被试处于正常环境中,而另一半被试则接受突发的持续两分钟的 60 分贝的白噪声刺激。结果发现,与正常环境相比,处于白噪声条件下的被试具有更强的攻击性。在这一研究中,所有被试都通过暴力电影被诱发出攻击倾向,但是当具有同样攻击倾向的被试处于不同声音环境中时,他们的表现却有显著差异,这表明噪声使得具有攻击意图的人更倾向于表现出攻击行为。

噪声的可预见性和可控性会影响人们的情绪体验,而关于攻击性的研究也发现,不可预见的和不可控的噪声更容易促发攻击性行为。研究者同样采用虚假电击的方法,让被试先后处于 55 分贝或 95 分贝的不可预见的突

---

① Russell G. Green & Edgar C. O'Neal, "Activation of cue-elicited aggression by general arousal," in *Journal of Personality and Social Psychology*, Vol. 11, No. 3(1969), pp. 289-292.

发噪声环境下,并通过实验助手的无礼行为让一半被试感到气愤,而另一半则没有。结果发现那些愤怒的被试要比不愤怒的被试电击实验助手的强度高得多。噪声水平对非愤怒组的电击行为则没有影响。[①] 研究者还发现,通过告知其中一些被试可以随时结束突发噪声后,即使当愤怒被试处于95分贝的噪声环境中,攻击行为也没有增加。可见通过增加个体对噪声的控制感,就可以减少噪声对人攻击性的影响。

3. 噪声与亲社会行为

亲社会行为主要表现为助人行为。已有研究发现消极情绪会降低人们帮助他人的可能性,而噪声会引起人们的烦躁,因此,噪声环境下人们的助人行为也可能会减少。Mathews 和 Canon 直接研究了不同强度的噪声对助人行为的影响。[②] 三组被试分别处于45分贝的正常噪声、65分贝的白噪声和85分贝的白噪声下。被试到达实验地点后,被告知要等几分钟才能轮到自己,于是和另外一名被试(由实验助手扮演)一起等待。当主试召唤实验助手入场时,这名实验助手佯装把报刊不小心掉在地上。该实验把被试是否帮助捡起报刊作为助人的指标。结果发现,在正常噪声下,72%的被试表现出助人行为,65分贝噪声下为67%,而85分贝噪声下仅为37%,这表明越是吵闹的环境,被试的助人行为越少。

噪声之所以降低人们的助人行为,可能是因为当人们集中于比较重要的事情时,噪声会减少人对于其他不太重要的刺激的注意,使人注意的范围变窄。研究者曾设计了两个场景,在一个场景中实验助手在下车时掉落一叠书本,而另一个场景中,为了强调实验助手很需要帮助,他的手臂上打着石膏。两个场景分别在由割草机控制的低噪声和高噪声两种环境下发生,实验者记录帮助他捡起掉落书本的人数。结果显示,当掉书人的胳膊没有打着石膏时,不管噪声的高低,助人行为的概率都比较低(15%)。但当掉书人胳膊上打着石膏时,高噪声比低噪声使助人行为由80%降低至15%。显

① Edward Donnerstein & David W. Wilson, "Effects of noise and perceived control on ongoing and subsequent aggressive behavior," in *Journal of Personality and Social Psychology*, Vol. 34, No. 5(1976), pp. 774-781.

② Kenneth E. Mathews & Lance K. Canon, "Environmental noise level as a determinant of helping behavior," in *Journal of Personality and Social Psychology*, Vol. 32, No. 4(1975), pp. 571-577.

然即使是比较重要的情景下,噪声依然会减少人们对他人需要帮助的线索的注意。

与攻击性行为相似,研究者发现,增强人们对噪声的控制感也可以减少噪声对助人行为的抑制作用。Sherrod 要求被试参与一个校对任务,并通过磁带播放数字来产生噪声。[①] 有三种实验情形:①在播放数字时伴以令人愉快的海浪声,此为控制条件;②在播放数字时添加一种爵士乐和朗读散文的声音,此为复杂的噪声条件;③噪声环境与条件②相同,但是告知被试,他们可以随意关掉录音机,从而获得对噪声的控制感。被试在校对了 20 分钟后离开实验室时,实验人员向被试走去,请求被试帮助填写一个实验表格。结果发现当被试对噪声有控制感时要比被试没有控制感时更容易表现出助人行为。

综上可见,噪声对人们诸多社会行为均具有影响。因此,通过控制噪声可以改善人们的社会行为,促进人际交往,形成和谐的人际关系,这对个人以及对整个社会都有着重要的意义。

(三)噪声的心理后效和恢复

噪声对心理机能并非仅是即时的影响,当噪声消失后,它对人们的影响并不会立即消失,而会影响到后续的作业。在一个研究中,研究者要求一组被试在解答智力题(有些智力题不可能解决,通过记录被试的坚持时间来考察其挫折承受力)之前先接受 108 分贝的、不可预见且不可控的噪声刺激,结果显示,这组被试的挫折承受力只有正常情况下的一半甚至三分之一。随后的测试也表明,与那些不受噪声刺激的控制组以及接受可预测或可控制噪声的实验组相比,被试在完成任务时犯了更多的错误。显而易见,噪声不仅具有即时的影响,其后效也同样严重。

噪声后效的产生可以由唤醒理论解释。当噪声这种唤醒刺激停止后,唤醒还将持续一段时间。这样,滞留的唤醒就能引起后效。但是这种后效并非是不可逆的,相反,可以通过自然的力量或适当的调节得以恢复。研究者在被试遭受一段噪声后,分别给他们呈现自然视频(伴随有河水声的自然风景)、河流的声音和持续的噪声。结果发现,那些观看自然视频的被试要

① Drury R. Sherrod,"Crowding, perceived control and behavioral aftereffects." in *Journal of Applied Social Psychology*, Vol. 4, No. 2(1974), pp. 171-186.

比继续听噪声或水声的被试感到精力更充沛,状态更良好。(Jahncke, et al., 2011)自然对人们的身心有着神奇的恢复效果,欣赏一个自然景观,甚至仅仅是看自然景色的照片,都具有复原的效果。尽管研究者对于自然恢复功效的机理还存在争议,但它依然是一个行之有效的途径。除了自然景色,另一项研究也发现,即使在办公室内摆放绿植,也可以使人的精力更集中,不容易产生疲劳。人们在图 7-4 所示的具有绿植和鲜花装饰的房间中要比在没有装饰的房间中的工作效率更高。(Raanaas, et al., 2011)所以,为了对抗日益严重的噪声污染,人们可以在闲暇时间到大自然中降低噪声对自己产生的不利影响,也可以通过装点居室环境,使个体从噪声后效中得以尽快恢复。

图 7-4　办公室内摆放绿植可以提高作业成绩

五、噪声对正常生活和工作的影响

噪声不仅危害人们的身心健康,同时对生活和工作也会造成不利的影响。

(一)妨碍睡眠与休息

噪声对睡眠的影响主要表现为对入睡时间和深度睡眠两个方面的影响。研究发现,在噪声强度为 35 分贝的地方,人们的平均入睡时间为 20 分钟,熟睡时间占整个睡眠时间的 70% ~ 80%,而在噪声强度为 50 分贝的地方,平均入睡时间长达 60 分钟,熟睡时间也只占 62%。另一方面,噪声对深度睡眠也有影响。尽管人们处于深度睡眠中时没有清晰的意识,但研究者发现,在45分贝的噪声背景中,睡眠者会产生觉醒反应,其熟睡度降低。在炎炎夏日,人们可能会通过空调来降温,但在享受适宜温度的同时,不少居民却饱受空调噪声的影响。现在我国通行的空调噪声标准为室内机不高于48分贝,室外机不高于58分贝。显然,如果空调厂家不按照这个标准进行生产,那么空调噪声对人们睡眠和休息的影响是难以避免的。

(二)干扰言语交谈

　　噪声给工作带来的另一个严重问题是会干扰人们的交流。当不同的听觉信号同时出现时,人耳常常很难区分,这种现象称为掩蔽(masking)。噪声对听觉信号的掩蔽作用,会降低言语的清晰度,影响到人们的交谈。研究者发现,当多种声音混合出现时,如油印机的声音、计算器的声音、打字机的声音、两个人用西班牙语谈话的声音、一个人用美式英语说话的声音,人们就完全分辨不出这些声音了。由人讲话声组成的背景噪声对人们的交谈声具有更为严重的掩蔽效应。在噪声掩蔽之下,人耳难以听见一些言语信息,或者听不清,分辨不出。噪声对那些频率接近的声音的掩蔽作用最大。人们平时讲话交谈时最常用的声音频率为500～2000赫兹,因此在这一频谱范围内的噪声对言语通讯的影响最大。例如,教师在课堂上讲课的声音就很容易被与其频率相似的学生的窃窃私语所掩盖。虽然噪声的掩蔽现象会干扰人们的言语通讯,但有时人们却可以利用声音的掩蔽现象来降低噪声的影响,例如利用持续的风扇嗡嗡声或摇滚音乐声来掩蔽烦人的噪声。

(三)影响工作效率

　　噪声对人们的工作效率也具有明显的影响。在嘈杂的噪声环境里,人们可能会心情烦躁,注意力分散,反应迟钝,工作容易疲劳,这就会造成劳动生产率的下降和工伤事故、工作差错的增多,从而影响经济效益。一般认为,噪声对工作质量的影响要比对工作数量的影响大,对不熟练的工作比熟练工作的影响大。噪声对学校、图书馆和医院的工作绩效有严重的影响,对脑力劳动的影响要比对体力劳动的影响大。噪声对简单重复作业的绩效影响不大,有时反而会有促进作用。比如,在购物商场中,适当的噪声刺激可以促进人们的购物欲望。耶克斯—多德森定律和唤醒理论都认为,唤醒个体的噪声能在一定程度上提高人们完成简单任务的效率。但是,高水平的唤醒会干扰复杂任务,而且极高水平的唤醒也会干扰简单任务的成绩。显然,这一定律也适用于解释噪声所引起的唤醒对人们工作效率的影响。另外,噪声的强度、可预见性、可控性以及个体的性格等因素都会对作业成绩产生影响。因此,噪声对工作效率的影响不是单一的,而是一个多元交互的复杂作用。

第三节　噪声控制

噪声随着现代工业和交通事业的迅速发展而日益严重。幸运的是,越来越多的人开始关注噪声污染,这也促使国家相关部门制定了相应的噪声控制标准。但是至于如何评价噪声,怎样控制噪声的影响,如何提高居民的生活满意度,这些都是非常复杂的问题,需要多个领域相关人士的通力合作和不懈努力。噪声对人的影响不仅取决于噪声的物理特性(强度、频率、持续时间、起伏变化等),还与人们的工作环境、工作性质以及人们的情绪和心理状态有关。因此,对于噪声的评价要综合考虑物理、生理、心理以及社会经济等方面的问题,而制定的噪声环境标准也要结合不同地区、不同时间来加以区别。

一、噪声标准

噪声环境标准是为了保护居民的健康和生存环境,对噪声容许范围所作的规定。它是噪声控制和环境保护的基本依据。噪声标准的制定要以人对噪声的心理、生理反应及噪声的危害为依据。目前各国大都参照国际标准化组织(ISO)推荐的基数,并根据本国和地方的具体情况而制定了相应的标准。主要分为以下几种类型:听力保护标准、一般环境噪声标准和交通噪声标准。

(一)听力保护标准

噪声会引起听力损伤,严重时还会引起永久性噪声性耳聋,因此有必要制定听力保护标准。对于工作在噪声环境中的人来说,噪声的强度、频率以及暴露时间是重要的影响因素。在工厂环境中,噪声的强度和频率一般较难控制,所以人们通常通过限制工作时间来尽可能降低噪声的危害。如在同样强度的噪声背景下,每天工作 8 小时要比只工作 2 小时的危害大得多;在强噪声环境中工作的人,工龄越长,噪声性耳聋的发病率就越高。

国际标准化组织于 1971 年提出了噪声的允许标准。该标准指出,根据等能量的理论,噪声每增加 3 分贝,工作时间就应减半。对一周工作 6 天、每天 8

小时的工作制而言,允许连续噪声的噪声级为 85~90 分贝。表 7-2 是 ISO 建议的 85 分贝和 90 分贝两个标准下工作时间随噪声级变化的关系情况。

表 7-2　ISO 建议的噪声标准

每天允许暴露的时间(小时)	噪声级(分贝)	噪声级(分贝)
8	以 85 为标准	以 90 为标准
4	88	93
2	91	96
1	94	99
0.5	97	102

目前,许多国家都规定,当工人每天工作 8 小时,所承受的稳态噪声不得超过 90 分贝,也有一些国家规定其标准为 85 分贝,具体采用哪个标准还取决于国家的经济情况及现实可行性。以 90 分贝作为标准,只能保护 80% 的人不患噪声性耳聋,而 85 分贝的保护率则高达 95%。然而达到 85 分贝的标准比达到 90 分贝的标准要困难得多,噪声强度每降低 1 分贝都是非常艰难的,需要投入高昂的治理费用。[1]

(二)一般环境噪声标准

噪声会给我们的日常生活带来干扰,为了保证日常生活和工作的正常进行,还必须制定一般环境噪声标准。我国在 2008 年颁布了《声环境质量标准》,规定了五种类型的声环境功能区的环境噪声限值。(如表 7-3)

表 7-3　环境噪声限值[2]

声环境功能区类别		时段	
		昼间(分贝)	夜间(分贝)
0 类		50	40
1 类		55	45
2 类		60	50
3 类		65	55
4 类	4a 类	70	55
	4b 类	70	60

---

① 俞国良,王青兰,杨治良:《环境心理学》,人民教育出版社,2000 年,第 165 页。

② 环境保护部,国家质量监督检验检疫总局:《声环境质量标准》(GB 3096—2008).2008 年 8 月 19 日发布,2008 年 10 月 1 日起实施。

　　按照区域的功能特点和环境质量要求,声环境功能区分为五种类型:①0 类声环境功能区,指康复疗养区等特别需要安静的区域;②1 类声环境功能区,指以居民住宅、医疗卫生、文化教育、科研设计、行政办公为主要功能,需要保持安静的区域;③2 类声环境功能区,指以商业金融、集市贸易为主要功能,或者居住、商业、工业混杂,需要维护住宅安静的区域;④3 类声环境功能区,指以工业生产、仓储物流为主要功能,需要防止工业噪声对周围环境产生严重影响的区域;⑤4 类声环境功能区,指交通干线两侧一定距离以内,需要防止交通噪声对周围环境产生严重影响的区域,包括 4a 类和 4b 类两种类型,4a 类为高速公路、一级公路、二级公路、城市快速路、城市主干路、城市次干路、城市轨道交通(地面段)、内河航道两侧区域,4b 类为铁路干线两侧区域。表7-3 中4b 类声环境功能区环境噪声限值,适用于 2011 年 1 月 1 日起环境影响评价文件通过审批的新建铁路(含新开廊道的增建铁路)干线建设项目两侧区域。对于穿越城区的既有铁路①干线和对穿越城区的既有铁路干线进行改建、扩建的铁路建设项目,在铁路干线两侧区域不通过列车时的环境背景噪声限值,按昼间 70 分贝、夜间 55 分贝执行。各类声环境功能区夜间突发噪声,其最大声级超过环境噪声限值的幅度不得高于 15 分贝。

(三)交通噪声标准

　　因为具有流动性,交通噪声是城市里影响范围最大的一类噪声,而机动车辆噪声是最主要的交通噪声来源。世界上许多国家都制定了机动车辆的噪声标准,我国也于 1980 年颁布了机动车辆噪声标准。该标准分为两个,标准Ⅰ为 1985 年前生产的机动车辆应符合的标准,标准Ⅱ是 1985 年 1 月 1 日后生产的机动车辆应符合的标准。2002 年,我国又对此标准进行修订,制定了《汽车加速行驶车外噪声限值及测量方法》,规定了 2002 年 10 月 1 日起至 2004 年 12 月 30 日期间以及 2005 年 1 月 1 日后生产的汽车加速行驶时车外噪声限值,取代了上述标准。《汽车加速行驶车外噪声限值及测量方法》规定:汽车加速行驶时,其车外最大噪声级不得超过表 7-4 规定的限值。表中符号的意义分别为:GVM——最大总质量(t);P——发动机额定功率(kW)。

---

　　① 既有铁路是指 2010 年 12 月 31 日前已建成运营的铁路或环境影响评价文件已通过审批的铁路建设项目。

表 7-4　汽车加速行驶车外噪声限值

汽车分类	噪声限值 dB(A)	
	第一阶段	第二阶段
	2002.10.1~2004.12.30 期间生产的汽车	2005.1.1 以后生产的汽车
M₁	77	74
M₂(GVM≤3.5 t),或 N₁(GVM≤3.5 t):		
GVM≤2 t	78	76
2 t<GVM≤3.5 t	79	77
M₂(3.5 t<GVM≤5 t),或 M₃(GVM>5 t):		
P<150 kW	82	80
P≥150 kW	85	83
N₂(3.5 t<GVM≤12 t),或 N₃(GVM>12 t):		
P<75 kW	83	81
75 kW≤P<150 kW	86	83
P≥150 kW	88	84

说明:
　a)M₁,M₂(GVM≤3.5 t)和 N₁ 类汽车装用直喷式柴油机时,其限值增加 1 dB(A)。
　b)对于越野汽车,其 GVM>2 t 时:
　　如果 P<150 kW,其限值增加 1dB(A);
　　如果 P≥150 kW,其限值增加 2 dB(A)。
　c)M₁ 类汽车,若其变速器前进挡多于四个,P>140 kW,P/GVM 之比大于 75 kW/t,并且用第三挡测试时其尾端出线的速度大于 61 km/h,则其限值增加 1 dB(A)。

二、噪声污染的控制手段

噪声对人们的身心都造成了严重威胁,但是噪声污染也并非不可控制。噪声是通过声波的震荡传播作用于人耳的,这个过程中,噪声源、传播途径和接受者三个要素缺一不可,否则噪声就不会对人造成影响。因此在噪声的防治思路上,人们可以通过控制噪声源,改变噪声传播途径以及加强个人防护等方面来降低噪声对人的伤害。

(一)加强对噪声源的控制

控制噪声最有效的方法莫过于从源头上消除噪声,也就是从声源上控制它。噪声源包括工业生产噪声、交通运输噪声、居民生活噪声等,这些声源的性质和发声原理各不相同,这就有必要针对不同的噪声,采取不同的控制手段。例如可以通过采用新的材料、研制新型的低噪声设备、改进加工工艺、加强行政管理来加以解决。在工业生产中,用无声焊接代替高噪声的铆接,声压级可降低 30 分贝,用柴油打桩机取代压力打桩机可使噪声强度下降达 50 分贝。在交通运输行业中,采用电气火车,噪声可以降低约 10 分贝。在居民生活中,通过改进冰箱、空调等家电的发声系统,也可以大大降低噪声。此外,必要的个人修养也是控制噪声源的一个方面。例如,现代私家车数量每日剧增,导致很多城市道路堵塞,有些私家车主在遭遇堵车时,就会使劲按汽车的高音喇叭,这种突发的噪声对附近的居民会造成很大的干扰。可见,对于这些没有必要存在的人为噪声,人们完全可以通过个人的控制来消除。

(二)改变噪声的传播途径

由于某些技术上和经济上的原因,完全控制噪声源是不可能的。在噪声已经产生的前提下,人们可以通过改变噪声的传播途径来控制噪声。可以采取的措施主要分为声学措施和非声学措施两大类。[①]

声学措施就是在噪声的传播途径上设置障碍或者增加其传播中的消耗,使噪声传不到接受者处。主要有隔声、吸声和消声等措施。隔声就是利用屏蔽物把声音挡住,使之与接受者隔离开来。例如在高速公路两侧安装隔音板。屏蔽物主要有墙壁、门窗、隔音罩、隔音室等,为了达到理想的隔声效果,可采用双层或多层结构。吸声主要用于消除室内噪声。把一些吸音材料装在墙面、屋顶等地即可,这些吸音材料主要是一些多孔的饰面材料,能把声能转化为热能,从而达到降低噪声的效果。吸音法一般可使噪声降低 6 ~ 10 分贝。较为常见的吸声措施是铺厚地毯,悬挂吸音天花板,选用厚重的布料。消声就是用消声器来阻挡空气中声音的传播,以消除空气动力性噪声的一种有效方法。例如用毛巾、泡沫材料将打印机设备包起来,这可以让机器更安静地运行。

非声学措施就是在城市规划、建筑设计等方面采取的一些措施。首先,在城市规划中采取"闹静分开"的设计原则降低噪声。例如把居住区、学校、医院等对安静有较高需要的区域与繁华喧闹的商业区、娱乐场所、工业区分开布置。在厂区设计中,可以把需要安静环境办公的办公区与噪声较大的生产车间的距离设置较远。在建筑布局中,可以充分利用已有建筑的屏蔽效应,尽可能地降低噪声。图 7-5 是利用合理的建筑布局来阻挡噪声的例子。现代城市往往高楼林立,许多街道两旁就是高楼大厦,这就形成了一个

---

① 吴建平,候振虎:《环境与生态心理学》,安徽人民出版社,2011 年,第 209 页。

"噪声走廊",在这个"走廊"中的噪声会来回反弹,经久不消。因此采用合理的建筑布局是非常重要的。其次,可以利用地形和声源的指向性来降低噪声。例如把噪声源与需要安静的地方隔离在山坡或者沟壑两边,利用天然的屏障减少噪声的干扰;把需要安静的地方建在噪声源指向方向的反方向。此外,还可以通过绿化来降低噪声。为了达到降噪的目的,绿化带的高度大致应该是噪声源至要求安静地点的距离的两倍。绿化带的位置也应该尽可能靠近噪声源。在城市中,绿化带的宽度最好是 6 ～ 15 米,郊区为 5 ～ 20 米。1970 年,日本为克服喷气式飞机的噪声,在大阪国际机场周围沿滑道两旁种植了 3600 多株雪松、女贞树,最终使噪声降低了 10 分贝。可见绿化植物在美化环境的同时,还能有效地降低噪声。

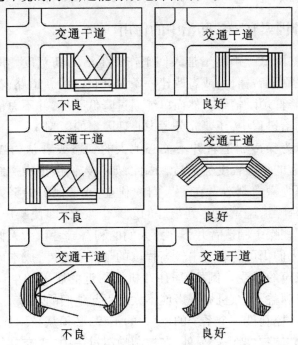

图 7-5　建筑布局示意图

(三)采取必要的个人防护

在声源和传播途径上无法达到降噪的要求时,在噪声环境下工作或生活的个人就必须采取合理的个人防护措施,这是一种经济而又有效的防控措施。主要有限制工作时间和戴防护用具两种措施。关于工作时间的限制,一般上在 90 分贝的环境中工作不能超过 8 小时。防护用具主要有耳塞、防声棉、耳罩和防声头盔等。例如,为了不受飞机飞行时强噪声的影响,可以戴具有降噪功能的耳塞或耳机。还有一种方式是运用准备声。它的原理是人们在接触噪声之前的几百毫秒内,先人为给予一个强度较大而又不会导致伤害的准备声,准备声会引起人们对后面噪声刺激的预期及代偿性反应,这样可使后面的强噪声带来的伤害减到最小。此外,还要充分考虑人对噪声的敏感性。人对噪声的耐受力是不一样的,有的人可以耐受较大强度的噪声,因此可以让他们去从事强噪声环境下的工作。同时,还可以通过举办培训班、开设讲座等多种形式,开展劳动作业场所健康促进活动以及宣传防治噪声的自我保护知识,使劳动者充分认识噪声的危害,树立牢固的安全和自我保护意识。

三、心理因素在噪声防治中的作用

一般来说,降低噪声能增加人们工作和生活的满意度。例如在居民区的公路两旁设立隔音栅栏,或者改建一条避开社区的新道路,都可以增加人们的满意度,降低烦躁情绪。然而单纯通过降低噪声,并不总能减少噪声烦躁。在噪声防治过程中,还要充分考虑心理因素的影响。

当人们认为噪声制造者并不关心他人的利益或者认为噪声有损健康时,噪声所引起的烦躁程度会更高。因此,如果人们能把噪声制造者降低噪声的努力解释为噪声制造者在乎人们的利益,或者他们的努力保障了人们的健康,那么降噪措施就能达到很好的效果。反之,即使噪声确实降低了,但人们认为那些噪声制造者并不在意人们的利益或者认为人们的健康依然受到威胁时,人们仍可能表现出较高程度的烦躁。此外,成本效益分析也会影响人们对噪声的感受。例如,居住在机场附近的居民如果认为机场会给他们带来经济利益,那么机场噪声就不太会引起他们的烦躁。

可见,噪声控制是一个系统的、复杂的工程,必须从技术、经济以及防治效果等方面加以综合考虑。另外,在控制噪声过程中,要充分与噪声接收者进行沟通,避免心理因素放大噪声的不利影响。

【反思与探究】

1. 概念解释题

(1)噪声;(2)噪声烦躁;(3)暂时性阈限移位;(4)永久性阈限移位;
(5)噪声掩蔽。

2. 简述题

(1)在你的生活环境中有哪些噪声?

(2)噪声对人的听力有哪些危害?

(3)噪声为什么会引起噪声烦躁?

3. 论述题

(1)如何有效地控制噪声污染?

(2)噪声对人们身心健康有哪些影响?

4. 讨论题

(1)录制一些模糊的声音——可以是任何声音,或至少来自不同的声源。然后把这些声音放给别人听,告诉他这是什么声音。例如,可以把一种响亮的"嘶嘶声"解释为电波的静电噪声或者牙医的电钻声。测查并讨论,对同一种噪声,当人们对其的解释不同时,噪声对人们所产生的影响是否不同,这背后的原因是什么。

(2)分别采访在噪声环境和安静环境下居住的人。例如,学校里有的宿舍离操场比较近,而有的宿舍则相对安静,可以采访在不同声音环境下居住的学生的生活满意度。然后考察噪声程度与生活满意度之间有没有直接的关系。实际分析噪声对人们的影响受到哪些因素的调节。

(3)如果你的同学时常抱怨噪声干扰了他的休息,导致他精神涣散,你该如何向他提供建议呢?

【拓展阅读】

1. 何存道:《噪声烦恼度调查研究》,载《心理科学通讯》1983 年第 6 期,第 41—44 页。

2. 张乐,梁宁建:《不同背景噪音干扰下的数字短时记忆研究》,载《心理科学》2006 年第 4 期,第 789—794 页。

3. Helena Jahncke, Staffan Hygge, Niklas Halin, et al., "Open-plan office noise: Cognitive performance and restoration," in *Journal of Environmental Psychology*, Vol. 31, No. 4(2011), pp. 373-382.

4. Ruth K. Raanaas, Katinka H. Evensen, Debra Rich, et al., "Benefits of indoor plants on attention capacity in an office setting," in *Journal of Environmental Psychology*, Vol. 31, No. 1(2011), pp. 99-105.

第八章　高密度和拥挤感

学习目标

1. 了解密度和拥挤的概念及二者的区别与联系。
2. 认识拥挤对人类和动物的影响效应。
3. 学习主要的拥挤理论分支以及拥挤整合理论模型。
4. 学习并应用消除拥挤感的主要方法。

引言

清朝末年,外强凌辱,民不聊生,一批批主要来自广东、福建两省的穷苦农民登上被称为"浮动地狱"的海船。华工贩子为攫取暴利,增加载运量,便在低矮的船舱里加上夹层,隔成几层的船舱使劳工的活动空间所剩无几,劳工们只好像罐头里的沙丁鱼一样拥挤地蜷缩在船舱内,"日则并肩叠膝而坐,夜则交股架足而眠",在海上漂流几个月来到美国加利福尼亚州做苦力。美国驻厦门领事希亚特在给其国务卿的信中写到从厦门起航到美国的船只超载华工的情况:"同非法奴隶贸易相比,(装载拥挤程度)毫无逊色。"有记载称,仅1852—1861年间4艘开往美国旧金山船只装载的2523名华工中,途中死亡人数就达1620人,死亡率高达64.21%。[①]

第一节　密度和拥挤

在环境心理学中,对拥挤概念的认识过程就是对"拥挤"和"密度"这两个概念的辨别过程。越来越多的研究者已认识到高密度物理状态并不完全等同于拥挤心理体验,并针对拥挤、密度纷纷提出了自己的观点,其中对密

----

① 转引自赵春元:《华工开发美国西部的功绩及其苦难》,载《中国工运学院学报》1992年第2期,第53页。

度的概念界定观点较为集中。Stokols 和 Kopec 认为,密度是指一种涉及空间限制的物理状态和在给定空间中对人口数的数学测量。① Napoli 等人则强调,密度是指一种涉及个人现有物理空间数量的表达方式。② 密度可被划分为社会密度、空间密度两种类型。前者可通过改变固定空间中的人数来操纵,后者则可通过在保持人数不变的情况下改变现有空间来操纵,重点强调某特定环境中人均拥有空间的大小。

有关拥挤的概念则多种多样,研究者从不同角度对拥挤进行了定义。Stokols 认为,拥挤是指当个体的空间需求超过实际空间供给时的一种心理压力不适状态,是有限空间中的个体的一种个人主观体验。其他研究者的观点包括:拥挤是指一种行为限制和行为干扰状态(Kopec,2006);拥挤是指一种个人无法获得想要的隐私水平、无法充分控制同他人之间社会互动的状态(Napoli, et al., 1996);拥挤是指一种源于社会的过度刺激状态或感觉超负荷状态(Desor,1972;Eroglu & Machleit,1990);拥挤是指一种按照由个人意识到某空间中存在着他人而导致的压力来衡量的心理状态(Dyck,2002)。我国学者俞国良等人则强调拥挤是指一种主观的、能产生消极情感的心理状态,且当个体觉察到给定空间中有过多的人时,拥挤感就出现了。③

总之,密度是一种可直接测量、不涉及人类感知并体现人均拥有空间面积大小的客观物理指标,同时,高密度作为体现空间不足的物理状态,是导致主观拥挤感的核心要素之一,但不一定会对情感及行为带来负面影响。作为对高密度和相应空间限制的知觉判断,拥挤则是一种难以直接测量,需经过人类知觉加工形成,伴随过度唤醒和生理、心理、行为等压力特征的表现,且导致系列拥挤负面影响的复杂心理体验和主观经验状态。

---

① Daniel Stokols,"On the distinction between density and crowding: Some implications for future research,"in *Psychological Review*, Vol. 79, No. 3(1972), pp. 275-277; D. A. Kopec, *Environmental psychology for design.* New York: Fairchild Books, 2006,pp. 19-79.

② V. Napoli,J. M. Kilbride & D. E. Tebbs, *Adjustment and growth in a changing world.* St. Paul:West Publishing, 1992,pp. 237-238.

③ 俞国良,王青兰,杨治良:《环境心理学》,人民教育出版社,2000 年,第 178 页。

第二节　拥挤对人类和动物的影响

从总体来看,国外对拥挤的研究经历了一个由简单到复杂、由单一到整合的发展过程。绝大多数早期研究将"拥挤"等同于"高密度",只注重考察拥挤的客观层面(如密度、个人空间),却忽略了"主观拥挤"相对而言所具有的多元性、复杂性。虽然一些研究者采用将简单任务作为因变量进行的早期研究并未发现高密度会影响任务完成(Neitch & Arkkelin,1995),但是在增加任务复杂性、信息加工水平或人员互动程度之后,高密度不但会损害认知任务的成绩,而且会导致各种负面的生理和心理影响。随着对拥挤现象、拥挤产生机制及拥护理论认识的深入,研究重心逐渐由以"密度""个人空间"为代表的拥挤的单一客观层面,转向对于以下深层问题的探讨:"知觉到的主观拥挤压力"的产生机制、构成维度和影响作用(Hui & Bateson);密度和拥挤之间的调节因素和相互关系(Edwards, Fuller, Sermsri & Vorakit-phokatorn,1994);客观拥挤和主观拥挤对于各种生理、心理、任务表现的影响差异性(Chan,1999;Bruins & Barber,2000);等。

一、拥挤对动物的影响作用

拥挤对动物的影响作用多为早期研究的重点。上文提及,绝大多数早期研究将"拥挤"等同于"高密度"。在 20 世纪 60 年代和 70 年代初,心理学家就高密度对动物的影响进行了充分的研究,主要研究对象是老鼠。对动物来说,改变社会密度比改变空间密度能引发更有力的影响。这些包括生理的、行为的和情绪的。一般而言,动物对空间和食物等维生资源的激烈竞争,密度增加导致目标导向行为的干扰因素的增多以及接触各种引发行为干扰刺激的机会的增多等,都是产生这些影响的原因。

(一)高密度对动物的生理影响

研究表明, 在高密度环境下生活的动物,在生理上会受到负面影响。其中许多生理反应同一般适应综合征所引发的生理反应一致。例如,研究发现,在高密度环境下,动物会出现荷尔蒙分泌失常现象(Chapman, Christian, Pawlikowski & Michael,1998),并且免疫系统也会受到破坏(Kingston & Hoffman-Goetz,1996)。高密度也会导致动物的血压读数上升(Henry, Meehan & Stephens,1967;Henry,Stephens,Axelrod & Mueller,1971)。其他一些研究也表明高社会密度和高空间密度将会导致动物内分泌失调,这往往是一种应激指标。(Chaouloff & Zamfir,1993)高密度对内分泌功能所造成的一种严重后果就是它会削弱公鼠或母鼠的生育能力(Ostfeld,Candam & Pugh,1993)。研究发现,以啮齿类动物来说,在高密度的条件下,繁殖力会大幅度下降,生殖器官的大小和活动也受到负面影响。(Christian,1955;Davis & Meyer,1973;Massey & Vandenburgh,1890)公鼠在高密度环境下产生的精子数量要比在低密度下产生的精子数量少,高密度环境中母鼠的发情期要比低密度环境中母鼠的发情期来得迟一些。(Ostfeld,Canham & Pugh,1993)此外,怀孕的鼠类如果处在拥挤中,幼鼠的出生率较低,且幼鼠的情绪和性行为也会受到干扰(Champan,Masterpasqua,Lore,1976),在拥护环境中成长的幼鼠体型也相对要小一些。还有学者认为,过高的动物种群密度引起的长期刺激和压力增加使得肾上腺的荷尔蒙持续分泌,肾上腺增大,进而导致生理崩溃和死亡(Christian,1955;Christian,1963;Christian,Flyger & Davis,1960),美国东部大西洋海岸的马里兰州一个孤岛上的鹿群就出现过类似的现象。当鹿群繁殖到"人口过剩"的极点时,死亡率残忍地上升了。通过尸体解剖,发现这些动物的肾上腺有明显增大。

(二)高密度对动物的行为影响

一些有趣的研究发现:对高密度的操纵可以明显地打乱动物界正常的社会秩序,可影响动物的性行为、攻击行为、母性行为[1]和退缩行为。这一领域的先驱者约翰·卡尔霍恩在自己的著作中形象地描述了高密度是如何影响非人类动物的,他对挪威老鼠进行的实验是拥挤研究史上的里程碑。(Calhoum,1973)在这一实验中,老鼠被关在由4个相邻围栏构成的"观察室"中(如图8-1),并提供充足的食物及其他生活必需品,让它们生殖繁衍,直到数量过剩。

事实上,在观察室中个体数目的过度增加,对其中的所有"成员"都会产生负面影响,但这种影响在高密度围栏2和围栏3中却尤为严重。在2号和

---

[1] John C. Chapman,John J. Christian,Marry A. Pawlikowski,et al. ,"Analysis of steroid hormone levels in female mice at high population density,"in *Physiology and Behavior*,Vol. 64,No. 4 (1998) ,pp. 529-533.

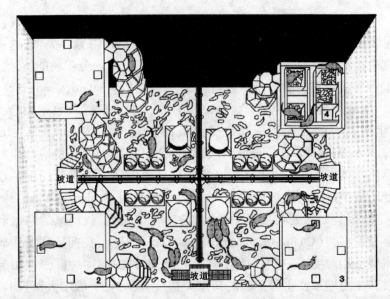

图8-1　卡尔霍恩在有关高密度对啮齿类动物行为影响的研究中所采用的"世界"

注：在围栏1和围栏4之间没有坡道，即所谓的"末端"围栏。这最终促成了在围栏2和围栏3中出现"行为消沉"现象。[①]

3号围栏中存在两个出入口，所以公鼠不可能建立支配权并防止其他鼠群的入侵，这会导致极度拥挤和正常行为的完全崩溃。卡尔霍恩把这种现象称为行为消沉（behavioral sink），并认为当一定面积内动物的数量超过该种动物能维持正常社会组织的能力时，动物群体自身就会发生不平衡，从而导致行为消沉现象。实验发现，在高密度的生活空间内，80% ~ 90%的幼鼠在断奶前便已夭折。而母鼠行为已经彻底变态，停止筑巢，整日同公鼠厮混在一起，完全忘记了自己作为"妻子"和"母亲"所应尽的职责，其母性行为受到严重干扰。发情期的母鼠被成群的公鼠疯狂地追逐，以致无法抵挡进攻，大批母鼠在怀孕或分娩期间死亡。公鼠出现三种变态行为：第一种是公鼠呈现出双性恋状态；第二种是公鼠呈现出极度社会退缩状态，完全忽略其他公鼠及母鼠；第三种公鼠作为"探察者"行为异常活跃、性欲极强、凶残无比甚至嗜食同类。高密度可大幅度地增加战斗和攻击行为。其他研究也表明，猴子、果蝇、猫、寄居蟹、猪、鸡、毒蜘蛛、沙鼠、蜻蜓、青蛙和可怕的阿利根

① John B. Calhoun, "Population density and social pathology," in *Scientific American*, Vol. 206, No. 2(1962), pp. 139-148.

尼树鼠(the Allegheny woodrat)都会在高密度之下表现出较大的攻击性。

二、拥挤对人类的影响作用

(一)拥挤感产生的情境前提

1. 物理情境前提

物理情境前提,即物理影响因素,是指通过自身独立作用或与其他因素交互作用,来增加或减少拥挤压力的空间与非空间物理情境前提因素。

(1)空间物理情境前提

①高密度

对于空间物理影响因素,一些研究通过改变空间密度或社会密度,探讨了短期和长期暴露于高密度环境下引起的拥挤相关反应,结果表明高密度有助于形成主观拥挤体验。可以说,高密度是形成主观拥挤感不可或缺的因素之一。例如,在 Edwards 等围绕泰国曼谷高密度的住宅对住宅环境主、客观拥挤关系展开的深入研究中,发现高密度和主观拥挤感之间具有中等(modest)相关关系,而且首次指出客观拥挤和主观拥挤之间的关系是非线性的,即两者之间存在着一种天花板效应(ceiling effect),使得当客观拥挤增加到一定程度时,其影响会明显减弱甚至完全消失。

另外,研究表明,高密度还能引发生理唤醒增加、任务绩效降低等负面影响。(Veitch,Arkkelin,1995;Gifford,2002)

②个人空间侵犯(invasion of personal space)

个人空间侵犯是拥挤感的一个精确而敏感的空间物理预测因素。长久以来,个人空间侵犯被众多研究者一致认为是导致主观拥挤感的重要核心因素之一。正如一些研究者指出,拥挤心理体验与其说是由在场的绝对人数造成的,不如说是由个人空间侵犯引发的[1],即个人空间侵犯可能是形成拥挤感的主要原因之[2]。

从 20 世纪 50 年代初至今,国外针对个人空间侵犯的实证研究已经长达

---

[1] Garry W. Evans & Richard E. Wener, "Crowding and personal space invasion on the train: Please don't make me sit in the middle," in *Journal of Environmental Psychology*, Vol. 27, No. 1(2007), pp. 90-94.

[2] S. P. Sinha, P. Nayyar & N. Mukherjee, "Perception of crowding among children and adolescents," in *Journal of Social Psychology*, Vol. 135, No. 2(1995), pp. 263-268.

半个世纪之久。相关的研究结果表明,个人空间侵犯会导致非语言的不适标志、被侵犯者的物理退缩(即离开侵犯场所)、在不选择离开且无法增大人际距离的情况下,为减少个人空间侵犯影响而进行的下列非言语补偿行为反应——减少目光接触、采用较为间接的身体取向、采用物体来制造自己与他人之间的界限、使用障碍物(如手臂)来阻挡他人等,[①]而以上反应受年龄、地位、相似性、侵犯者的身体取向、情景等因素影响。

（2）非空间物理情境前提

非空间物理前提因素主要涉及房间形状、隔板使用等建筑设计变量。一些研究表明,通过采用长方形设计、增设隔板、设置较高天花板等能够在一定程度上减少拥挤知觉。另外,少量针对住宅环境拥挤现象的研究曾尝试性地指出,对通风、光照、噪声水平及隔音设备、温度等非空间性物理环境因素的整体满意感同居民拥挤感的形成关系密切。通过排除上述非空间环境压力源所带来的额外刺激,良好的整体非空间物理环境评价可在一定程度上增强个体对他人存在的容忍性,并缓解由不良空间环境因素等导致的个体拥挤感[②]。

2. 社会情境前提

根据弗里德曼(J. L. Freedman,1975)提出的密度—强化理论(density-intensity theory),拥挤(此处单指高密度)本身对人们既不会产生积极影响又不会产生消极作用,而仅仅会强化个体对该情景原本具有的通常反应。例如,倘若最初身处友好而愉悦的环境,且对他人的存在作出积极反应,那么高密度情景将会进一步加强这种积极反应。换而言之,因为高密度本身只起加强作用而难以确定个体对某情景及其中他人所作出反应的性质,所以它不一定会造成普遍的负面影响。社会情境前提主要强调社会支持型人际关系。Nagar 和 Paulus(1997)曾在自编"住宅拥挤体验量表(residential crowding experience scale)"中指出,住宅成员间的积极关系和消极关系构成了

---

① Eric Sundstrom & Irwin Altman, "Interpersonal relationships and personal space: Research review and theoretical model," in *Human Ecology*, Vol. 4, No. 1(1976), pp. 47-67.

② Ying-Keung Chan, "Density, crowding, and factors intervening in their relationship: Evidence from a hyper-dense metropolis," in *Social Indicators Research*, Vol. 48, No. 1(1999), pp. 103-124.

"知觉到的拥挤感"内部机制中的两大核心维度。[1] 此类关系因素在负面物理空间因素引发居民拥挤感的形成过程中发挥着重要作用。这一方面验证了弗里德曼的密度—强化理论,另一方面则暗示着由良好社会关系带来的社会支持(social support)在缓和拥挤压力影响方面所具有的显著作用。

众多研究者一致指出,社会支持在压力调节方面具有重要作用。根据由科恩和 Wills 首先提出的"社会支持的缓冲模型(buffering model of social support)",作为缓和压力的一种有效手段和应对资源,社会支持通过减少压力事件的负面影响对处于压力环境中的个体起着保护性的缓冲作用。[2] Sinha 和 Nayyar(2000)的一项考察印度老年人群体"家庭环境知觉"和"个人空间需求"影响因素的研究验证了"社会支持的缓冲模型",其结果表明,拥有较高水平社会支持的参与者不但会作出更加积极的家庭环境评价,而且会因为将高密度环境下过多的社会互动界定为不具威胁性质、不会导致其"个人空间需求"减少,而使得其所感受的拥挤体验、拥挤负面影响降低。可见,暴露于拥挤压力源人群之间的社会支持本身可以作为缓解拥挤压力的重要资源。[3]

3. 个人情境前提

除了年龄、性别两类常规的个人因素变量外,[4]产生拥挤感的个人情境前提主要包括以下特殊变量:

(1)暴露于拥挤压力源的时间

涉及该变量的大量实证、理论研究一致表明,经历拥挤压力源的时间越长,相关拥挤负面影响便越明显。首先,在压力源存在现场环境下的即时拥挤影响方面,初期典型研究可参照 Baum 等人(1978,1981)和 Fleming 等人

---

① Dinesh Nagar & Paul B. Paulus, "Residential crowding experience scale-assessment and validation,"in *Journal of Community and Applied Social Psychology*, Vol. 7, No. 4(1997), pp. 303-319.

② Sheldon Cohen & Thomas A. Wills, "Stress, social support, and the buffering hypothesis," in *Psychological Bulletin*, Vol. 98, No. 2(1985), pp. 310-357.

③ Sahab P. Sinha, P. Nayyar & Surat P. Sinha, "Social support and self-control as variables in attitude toward life and perceived control among older people in India,"in *Journal of Social Psychology*, Vol. 142, No. 4(2002), pp. 527-540.

④ W. C. Regoeczi, "Crowding in context: An examination of the differential responses of men and women to high-density living environments,"in *Journal of Health and Social Behavior*, Vol. 49, No. 3(2008), pp. 254-268.

(1987)针对大学生宿舍和周边环境长期拥挤现象实施的现场研究。结果之一表明,身处难以控制的拥挤环境时间越长,便越会加强动机缺乏负面影响,同时增强随即显示出的无助/退缩行为。

其次,在拥挤后效方面,Evans 和 Stecker(2004)的新近研究进一步指出,虽未经实证调研,但可在前人研究基础上作出下列尝试性推论——延长拥挤暴露时间可能会扩大无助性等负面影响的推广性,即强化相关拥挤后效。例如,在长期暴露于拥挤压力源之后,即使在低密度环境中也能显示出最初经受长期拥挤压力所导致的习得性无助等"去动机"影响。[①] 并且,上述假设同样符合随后 Vischer(2007)关于物理环境压力对工作表现影响研究的部分论述[②]。其中,长期令人烦恼的负面环境因素可被界定为能够引发压力的,具有稳定性、重复性、长期性特征的日常烦扰琐事(daily hassles)。此类负面环境因素的持续影响进而可能会造成一种延迟反应,使在去除压力源的情况下仍会影响行为表现。

(2)个人空间偏好

在实际拥有个人空间大小一定的情况下,个人空间偏好越大,越容易产生个人空间侵犯及形成主观拥挤感。早期实证研究一致表明,具有较大个人空间偏好的个体在高密度环境下更易产生各类拥挤负面影响(Dooley,1974,1978 & Aiello,et al. 1977),如表现出较强的生理唤醒、不安[③],以及在"改错"等任务上所体现的较差的工作绩效(Cohen,1980)。Rustemli(1992)也曾明确指出,拥有较大个人空间圈的个体通常会知觉到更多的拥挤感。Lawrence 和 Andrews(2004)通过对男子监狱犯人的调查研究,发现个人空间偏好与其知觉到的拥挤水平之间呈显著正相关的关系。

(3)对高密度情境的过去经验

对某项高密度情境的个人经验会影响人们对其他高密度情境所引发的

---

① Gary W. Evans & Rachel Stecker,"Motivational consequences of environmental stress,"in *Journal of Environmental Psychology*,Vol. 24,No. 2(2004),pp. 143-165.

② Jacqueline C. Vischer,"The effects of the physical environment on job performance:Towards a theoretical model of workspace stress,"in *Stress and Health*:*Journal of the International Society for the Investigation of stress*,Vol. 23,No. 3(2007),pp. 175-184.

③ [美]保罗·贝尔等:《环境心理学》(第5版),朱建军,吴建平等译,中国人民大学出版社,2009年,第291—292页。

苦恼的感受程度。该研究领域存在下列两大方向迥异的指导理论体系：

第一，反映关系理论体系。主要包括去敏感理论（desensitization perspective）和适应水平理论（adaptation-level theory）。前者由 Paulus 于 1988 年提出，强调个人如果在早期生活中曾经暴露于高密度情境，便会减少其对以后经历的高密度情境的敏感性。后者最初由 Helson（1964）提出，随后由 Wohlwill（1970,1974）将其应用于环境心理学，强调个人早期经历的环境状况能够造成其适应水平的改变，也就是说，同先前极少经历高密状态的个体相比，曾拥有高密度体验的个体可发展出一系列切实可行的应对措施并对随后的高密度环境作出更加积极的反应。[①] 总之，该理论体系表明，个人对当前负面空间环境因素的反应能够在一定程度上体现其对类似情境的过去体验引起的拥挤适应性、拥挤容忍性的增强和拥挤敏感性的减弱。

第二，补偿/平衡关系理论体系。主要包括接近性理论（immediacy theory）、刺激理论（stimulation theory）和压力适应代价理论（stress adaptive cost theory）。其中，接近性理论（Argyle 和 Dean）的互补性假设和刺激理论（Nesbitt 和 Steven）一致认为，先前经历的环境中存在的较高人口密度和较小可用空间会使个体处于"相对接近人际互动/相对充斥社会刺激"状态，这会使其在随后环境中产生通过增大个人空间需求来减少接近性的意愿，以对原先过为接近的状态加以补偿，使整体刺激减少到个体想要的水平上，最终令其"接近性/整体刺激水平"达到平衡状态。[②] 因此，随后相同程度的高密度状态更易对其产生较大的负面影响，反之亦然。另外，属于相同解释方向的压力适应代价理论（Cohen, et al., 1986）则主要强调，应对多种环境压力源的持续要求会造成疲惫及个人、社会资源损耗，这将降低个人应对更新环境需求的能力，同时对健康造成更大的负面影响。例如，Maxwell（1996）针对长期暴露于高密度家居环境和儿童看护中心环境的四岁半幼儿展开研究，结果表明，暴露于拥挤压力源的过去经验并未能增强人们对此的适应性，两种场所的拥挤环境压力源相结合实际上会增加对幼儿行为的干扰。

---

① Jing Zhou, Greg R. Oldham & Anne Cummings, "Employee reactions to the physical work environment: The role of childhood residential attributes," in *Journal of Applied Social Psychology*, Vol. 28, No. 24(1998), pp. 2213-2238.

② Robert Gifford & Paul A. Sacilotto, "Social isolation and personal space: A field study," in *Canadian Journal of Behavioural Science*, Vol. 25, No. 2(1993), pp. 165-174.

(二)主观拥挤感形成的重要心理历程——知觉到的控制

控制(control)被广泛认为是一种重要的人类驱动力,并且通常定义为显示个人环境的权能、优势性和控制性的需要。① 其中,"知觉到的控制(perceived control)",作为控制的一大类别,强调的不是在真实生活场景中实施的客观性、实质性控制,而是从主观上认为自身具有对周围环境的控制力。正如 Aronson 等人和 Bullers(2005)指出:"知觉到的控制"是指一种描述普遍相信个人具有获得想要结果、避免不想要结果能力的社会心理概念,即强调相信自己可以用各种方式来影响周围环境,至于后果是好是坏,则取决于自己所采取的方式。该概念在宏观上分为组织、社区、超社区水平等,而具体针对环境压力源的研究则集中关注"个人水平上知觉到的控制"(简称个人控制)。

个人控制概念可被划分为下列三种不同类别:第一类认知控制(cognitive control),一方面强调通过在暴露于环境压力源之前正确提供压力源将出现的情景信息,以及其相应的生理、情绪、行为反应信息来增强整体的可预测性,另一方面则指通过在认知上对情景涉及信息进行重新阐释,使个体对知觉到的情景显得更加积极(Hui & Toffoli,2002)。第二类行为控制(behavioral control),主要强调拥有(或缺乏)化目标为行动的能力(Sinla & Nayyar,2000)。行为束缚、行为干扰理论模型均属于该概念范畴,特指负面空间环境压力源将阻碍行为控制的获得。第三类决策控制(decisional control),是指个人在某情景中对于方法、结果或目标所拥有的选择权。(Gifford,1987)例如,个人是否能够自由选择进入或离开充斥各类环境压力源的场所,或者在高、低密度的车厢中自由选择座位和通行同伴。

研究者认为,作为一项重要的压力应对资源,个人控制对各类压力源发挥着有效的保护、缓冲或调节作用,(Maier,2001;Veitch & Arkkelin,1995;Rathus & Nevid,1995)即当对压力源拥有较高个人控制水平的个体暴露于压力源时,会减少对其作出的威胁评价,并将进而减少与压力相关的负面生理、心理、行为表现影响。(Sinha & Nayyar,2000)对于拥挤环境压力源而言,个人控制通常被认为是高密度和拥挤感形成/拥挤影响之间关系的一项重

---

① Michael K. Hui & John E. G. Bateson, "Perceived control and the effects of crowding and consumer choice on the service experience," in *Journal of Consumer Research*, Vol. 18, No. 2 (1991), pp. 174-183.

要调节变量;换而言之,即使在高密度条件下,如果能够获得上述三种个人控制类型中的一种或多种,便会减轻拥挤压力。(Hui & Bateson,1991)其中,将多种控制类型或其中所属亚类型相结合(如认知控制＋决策控制,压力开始决策控制＋压力终止决策控制),将在特定的条件下有可能通过在更大程度上改善整体知觉到的控制来发挥更加有效的干预作用。正如 Aronson 等指出,个体感到不能控制或躲避拥挤引发的负面空间环境是产生压力的真正原因之一。个体对空间环境的较长期控制性的缺乏则将进一步引发"去动机"(即行为动机缺乏、行为努力减退)和"抑郁/消沉感"等系列习得性无助负面影响。[①]

(三)拥挤对人类产生的影响

(1)生理唤醒

情绪状态通常伴随着各类身体现象(心跳、血压、流汗、神经内分泌等生理变化)。Sartre 指出,这些客观生理现象是情绪体验的一个重要方面,因为一旦缺乏,情绪体验便可成为一种欺诈。因此,从拥挤研究开始至今,众多研究者均采用"生理唤醒"这一因机体有效应对拥挤环境压力源而生成的客观应激指标来确保研究的客观性、真实性。研究者通过实验室和现场实验对被试实施前测—后测来考察短期暴露于拥挤压力源后的生理唤醒指标,发现心率、血压、皮肤电、手掌排汗、肾上腺素、去甲肾上腺素、唾液皮质醇等指标均呈现上升趋势。(Legendre,2003)

(2)任务绩效、任务坚持性、抑郁感等负面情感体验

Evans 和 Wener(2007)针对 139 名高峰时期的火车乘客拓展性地实施了相关现场实验研究,研究的主要目的在于测定短期暴露于实验室或现场高密度状态后,被试立即解决困难或无法解答问题的坚持性。结果表明,对不可解决难题的坚持性随之降低。此外,一些研究结果还表明,任务坚持性随着长期居住场所密度的升高而降低。

另一方面,通过改变实验条件和任务类型,在短期实验室研究和短期/长期现场实验研究中发现,在下列两类情况下高密度可对任务绩效产生较为普遍的负面影响:第一类,任务足够复杂,需要高水平的信息加工或高水

平的认知技能;第二类,在完成任务过程中必须进行人际互动,特别是当他人的存在会阻碍任务所要求的自由走动时尤为明显。① 上述两种情况下高密度更容易产生负面影响的可能原因如下:①根据刺激/心理超负荷(stimulus/mental overload)理论的解释,高密度本身会增加成功应对身处环境的必须处理的信息的数量和复杂性,特别是对于以高刺激、高心理负荷为特征的复杂认知任务而言,在高密度环境下更易产生刺激/心理超负荷,进而降低任务绩效;②②根据唤醒理论(arousal theory)的解释,对于完成某项任务而言,存在一种最佳唤醒水平(optimal level of arousal),而复杂任务的最佳唤醒水平要低于简单任务的最佳唤醒水平,同时根据经典倒 U 曲线的假设,复杂任务在高密度环境下将更易产生绩效降低的影响;③根据行为束缚(behavioral constraint)/行为干扰(behavioral interference)理论的解释,在高密度情境下,特别是对于从事需要积极人际互动和来回走动的任务而言,他人在场将限制个人行为、行动自由,并阻碍/干扰任务目标的达成,最终可形成挫折感并造成任务绩效降低。以上几种解释在本质上均可归因为对环境控制性的缺乏导致的无助性动机缺失对任务绩效的负面认知影响。

对于负面情感体验而言,部分早期研究表明,对于复杂认知任务而言,暴露于拥挤压力源所带来的心理超负荷、行为限制等环境控制性缺乏可引发系列负面情感体验。新近研究为突破传统实验室研究的局限性,纷纷采用现场实验研究以增强结果的现实推广性。Bruins 和 Barber(2000)在超市现场测定"拥挤不适"的影响,结果表明,在高密度或低认知控制(未提供信息)情况下顾客在超市中会感到更加不适。Evans 和 Wener(2007)在火车上实施的现场研究结果表明,座位密度("同排就座人数"除以"该排所有座位数")与乘客情绪之间呈现显著负相关关系。

对于负面心理健康状态而言,Nagar 和 Paulus (1997)针对 298 名大学生被试实施住宿环境主、客观拥挤对于各类因变量关系的测量研究,结果表

① Douglas R. May, Greg R. Oldham & Cheryl Rathert, "Employee affective and behavioral reactions to the spatial density of physical work environments," in *Human Resource Management*, Vol. 44, No. 1(2005), pp. 21-33.

② Jan Bruins & Andrew Barber, "Crowding, performance, and affect: A field experiment investigating mediational processes," in *Journal of Applied Social Psychology*, Vol. 30, No. 6(2000), pp. 1268-1280.

明,相对于客观拥挤而言,主观拥挤更能充分而准确地预测心理健康因变量,同时,客观拥挤自变量和各类因变量之间的关系似乎受主观拥挤中介变量的影响和制约。另一项现场研究同样验证了大学生住宿环境拥挤体验与心理焦虑之间存在的密切关系。(Ndom,Igbokwe & Idakwo,2012)

第三节　拥挤理论

一、小型拥挤理论

(一)控制理论

行为限制理论(behavioral constraint theory)、行为干扰理论(behavioral interference theory)均属控制理论范畴,即强调在高密度环境下个体知觉到的控制和改变是形成拥挤体验的重要原因之一。这两种小型理论相辅相成、互为补充。行为限制理论重点关注拥挤环境对机体施加的真实或知觉到的行为限制。这通常是由减少或缺乏行为自由引起的,特别是当实际因素阻碍人们实现目标时,拥挤感将会增强。行为限制模式可分为三种基本步骤:丧失感知到的控制、心理对抗、习得性无助。(Veitch & Arkkelin,1995)行为干扰理论强调过小空间、过多人数或过多的社会互动妨碍人们达成直接目标,该目标导向活动受阻时,便会引发挫折感等。(Bruins & Barber,2000)

(二)刺激理论

1. 刺激超负荷理论

刺激超负荷理论(stimulus-overload theory)强调过量的刺激和环境信息可影响人们的认知能力,即高密度环境提供给个体知觉的信息量超过了一定刺激水平、最佳唤醒水平和人类有限的信息加工容量,就会使其注意力处于超负荷状态并令其经历感官超载,最终导致压力和唤醒。相关行为后效包括判断失误、挫折容忍性降低、利他行为减少、注意力减少、适应性反应能力降低等。(Kopec,2006;Cassidy,1997;Weiner,Freedheim & Millon,2003)应对刺激过量的措施有以离开高密度环境为特征的身体退缩、以忽略其他人存在为特征的心理退缩、忽略次要刺激、回避他人视线和无关紧要的社会交往等。该理论较为具体,在关注信息加工能力限制的同时,可对刺激过多所造成的社会、行为影响作出预测。

2. 唤醒理论

唤醒理论(arousal theory)的第一层面强调高密度和个人空间侵犯可增加生理、心理唤醒,主要表现为生理上的自主活动增加和自我报告的主观唤醒水平提高。同时,唤醒水平与任务绩效之间保持着倒 U 型曲线关系。(Cassidy,1997;Weiner,Freedheim & Millon,2003)该理论的第二层面关注对高水平身心唤醒的归因。Worchel(1978)提出的唤醒—归因理论认为,高密度、个人空间侵犯可引发高唤醒水平,如果个体将增加的唤醒归因于环境中他人的存在、他人与自身的距离过近,便会体验到拥挤感。唤醒理论有助于识别环境—行为关系中的生理、情感中介变量。

3. 适应水平理论

适应水平理论(adaptation level theory)通过个人最佳适应水平和可能适应范围的形式来解释个人—环境关系,是刺激超负荷理论、唤醒理论在逻辑上的拓展。该理论假设中等刺激水平可使行为绩效达到最佳水平,而过多或过少刺激则可对情感和行为造成有害影响,并且人们在不同时间、地点会适应不同水平的信息刺激。适应过程还说明若持续处于某刺激状态下,个体对该刺激的判断或情感反应将发生变化,例如同乡村居民相比,城市居民具有更强的高密度容忍性和适应性。因此,该理论还强调在适应水平上存在着个体差异。另外,当生活环境发生改变时,个体将逐步适应新环境中的理想刺激水平。总之,根据该理论,个人和环境之间保持着积极动态的关系。

(三)接近性理论

建立在补偿性假设基础上的接近性理论(immediacy theory)认为,个体体验过少或过多的亲密性时,会调节其行为以重建平衡。具体而言,若个体先前若经历相对远离(或接近)的人际互动距离,随后便将期待通过增加(或减少)接近性来对先前的距离行为加以补偿。①

(四)密度—强化理论

弗里德曼(1975)提出的密度—强化理论(density-intensity theory)指出,

① Robert Gifford & Paul A. Sacilotto,"Social isolation and personal space: A field study," in *Canadian Journal of Behavioral Science*,Vol. 25,No. 2(1993),pp. 165-174.

非极端高密度本身具有中性特征,只是扩大和加强了个体对该情景原本具有的最初反应,即假如环境中的某些事物令人感到愉悦,高密度将会加强这种愉悦感。也就是说,最初对他人若具有积极的反应,在高密度条件下将对他人具有更加积极的反应,消极反应亦然,如果因为某些原因个体对他人的存在漠不关心,增加密度就只会产生消极影响。

(五)隐私权调节理论

隐私权调节理论(privacy regulation theory)中的隐私权是指人与人之间划定出界限的方法步骤,个人或团体借此来规范与其他人之间的互动。① 该理论模式表明,当期待的隐私需求水平难以实现时,隐私控制机制将被暂时打破,高密度就会产生负面影响。

二、拥挤整合理论

在拥挤研究开始至今几十年期间内,许多研究者已分别针对拥挤产生机制的不同侧重点提出了上述众多小型独立拥挤理论。上述庞杂的拥挤理论交织在一起,会令迷惘的拥挤学习者和研究者感到无所适从,进而在更大程度上增加了拥挤研究的难度和复杂性。大量拥挤理论使读者感到迷惑的原因在于理论之间不仅解释的机制不同,其他各方面也有差异。例如,焦点各有所异:有的强调使人们将情景视为拥挤的物理环境特征,有的以拥挤感受产生时的心理历程为中心,有的则主要专注于拥挤的结果。在复杂度、分析层次、假设前提以及可验证性方面,众多理论各有不同。因此,很有必要对一系列分散的拥挤理论进行进一步整合,从而能够更加充分地体现拥挤内部机制的完整形态。

为此,在1977年针对拥挤进行的国际座谈会上,拥挤理论的分散性和注重方面的多元性受到了与会人士的充分重视,在初步明确各类拥挤理论的用途和侧重点的基础上,会议通过专家讨论的方式对各类拥挤理论进行了初步整合。建立在本次会议成果的基础上,Gifford(1987)首次提出了当时最为全面而系统的包括各种主要拥挤理论的框架。该拥挤整合理论模型

---

① Irwin Altman,"Privacy regulation:Culturally universal or culturally specific?"in *Journal of Social Issues*,Vol. 33,No. 3(1977),pp. 66-84.

框架涉及拥挤产生的情境前提、心理历程及拥挤影响三大完整拥挤内部机制层面(见图8-2)。在此基础上,Bell 等(2001)进一步提出了"在折中的环境—行为模式中高密度对行为的影响模型"(见图8-3)。

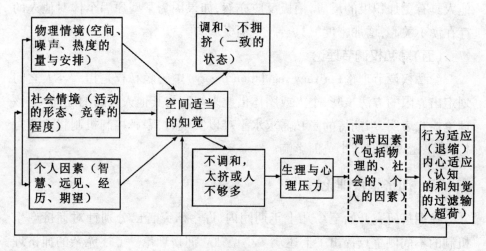

图 8-2　拥挤的整合模型

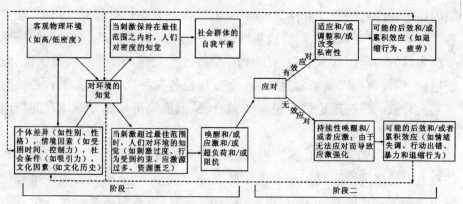

图 8-3　高密度对行为影响的概念化的折中环境—行为模型①

---

① [美]保罗·贝尔等:《环境心理学》(第5版),朱建军,吴建平等译,中国人民大学出版社,2009年,第310页。

第四节　拥挤感的消除

一、利用建筑设计变量降低拥挤感

研究者指出,能够通过控制建筑变量保护个人空间从而降低拥挤感。[1]可控制的建筑变量之一是房间形状。长方形房间更易保护个体前方的个人空间,因为较长房间的长度能使人们通过向后移动以恢复适当的前方距离,特别是当同陌生人进行互动之时,拥挤体验不会太强烈。然而,对于在各个方向上均具有同等大小的正方形或圆形房间而言,情况却并非如此。通过采用模拟法/投射法实验范式,Desor(1972)发现,同在正方形房间相比,在长方形房间中个体将体验到更小的拥挤感。[2]

可控制的另一建筑变量是心理障碍物。个人空间侵犯将促进个体为恢复适当人际距离而实施相应的身体移动,当无法实现身体移动时,个体便可设立心理障碍物,例如,避免目光接触、交叉胳膊、设置隔挡或将家具摆放在面前等,虽然这些障碍没有恢复适当的物理空间,但是它们似乎有助于恢复心理空间。因此,房间设计应当应用障碍物帮助个体保护个人空间。这些障碍物不一定是永久存在的或者在视觉上坚不可摧的,只需令个体从心理上感觉个人空间受到了有效保护。研究表明,上述临时设置的心理障碍物可有效降低拥挤体验。[3]

二、利用赋予社会支持降低拥挤感

根据社会支持的缓冲模型(the buffering model of social support),社会支

---

[1] Ying-Keung Chan,"Density, crowding, and factors intervening in their relationship: Evidence from a hyper-dense metropolis," in *Social Indicators Research*, Vol. 48, No. 1 (1999), pp. 103-124.

[2] J. A. Desor,"Toward a psychological theory of crowding," in *Journal of Personality and Social Psychology*, Vol. 21, No. 1 (1972), pp. 79-83.

[3] Daniel Stokols, Thomas E. Smith & Jeff J. Prostor,"Partitioning and perceived crowding in a public space," in *American Behavioral Scientist*, Vol. 18, No. 6 (1975), pp. 792-814.

持能够有效缓解压力影响,并增强人类对环境不利因素的适应程度。[1] 有五种常见的社会支持类别:①情感关注,即聆听他人问题,表现出同情、关心、理解和确信;②工具支持,即提供物质上的支持和服务;③信息支持,即提供能改善个人应对能力的认知指导;④评价支持,即对个人所做之事发表反馈意见;⑤社会化支持,例如简单对话、娱乐、有陪伴的购物活动。

拥挤压力对女性产生的影响较小。原因正是在于更加擅长建立社会支持网络的女性会更加自由地同他人分享拥挤压力,而遵从坚强、独立等传统的男性则倾向于对拥挤压力情境闭口不言。Lepore 等人和 Sinha 等人的研究发现,同样是面对高密度,拥有低水平社会支持的人具有较高的个人空间需求,较易产生负面生理反应,且较易将由高密度引发的过度社会互动视为是具有威胁性的。(Lepore, Evans & Schneider, 1991; Sinha & Nayyar, 2000)长期置身于高密度情境中,在高密度的负面影响下,人们需通过社会退缩以应对过多不想要的社会互动,缓解拥挤负面影响的社会支持网络遭到了瓦解,社会支持的缓冲作用消失了。[2]

三、利用知觉到的控制理论缓解拥挤感

研究表明,知觉到的控制通常可划分为认知控制、行为控制和决策控制,赋予高密度情境下人类一定水平知觉到的控制可有效降低拥挤感并缓解拥挤负面影响。[3] 日常生活实例证实知觉到的控制感能够有效缓解拥挤感。如,虽然音乐厅、迪厅、体育场的人员密度或许高于注册登记处人员密度,然而我们却能在这些场所度过愉快的时光,原因在于我们在对高密度情境特征具有准确预期的情况下,自主选择进入音乐厅、迪厅和体育场,并将注意力集中于欢乐时光,具有充分的知觉控制。那么,我们该如何通过赋予

---

① Sheldon Cohen & Thomas A. Wills , "Stress, social support, and the buffering hypothesis," in *Psychological Bulletin*, Vol. 98, No. 2(1985), pp. 310-357.

② Gary W. Evans, Stephen I. Lepore & Karen M. Allen, "Cross-cultural differences in tolerance for crowding: Fact or fiction?" in *Journal of Personality and Social Psychology*, Vol. 79, No. 2 (2000), pp. 204-210.

③ S. P. Sinha & P. Nayyar, "Crowding effects of density and personal space requirements among older people: The impact of self-control and social support," in *Journal of Social Psychology*, Vol. 140, No. 6(2000), pp. 721-728.

注册登记处人群知觉到的控制感来缓解拥挤体验？首先，应对"被迫前往登记处"这一不合理观点提出质疑。我们在自主决定前往登记处之前是否已确定排队等候的优点大于缺点？例如，通过排队等候，我们更有可能成功选择心仪的课程。自主决定性可有效确保知觉到的决策控制。其次，在实现对注册登记处高密度情境特征准确预测的情况下，我们能够提前计划打发等候时间的方法，例如阅读随身携带的小说、与一同等候的朋友聊天等，从而获得知觉到的认知控制。

四、利用唤醒的错误归因理论降低拥挤感

个人归因具有可塑性和灵活性，即个人能作出的归因能够被现存的环境线索控制。灵活运用唤醒的错误归因理论能够显著改变个人空间侵犯影响，从而有效干预拥挤负面体验并且在不增大空间的情况下降低拥挤感。假如个体的注意力能够从环境中存在的他人身上转移开来，他将不太可能将自身唤醒归因为这些环境中的其他个体。因此，同其他将注意力集中于周围其他人的个体相比，他们将会体验到较低的拥挤感。图画（Worchel & Teddlie，1976）、噪声（Paulus & Matthews，1980）、可引发唤醒的电影场景（Worchel，Esterson & Yohai，1977）等唤醒的错误归因均可将被试的注意力从群体中其他人身上转移开来。在被试因其个人空间受到侵犯而引发唤醒的情况下，这种由上述唤醒的错误归因引发的注意力转移可使人们不会将"个人空间侵犯所引发的唤醒"归因于"他人同自己保持距离过近"，进而阻碍拥挤归因、降低拥挤感。例如，篮球比赛中观众若将由个人空间侵犯引发的唤醒归因为比赛场地上振奋人心的比赛，便不会体验到拥挤感。再比如，乘坐公共交通设施时个人空间侵犯现象频频发生，而长期以来公交车、地铁内部经常张贴各类广告标识，根据唤醒的错误归因理论，如果这些标识涉及能够引发唤醒的刺激，使可被应用于缓解拥挤感。除此之外，另一种可能的拥挤干预机制是通过将其他人进行"去个体化"，其结果是个体对其他人的注意力降低，并且不再将其看作个体。[①]因此，在去个体化情境下，人们不会将自身唤醒归因为这些被"去个体化"的其他人，因此"去个体化"能够在个人

---

① Andrew Silke, "Deindividuation, anonymity, and violence: Findings from Northern Ireland," in *Journal of Social Psychology*, Vol. 143, No. 4 (2003), pp. 493-499.

空间受到侵犯的情况下减少拥挤体验。

【反思与探究】

1. 概念解释题

(1)密度;(2)拥挤;(3)个人空间;(4)行为限制理论;(5)行为干扰理论;(6)刺激超负荷理论;(7)唤醒理论;(8)适应水平理论;(9)接近性理论;(10)密度—强化理论;(11)隐私权调节理论。

2. 简述题

(1)简述密度和拥挤两个概念的区别与联系。

(2)降低拥挤感的方法有哪些?

3. 讨论题

(1)在中国本土文化背景下,拥挤压力概念的构成维度有哪些? 它是否为一类可通过因素分析揭示、体现特定现场环境长期拥挤压力内部机制的多维度层级系统?

(2)客观密度和主观拥挤之间的关系是线性的还是非线性的? 即两者之间是否存在着一种"天花板效应",使得当客观密度增加到一定程度时,其影响会明显减弱甚至完全消失?

(3)拥挤研究可为备受教育界关注的"缩减中学班级规模"教改措施提供本土化心理学理论与实证支持,班级规模额度设定于什么范围内在环境心理学意义上是合理的? 并且,在客观现实条件不允许减少班级人数、提高人均占有教室空间面积的情况下, 是否能够及如何通过建立班级社会支持型人际关系、赋予学生知觉到的控制感来缓解教室拥挤负面影响?

【拓展阅读】

1. [美]保罗·贝尔等:《环境心理学》(第 5 版),朱建军,吴建平等译,中国人民大学出版社,2009 年。

2. Megan L. van Wolkenten, Jason M. Davis, May L. Gong, et al, "Coping with acute crowding by *cebus apella*," in *International Journal of Primatology*, Vol. 27, No. 5(2006), pp. 1241-1256.

3. Gary W. Evans & Richard E. Wener, "Crowding and personal space invasion on the train: Please don't make me sit in the middle," in *Journal of Envi-*

ronmental Psychology, Vol. 27, No. 1 (2007), pp. 90-94.

4. Robert Gifford, *Environmental Psychology*: *Principles and Practice*. Canada: Optimal Books, 2002, pp. 139-170.

5. David A. Kopec, *Environmental Psychology for Design*. New York: Fairchild Books, 2006, pp. 19-79.

第三编　环境——行为问题及对策

第九章　环境型式

学习目标

1. 掌握主要的环境型式的特点。
2. 了解不同环境型式的设计原理。
3. 能够运用心理学原理对所处环境进行改造。

引言

"孟母三迁"的故事告诉人们，人不可能拒绝环境对你的影响，但可以选择较好的环境。同卵双胞胎的 DNA 十分接近，但长大后两个人的性格却不会相同，也是因为受到的环境影响不同。所处的自然环境不同，就会形成不同的性格。人们常说：一方水土养一方人，如北方人普遍比南方人体形高大，西方人普遍比东方人皮肤要白，这都是人们的生活环境决定的。大家都听说过"狼孩"的故事，"狼孩"刚被发现时，生活习性与狼一样，用四肢行走，白天睡觉，晚上出来活动，怕火、光和水，只知道饿了找吃的，吃饱了就睡，不吃素食而吃肉，不会讲话，每到午夜后像狼似的引颈长嚎。"狼孩"的事实，又一次证明了环境对人的影响力是何等重要。

噪声太大的环境会让人不舒服，完全寂静的环境人也不适应。完全舒适的声环境应该是休息时低于 35 分贝，活动时低于 45 分贝。比如睡觉的时候有背景噪声，无论是室外传来的还是室内传来的，在休息时不要高于 35 分贝。噪声在工作环境中，是一个有趣的因素。在有些工作中，它会造成压抑，从而干扰认知过程，降低工作效率，甚至是引发工作事故。可是，在另外一些场合，它对工作又有所帮助。例如在以青少年为对象的服装店里，如果这家服饰店的经理不让售货员们听一些响亮而激烈的摇滚乐,这些雇员们可能不会积极工作,也许会因此离职。由此可见,工作环境具有其特殊性,许多因素会因此被做成区别于其他环境的设计。心理学家注意他们叫作"工作空间包装"的东西,他们不仅考虑私密性和拥挤的因素,而且考虑照明,最适合于进行各种工作的椅子,办公桌椅相对于抽屉、文件和门之间的空间关系,工作表面的最佳高度等因素。

人类在工作、学习、生活中必须同各种环境打交道,这些环境会对人类环境产生什么样的影响? 本章会介绍不同的环境型式以及它们的特点及功能等。

第一节　自然环境

自古至今,人类一刻也没有离开过地球这个独特的圈层而独立存在。人类和自然环境有着密不可分的天然"血缘"关系。人类的生存发展,是以自然环境的存在和发展为前提的,同时,人类也在顺应环境的过程中不断地对自然环境进行着改造。本节内容,我们将重点讨论人类与自然环境之间的密切关系。

一、什么是自然环境

《辞海》对自然的定义是:天然;非人为的。对自然环境的定义是:环绕人类社会的自然界,包括作为生产资料和劳动对象的各种自然条件的总和,是人类生活、社会存在和发展的物质基础和经常必要的条件,它可以加速或延缓社会发展的进程。心理学家花费了大量的时间和精力去区分在众多相似环境下,哪些是自然环境,哪些是非自然环境。他们列举了自然环境不同于人工环境的许多方面。例如,自然环境中所见到的形态,柔软,循圆而动,易变化和不固定,并有较大变化范围的强度(如潮湿与干燥,炎热与寒冷)。自然环境多变,且包含着不断运动的物质,如云、水、树、太阳和月亮等,人类对自然环境种种现象的描述带有显著的自然特征,却难以控制,更难确定一个人人都能接受的、关于自然环境的定义。很显然,自然的概念看起来简单明了,但实际上却极其复杂。

二、自然环境优劣对人的发展的不同作用

1. 对人的生理的作用

生活在自然条件恶劣的地区的人,由于交通闭塞、资源缺乏、气候恶劣、地质突变等,其自身要付出更多的艰辛,从自然界直接获得的需要与满足较少,人的寿命相对来说较短;而自然条件优越的地区一般气候温和宜人、资源丰富,外部自然与人生理上的自然达到了某种和谐,符合人的生理自然性,能满足人的生存和发展的需要,促进人更好的发展。

2. 对人的心理的作用

一个人在旷野、荒凉的地方会产生失落感、恐惧感,以致心理防线全线崩溃;一个人在洁净、美丽的环境中会感到心旷神怡、精神振奋,会产生轻松感和愉悦感。这是因为人对环境有着不同的心理需要。马斯洛认为人有五种需要,即生理需要、安全需要、归属和爱的需要、尊重需要、自我实现需要。据此,人对自然环境的心理需要也可以分为五个方面,即生理需要、安全需要、发展需要、休闲需要、求美需要。恶劣的自然环境只能满足人最基本的需要,甚至有时连基本的生理、安全需要都不能满足,更无法产生向上的动力;而优越的自然环境则给人以积极向上的心理追求,达到求美、自我实现的需要,这些需要在一定的外部刺激之下产生一定的动机与行为,最终能够实现人更好的发展。

3. 对人的文化素质的作用

优越的自然环境可以给人一种美的感觉,满足人的审美需求,使人按照美的原则去优化自然环境。人们对优越的自然环境的利用、改造和保护,又促进人们思想道德的不断进步。要优化自然环境,不仅要大力加强美化环境的工程建设,而且还需要制定出一系列保护自然环境的措施。这些措施的实施会促使个人养成爱护环境、讲究卫生的良好习惯,使其公共道德和文明礼仪水平不断提高;能够培养其社会责任感和集体荣誉感,激发其热爱环境、关心集体的集体主义观念,让每一个人以主人翁的姿态投入到优化自然环境的活动中。总之,优越的自然环境,能够不断改善人的思想道德,焕发其良好的精神风貌,改变其不良的精神状态;而恶劣的自然环境则使人忙于满足自身的生理需求,维持个体生存,对文化素质的提高影响不大,对人的生存和发展不利。

三、自然环境对人的发展的不同作用的转化机制

自然环境优劣对人的发展有着不同的影响,优越的自然环境一般能加速人身心发展,而恶劣的自然环境一般会滞缓人的发展,但这并不是绝对的。优越的自然环境在一定的情况下也能使人意志消沉,进取心减退,反而滞缓人的发展;而恶劣的自然环境在一定的情况下也会激发人的斗志、磨炼人的意志,转而成为实现人的发展的有利因素。两种相反作用的转化遵循着一定的转化机制。自然环境与社会环境都是影响人的发展的外部因素,但同样的外部条件对人的发展有着不同的影响,这主要取决于主体自我素质。主体自我素质包括诸多方面:宏观上包含人的德、智、体、美四个基本方面,微观上包含人的个性、素质、爱好、兴趣、能力、特长等方面。从现实性的角度看,它又可以分为人的现实能力和潜在能力两个基本方面。这些因素,马克思统称为"人的丰富个性的全面发展"。正是因为主体这些自我素质的不同,才导致了自然环境对人的发展有着不同的作用。

1. 先天适应能力和个人磨合能力是主体自我素质的重要组成部分

先天适应能力是个人先天的一种潜在的能力,主要通过自然遗传等渠道获得;而个人磨合能力则主要是通过后天实践而成就的一种个体能力。不同的个体有着不同的先天适应能力和个人磨合能力。这两种能力,在自然环境对人发展的不同作用中,起着非常重要的中介转化作用。恶劣的自然环境对人的发展的滞缓作用在这种先天适应能力和个人磨合能力下,会不断减弱,反而有可能转变成为个体前进发展的外在动力;相反,如果缺失这两种能力,优越的自然环境对人发展的促进作用也可能会消失。同时,对不同的个体而言,不同的先天适应能力和个人磨合能力也可能会使自然环境对人的发展产生不同的影响。

2. 文化素质是主体自我素质的主要内容

文化素质中,思想道德素质和科学文化素质尤为重要,它们既是人发展水平的突出表现,又是人进一步发展的内在支撑。思想道德素质简称"德"或"德行",主要包括政治素质、思想素质、道德素质、品格素质。思想道德素质是文化素质的核心和灵魂,关系到怎样做人和做一个什么样的人的问题。科学文化素质是现代人素质结构中的主要内容,是人们认识世界和改造世界的本领,它包括合理的知识结构、具体的实践能力、科学的学习方法以及

创新思维和传承精神。这些都是个人成功开展各项活动、实现个人发展的重要条件。

自然环境对人的发展的不同作用的转化必须依赖其文化素质,不同的文化素养影响着自然环境对人的发展的不同作用。马加爵这个曾经是"天之骄子"的当代大学生,生活在优越的自然环境之中——云南拥有宜人的气候、诗画般的自然风光和多姿多彩的民风民情,而他所在的云南大学校园环境优美、温馨舒适,能够使学生获得赏心悦目的精神享受和多方面的有益启迪。但恰恰是生活在这种优越自然环境中的马加爵酿成了轰动全国的云南大学"2·23"特大命案,走向自我毁灭之路。在这个案例中,本来优越的自然环境对人的发展的促进作用却成了阻碍作用。两种不同作用的转化机制就在于没有将自然环境的优越性与主观自我的构建相结合。马加爵自我素质中对"人生意义"这一问题的缺失和无知,使其没有树立正确的人生观、价值观,即使是再优越的自然环境也不能实现其个人更好的发展。相反,同样是当代大学生的徐本禹,2003 年在华中农业大学毕业后,放弃研究生深造机会,义务到贵州省大方县贫困山区希望小学支教。恶劣、艰苦的自然环境并没有滞缓他个人的发展,相反,正是由于其自我素质中高尚的道德素养,使他明白人生真正的价值在于对社会的贡献,使他在恶劣的自然环境中磨炼了坚强的意志,树立了崇高的人生观、价值观,实现了自身的全面发展。

可见,优越的自然环境并不一定都能加速人的身心发展,而恶劣的自然环境并非必然滞缓人的发展,二者之间可以相互转化。要想实现人更好的发展,必须将自然环境与主体自我相结合。面对优越的自然环境,必须摆正心态,树立高远的志向,在顺境中加速自身发展,否则,即使自然环境再优越,主体自我素质不过硬也不可能更好地实现人的发展,在恶劣的自然环境中,也不要气馁,利用它磨炼自己的意志,化弊为利,在逆境中奋进,自我素质达到一定的积累,就可以实现人的全面发展,作出一番成就。①

四、自然环境中的风水心理

人类对自然环境的心理诉求一直在战胜自然与顺应自然的对立统一中

---

① 王顺顺:《自然环境对人的发展的不同作用之哲学探析》,载《温州职业技术学院学报》2011 年第 2 期。

徘徊。中国古代用了两种物质来描述我们生存的自然环境:一个是"风",一个是"水"。"风水"这个概念源自郭璞的《葬书》,"气乘风则散,界水则止",迎生气取旺气是风水的终端愿景,包含现代所说的有形、无形、人文、自然、抽象、具象等诸多方面的内容。

由此,我们可以就中国古代选择自然环境居住的"风水"作以下简单的描述:我国传统民居历来注重生态环境,我们的祖先总是尽量选择依山傍水、自然环境优越的地方建造住宅,并通过建筑结构的变化来改善日照、通风、温度,防止噪声侵扰和灾害侵入。在人居环境的创造中,自然界的山形水势、一草一木,常常被认为与房屋居住者的情感和命运紧密相连,好的风水意味着好的前景,坏的地理就预示着不祥的兆头,甚至住宅环境中某一物的存毁也关乎房主乃至整个家族的命运和情感。

当文明社会兴起后,中国人就开始把这些经验整理出来,记入典籍。成书于两千多年前的《管子》一书中,就有了这样的概括:"凡立国都,非于大山之下,必于广川之上。高毋近旱而水用足,下毋近水而沟防省。"中国人很重视水土对人们生活的影响,并采取了相应的对策。《管子》已认识到,土壤的性质、地下水的质量和埋藏深度等条件,都会影响植物的生长。水土对人的生活影响之大,给古代中国人印象之深刻,以致人们认为它不仅与人的身体健康有关,还对人的性格的形成有重要的乃至决定性的作用。《管子》中分析了若干地区的人的性格特点,结论都是与那里的水土有关。以上观点,不仅西方同时期的著作有类似描述,而且逐渐被现代科学所证实。例如,我国现代科学家李四光就作出过如此分析:"山路崎岖,往来行旅必要费许多的精力,且山上的气候往往比平原的气候变化更较为剧烈,所以山居的人民往往体力较大,并且富于坚忍耐劳之性。"但他同时也指出,不能把这些自然条件作为根本原因。与《管子》年代相近的西方人希波克拉底(公元前460—前337年)著有《论空气、水和环境》,也重视水和地面形态还有气候对人的体质以及精神世界的影响,其中许多观点与古代中国的环境地质观点相似。

五、对自然环境建设的启示

迄今为止,人类为居住环境所作出的努力大都集中于解决恶劣的地理条件给我们提出的难题,中国人利用祖先传承下来的顺应和改造自然环境的宝贵经验,在几千年的时空中同大自然作了很多有益的交流。然而,对于祖先遗留下来的宝贵遗产我们却没有很好地传承并发扬。一方面,现代社会中一座座庞大密集的"城市石林"以惊人的速度耸立起来,对西式建筑模式的一味模仿打破了中国人几千年的建筑模式,加之对于自然的过度索求,以至于走向了中国人一直信奉的"天人合一"的反面。另一方面,随着服务设施信息化发展,宽带网、电子保安设备等进入了社区并逐步普及。日益完善的信息服务设施,虽然便利了人们的居住条件,但关于磁场、辐射、采光、通风等自然能量的人文关怀还远远没有达到"天人合一"的诉求。人类和自然环境之间这种日益加剧的紧张关系,像以往一样依靠科学技术的力量,利用机械和物质的手段去解决已经很难。城市生态危机不可避免地摆在了世人的面前。

另外,由于科学技术发展牵动的巨大社会生产能力,已经接近可以穷尽某种不可再生自然资源的地步。人类生产和狂热消费过程中释放出的负能量——废水、废气、废渣、核污染等对自然环境产生的负面影响,已从整体上威胁到人类生存发展的可能性。地表损毁、资源枯竭、生物多样性的缺失,人类生存环境价值的降低等等,都达到了无以复加的程度。因此城市宜居、生态平衡等问题也提到了议事日程上来。

如今,我国正在向城镇化大踏步前进,这是一个伟大的社会变革,也是城市发展的重要关口和关键时刻。处理得当,城市就能健康地可持续地发展;处理不当,就会留下许多城镇化后遗症。鉴于我国人多地少,城市建设用地尤其紧缺,居住向空中发展势在必行。因此,应尽快集中最优秀的建筑学家、设计师、建材研发与制造者共同来研究生态宜居与自然和谐的建筑理论及实践经验,以期达到生态平衡、天人合一理论在现代文明进程中的初步诠释。

对城市化和工业化所已经带来和可能带来的负面效应,应当有足够清醒的头脑去注意、研究和防范。祖先留下来的宝贵遗产好不容易传到我们这一代,千万不要断送在我们的手上,更不要为了一时的利益预支和透支子孙万代的幸福。吸取先人一切有益的经验,寻求代价最小的效果,最好的生存智慧,应对环境危机。然则,形式绝非本源,真正达到顺应自然、利用自然、天人合一的目标还任重而道远,需要我们几代人甚至几十代人共同努力!

第二节　工作和学习环境

一、工作环境

正如本章引言中提到的,噪声在不同的工作环境中,会有不同的作用。工作是人实现个人价值的过程,工作环境对员工的工作情绪和工作效率都有着十分重要的影响。工作环境包括人文环境和物理环境,本节重点讨论物理环境。

(一)工作物理环境的影响

1. 工作物理环境与工作效率

20 世纪 20、30 年代,霍桑最早研究了物理环境对生产效率的影响。他认为影响工人生产效率的是疲劳和单调感等因素,于是当时的实验假设便是"提高照明度有助于减少疲劳,使生产效率提高"。可是经过两年多实验发现,照明度的改变对生产效率并无影响。

但是,研究人员并没有因此而放弃,从 1927 年起一批哈佛大学心理学工作者将实验工作接管下来,继续进行。他们就记录、心理作业、监控和操作等不同性质的工作进行了研究,发现物理环境对不同性质工作任务的效率影响不同。例如,高温度和噪声对心理作业的工作效率有负面影响,但是却有可能提高手工操作效率。

2. 工作物理环境与工作满意度

美国心理学家赫兹伯格提出了双因素理论,认为在管理中存在着激励因素和保健因素这两种不同类型的因素。其中保健因素是促使人们不产生不满的因素,与工作环境或条件密切相关,这些因素处理不当,或者说这类需要得不到基本的满足,会导致员工的不满,甚至会严重挫伤其积极性,而满足这些需要则只能防止员工产生不满情绪。从双因素理论我们可以看出,工作满意度和工作的物理环境是有一定关系的。而且,对物理环境与工作满意度之间的关系进行的实验研究,也证实二者间具有显著关系。其他研究也不断证实了这一结论。有学者认为,高质量的工作物理环境,可以提高员工的自我价值感以及他人对员工的评价,从而促进员工工作的满意度。

3. 工作物理环境与员工沟通

高效的组织管理需要三种面对面的沟通才能顺利进行,分别是协作式沟通、激发性沟通和非正式的场所性沟通。因此,防止物理环境中的消极性和破坏性因素,创造一种适合员工沟通的环境,便成了实施有序而高效管理的基本保证。公司中设计合理的休息室、餐厅等场所,可以起到促进员工非正式沟通的作用,提升员工间的凝聚力。每种沟通需求对场所的要求是不同的,在设计时要特别注意特定需求,其中方便沟通的功能性是设计的核心。

(二) 工作物理环境的设计

工作场所的整体物理环境设计,要考虑到对温度和噪声的控制。员工对温度的满意度取决于他们对制度的满意程度,不同的人对温度的需要不同,大多数时候,室温(也称为常温或者一般温度,一般定义为25℃)往往容易令人产生舒适和满意的感觉。另外一个需要考虑的因素是噪声。有研究表明,噪声可导致工作效率下降10% ~ 15%,对需要高度集中注意力的工作,如打字、速记和核对等的影响更为严重。对噪声的控制可以从声源、传播途径和接受者三方面进行。

在具体的办公室设计中,要考虑开放和私密的结合。办公室的开放性有利于员工间的监督,提高工作效率,而私密性可以提升员工对于工作物理环境的满意度。另外,办公室房间的大小、光线也会影响员工的工作效率。在办公室设计当中,还要考虑工作的性质以及办公室内人员所处的管理级别,受到这些因素的影响,办公室的功能要求也不同。

二、学习环境

(一)学校

从幼儿园开始到小学、中学和大学,我们在不同的校园进行学习,可以说学校是我们最常接触的学习环境之一,青少年的大部分时间是在学校中度过的。学校对学生有着十分重要的影响。

1. 教室

教室从发展上区分,可以分为传统式和开放式两种。传统式教室的教师讲台面对学生置于教室的最前面,学生在一定的时间内完成学习任务。这种教室的控制力较好。而开放式课堂采用一种更加自由的设计理念,可以让学生自由走动,它注意教室的功能性。开放式课堂在培养学生探究学习和创造力方面更具优势。但有研究表明,传统课堂的教学效果更好一些,低能力和低动机的学生更适合传统式课堂。

教室的物理设计,应当考虑光线、色彩等方面,每个因素的改变都有可能引起学生的变化。例如,地毯可能会使教室和学生的交往增加;明亮多窗户的教室,会提高学生的学习积极性。班级的人数不应过多,否则一方面会降低协作行为以及增加侵略行为,另一方面会因学生过多分散老师的注意力。学生的座位与学习成绩之间也存在着一定的关系,经研究发现,距离老师越近的学生成绩越高。

2. 操场

操场是校园内的重要公共活动场所之一,在这个环境中学生不但可以放松、锻炼,还可以进行人际交往,同样是学生学习知识和技能的重要学习环境之一。典型的操场有三种:①传统式操场,包括秋千、滑梯等我们熟悉的设施;②现代式操场,提供了移动的现代化设施;③冒险性操场,提供非常规的设施,如轮胎、画笔和采掘工具等,又称"废弃物操场"或者"无建筑操场"。有研究者通过改变操场的环境,来观察其对学生的影响。结果发现,随着操场环境的改变,学生的行为也受到影响。而且,不同年龄阶段的孩子,对于操场的使用情况和喜爱程度有所不同。所以,学校操场的设计应考虑学生的年龄特点。

(二)学习环境的设计

了解使用者对所在学习环境品质的感觉评价,可以采用评价地图的方法。评价地图不但可以揭示环境的可记忆特性,还可以表明共同的偏爱和对环境外观的改进建议。制作评价地图可以让一组被试在已准备好的校园平面图上,用规定的符号标出自己对建筑、场所喜欢与不喜欢的程度,以及认为美与丑的程度,并说明理由。为便于量化比较,最喜欢和最美定为 100 分,相对的最不喜欢和最丑定为 −100 分,从而可以用类似地形等高线的封闭曲线表示全体被试评价的统计结果。学生可以根据以上方法,绘制自己学校的校园评价地图,找出学校最受喜爱和最美丽的风景。

第三节　居住环境

一、居住满意度

我们对居住环境会有不同的感受和评价,具体可以综合反映在居住满意度上。居住满意度可以分为住房满意度和社区满意度两方面。

住房满意度关注住房内部实质特征、居民和空间的关系,如住房面积、房间尺寸、空间和私密性等。与住房满意度相关的研究,主要从以下几个方面进行:

(一)个人特征

1. 年龄

国内外研究均有老年人的住房满意度高于年轻人的结论,这可能因为老年人的期望和对房屋熟悉度与年轻人不同。但是,这并不意味着老年人的住房满意度就一定很高,例如,在人口密集的上海老年人与子女同住,由于拥挤、活动不自由以及私密性缺失的原因,老年人的住房满意度非常低。

2. 居住时间

一些发达国家的研究显示,居住时间越长住房满意度越高。但是在发展中国家,受到发展和经济等原因的限制,随着居住时间增长住房满意度反而下降。

3. 所有权

拥有产权会提高住房的满意度,这可能是因为具有所有权会提高居住人的安全感和归属感,而且有产权的居住者会对室内环境进行投资,根据个人的喜好进行装修。这都会提升住房满意度。

4. 经济条件

经济条件的高低会影响个体对居住环境的营造,所以经济条件高的居住人,其住房满意度会高一些。

其他一些因素,如性别、子女数量等也会影响居民的住房满意度。

(二)住宅特征

1.空间大小

空间大小是影响住房满意度最重要的因素之一。通常情况下居住面积越大,满意度越高。住宅面积应与家庭人口数结合在一起考虑,对法国进行的调查显示,影响人们住房满意度的重要因素是空间大小,特别是家庭人均空间,即人均居住面积和每间卧房人数。而从中国目前的情况看,居住面积可能是影响满意度的最重要因素。经研究发现,人均使用面积达到 13 平方米,认为住宅"狭窄"的家庭低于 40%,当人均使用面积为 15 平方米时该比例为 30%。这可能与高密集度会影响人们心理的多个方面有关。

2.私密性

私密性是健康居住生活的关键因素,保证最低的私密性是一个健康的居住环境的基本要求。私密性是人们控制他人接近其所在之处的能力和程度,进行环境设计时要首先考虑视觉私密性和听觉私密性。对住房者来说,有一间属于自己的房间是个人私密性的重要保证。

3.空间组织

我们根据功能的不同会设计不同的房间,如厨房、卫生间和卧室等,住房功能划分程度越高,住房品质越高,居住水平也越高。不同的功能空间要有不同的设计,经研究发现,可同时容纳两个人操作的厨房,设计上最好是直线,而独居的轮椅使用者的厨房最好设计成拐角形,而紧凑式设计的 U 型厨房其实会造成使用上的不合理。而卧室是集中体现私密性的一个房间,在设计中要考虑舒适性和私密性。另外,餐厅是家庭成员的共同活动区域,也是家庭成员间交流的重要场所,从功能分化的角度看,一个独立的餐厅势所必然。①

二、生态设计在现代居住环境中的应用

将生态设计观应用于居住环境的设计中,不但可以起到节能、环保的作用,还有助于居民养成追求绿色、充满爱心以及向往自然的生活习惯。近年来,人们在居住环境中也越来越多地体验到生态危机:与自然隔离、有毒建

---

① 徐磊青,杨公侠:《环境心理学——环境、知觉和行为》,同济大学出版社,2002 年,第161—164 页。

筑材料、建筑垃圾以及周而复始却又不甚健康的生活作息模式,这些都使我们的生活充满威胁与危机。科学研究表明,充足的自然光线、良好的自然通风、采用自然材料、可以直接或者间接接触自然环境,都能够使居住者身心更加健康并为他们带来更大的满足感,甚至会提高生产力。

(一)居住环境生态设计的两个层面

环境指"物"时是说建筑,而指"事"时,则指人的生活习惯。居住环境生态设计不但要注重技术方面的节能、环保,还包括空间对居住者生理、心理和行为以及生活方式的影响和作用,即生态设计包括了技术层面和生活方式的设计。

1.技术层面的生态设计

技术层面的生态设计有两大方面:一方面反映建筑对人的影响;另一方面反映建筑对环境的影响。建筑对人的影响主要包括:安全、便捷、合理的水电暖的基本设施,建筑的空间必须满足人的行为活动需要;建筑的保温、通风、采光和隔热满足人的基本生理需要和舒适度的需要。比方说室内温度湿度、空气的质量、照度等的配备需求,都是通过明确的数据以建筑法规的方式体现生态设计目标的。建筑对环境的影响体现在两个方面:一为环保,一为节约。将废气、废水以及垃圾等废弃资源合理地循环利用,减少建筑对周围现有环境的破坏,这是环保目标。节约目标涵盖范围有节约土地、节约能源(建材生产时、建造时、使用时和拆除时的节能,主要是电能的节约)、节约资源(指水的节约、建材的节约等)。

2.生活方式层面的生态设计

生活方式层面的生态设计是在建筑与自然融合的设计中,尽可能地使居住者亲近自然、体验自然,重新审视自然与人的关系,唤醒人类向往自然的内心,使人们的审美能力得到提升,健康状况得到改善。环境设计对于改变不健康的行为习惯(比如吃"垃圾食品",睡懒觉,沉迷网络游戏等)作用很大,可以令居住者对健康生活的本质有更深刻的理解。居住者需要增加对资源能源的知觉体验,自然环境日趋恶劣,资源消耗、能源的流动知觉可以使人们内心节约、环保的意识不断提升,进而形成健康的生活方式。

(二)生态设计在居住环境中的应用

目前,不少设计大师在生活方式层面的生态设计上取得了一些理论成果和实践成果,还有一些建筑师、事务所及相关研究机构致力于技术和材料方面的设计和研究。建筑发展以现代主义为主流是在 20 世纪,当时存在机械化工业化和推崇自然尊重传统两种理念,设计师中有一部分人徘徊于这两种理念之间,特别是住宅设计上,乡土化和自然主义成为主导,体现了生态设计的特点,尽管生态设计观还没有形成,可是在生活方式层面的实践设计中已经体现了生态设计的风格。弗兰克·劳埃特·赖特(F. L. Wright)设计的流水别墅是生态设计应用在居住环境上的典型作品,它所呈现的是现代主义在发展过程中的"崇尚自然""建筑适应环境"的生态特征,较于密斯、格罗皮乌斯设计的建筑冷峻理性的概念完全不同,赖特的流水别墅既推崇了自然的作用,又给居住者创造了舒适的并与自然亲密接触的优美场所。

2010 年世博会中,主题景观世博轴通过生态技术为园区实现冬暖夏凉的宜人空间。其设计巧妙利用巨大公共通道下面的桩基及底板铺设了 700 公里长的管道,形成地源热泵。地源热泵是一种利用地下浅层地热资源,既可供热又可制冷的高效节能空调系统,它利用世博轴靠近黄浦江的优势,引入黄浦江水作冷热源,用全生态绿色节能技术营造舒适宜人的室内环境。

三、老年人的居住环境

1865 年,法国 60 岁以上老年人口数量超过总人口的 10%,成为世界上第一个老年型人口的国家,之后美国、新西兰、日本和新加坡也先后进入老龄型国家。预计 21 世纪的中期,老年人将达到世界总人口的 20%。老年人口发展速度之快,给社会造成了很大的压力。出生率的迅速下降,医疗卫生条件的改善以及人们生活水平的提高也使中国开始了人口老龄化进程。根据第四次全国人口普查资料统计,上海市老年人口比例已经突破 13.96%,居全国之首。浙江省为 10.44%,江苏省为 10.24%,天津市为 10.21%,其老年人口比重均超过 10%,率先进入老年型省市。我国人口老龄化的速度非常快,具有起步晚、来势猛、发展快等特点。因此,研究老年人居住的问题,为老龄人创造一个积极的生活环境,让他们安度晚年生活,具有重要的作用。

(一)老人的行为特征

老年人主要进行以下几种活动:①社会交往、邻里间相互访问聊天;②继续承担力所能及的工作;③养花、鸟、鱼,练习书法、美术或写作等文化生活;④参加娱乐活动,如打牌、下棋等。老年人闲暇的时间很多,平均每天有5个小时。因此,老人们渴望互相交流,他们需要生活在社会中。通常老年人对居住区的交往空间布置要求很高。茶馆、老年活动中心、庭院是老人常去的地方,他们喜欢在热闹、安全、宽敞的空间里进行各种活动,有时还要显露一番,他们也喜欢带小孩散步、游戏等。

(二)老人居住建筑类型

老年人居住建筑,是专为老年人设计,供其起居生活使用,符合老年人生理、心理需求的居住建筑,包括老年人住宅、老年人公寓、养老院、托老所等。我国老年人居住的建筑根据养老模式可分为三大类:居家养老建筑、社区养老建筑和社会养老建筑。

1.居家养老建筑

居家养老是指老人在自己或子女的住宅中生活养老的一种养老模式,居家养老建筑基本与普通住宅一致。中国人的传统养老观念就是以"居家养老"为主,这是由我国深厚的文化传统和经济因素决定的,所以居家养老是我国主要的养老模式。据调查研究,世界各国90%以上的老年人选择居家养老,这比较符合老年人的心理需求和生理需求,因为老年人在自己熟悉的环境中生活,比较有安全感,而且亲戚朋友在身边,老人不会感到孤独,子女的关怀、理解和精神安慰——老年人这些心理和感情上的需求,是任何福利机构都难以代替的。许多子女在经济上独立甚至结婚生子后,仍与父母居住在一起。还有一些子女即使自立门户,经济上完全独立,与父母并没有相互依存的需要,但生活上依然与父母保持着紧密的联系,继续为父母提供生活上的照顾和精神上的安慰。

2.社区老年建筑

社区养老建筑是为老年人提供运动活动的场所,有利于老年人高层次、多方位的追求和自我实现,促使老年人走向社会,关心周围事物,提高生活质量。随着时代的发展,人们生活水平的提高,居家养老不能完全满足老年人的各种需求,以社区养老作为辅助就是为了避免老年人产生心理上的孤单感、封闭感。老年人在白天能够得到帮助和照料,晚上回到自己家里能尽享天伦之乐。社区养老的服务设施包括:①老年大学,为老年人提供继续服务和交流的专门机构和场所;②老年活动中心,为老年人提供各种综合性服务的社区机构场所;③托老所,为短期接待老人托管服务的社区养老服务场所,设有起居生活、文化娱乐、医疗保健等多项服务设施,有日托和全托两种。

我国社区养老的设施也有一些缺陷,如费用太高,不能让老人普遍享受娱乐活动、医疗保障等,影响了老人的健康,另一方面社区养老建筑还没有成为一个系统,设计和经营方面也有待进一步探索和完善。

3. 社会养老建筑

社会养老就是由社会承担全部或部分养老责任,主要接纳老年人居住,满足老年设施需求,真正达到"老有所敬、老有所养、老有所乐、老有所依"。社会养老机构包括福利性老年建筑,比如老年公寓、养老院、护理院等,还包括非福利性家庭型养老模式,如普通老年住宅、普通老年公寓等。主要的社会养老建筑包括:①老年住宅,专供老年人居住,符合老年体能、心态的住宅;②老年公寓,是为老年人设计的公寓式住宅,是设有娱乐活动、医疗保健、餐饮服务等综合性服务住宅;③养老院,为了使老年人安度晚年而设计的社会福利性建筑住宅,有起居生活、医疗保健、社会活动等服务,养老院包括社会福利院的老人院、护老院、护养院;④老人护理院,专业护理人员为生活不能自理的老年人提供必要照顾,包括起居、医疗保健、康复治疗等一系列服务。

(三)老年人居住建筑设计

因在家庭、社会中老年人有不同的养老方式,为老年人提供方便的建筑和设施相应地得到了发展。针对老年人不同时期的特征和需求,建筑类型和要求也相应有所不同。另外,老年人的健康状况是动态变化的。老年人居住建筑应适应动态的变化发展,提供持续性关照,这需要根据不同的需求,更加细化老年人居住建筑的功能,使每一位老人都能得到不同程度的关照。总之,在规划与建设老牟人居住建筑时,应围绕以下三个方面的要求进行:①安全性,老年人的身体机能随着年龄的不断增长而逐渐下降,保证安全是养老建筑中需要高度注意并需积极采取相应措施的重点;②援助性,完善扶手、轮椅以及相应便于操作的基础设施等,为身体不自由的老人提供方便,这些追加的援助性器具,应满足大多数老人的需求;③疗养性,应考虑使卧床医疗者舒适,并能减轻护理者的负担。

第四节　公共环境

一、公共环境的概念与研究综述

从广义上来讲,所谓公共环境即有两人或两人以上活动的区域及周边环境。从狭义上来讲,公共环境主要相对于室内环境来说,指户外空间和场所,是多人区域及大中型广场的室外环境。就其构成因素的性质可分为自然环境、人工环境、社会环境。

早期国外研究发现,街道公共空间中的活动对城市居民具有重要的影响。它使每个人都有可能与大量的人接触,感到友好和安全,并为他人所认同,从而形成一种社会网络;同时,它还有助于形成相互间的社会支持,加深巩固睦邻或朋友关系。也有人对广场、公园、街道和步行街等公共环境进行了研究,强调城市的外部空间必须易于进入、富有生气和令人舒适,绿地应该供人休闲而不是单纯的点缀,广场应该仍然是"城市的客厅"而不是摆设或陪衬,街道应容纳多种活动而不是单纯的通道或停车场。

近年的环境心理学开始注重外部空间的文化表征和特殊因素的影响。例如,来自高层建筑的高楼风有时会对行人造成不适和伤害。研究者利用风洞原理进行模拟实验,考察了高楼风对行人可能产生的各种影响,发现:①如果高层建筑上的烟囱过短,或者其迎风面离一栋较低的建筑过近,所形成的高楼风就会将污染物吹向地面并引起行人的种种不适;②当高速狂风碰到高层建筑时,因受到阻挡而垂直转向地面,如果高层建筑带有过街楼那样的开口,就会引起风洞效应,对开口处的过往行人造成不便、阻碍甚至伤害。尽管炎夏时节,高楼风可以带来局部的凉爽,但后续的研究表明,高楼强风不仅对周围行人造成了不良影响,而且还造成高楼周围环境品质的恶化,这一现象被称为"高楼风害"。(吴武易,1992)

二、公共环境中的人的行为习性

行为习性迄今没有严格的定义。与特定群体和特定时空相联系的、长期重复出现的活动模式或倾向,经过社会和文化的认同,久而久之便成为行为习性,它是人的生物、社会和文化属性与特定的物质和社会环境长期、持续和稳定地交互作用的结果。公共环境中存在的较普遍的行为习性可归纳如下:

1. 动作性行为习性

有些行为习性的动作倾向明显,几乎是动作者不假思索作出的反应,因此可以在现场对这类现象简单地进行观察和了解。但正因为简单,有时反而无法就其原因作出合理的解释,也难以推测其心理过程,只能归因于先天直觉、生态知觉或者后天习得的行为反应。常见的有:

(1)抄近路。对于这类穿行,有两种解决办法:一是设置障碍,使抄近路者迂回绕行;二是在设计和营建中尽量满足人的这一习性,并借以创造更为丰富和复杂的建成环境。

(2)靠右(左)侧通行。明确这一习性并尽量减少车流和人流的交叉,对于外部空间的安全疏散设计具有重要意义。

(3)逆时针转向。

(4)依靠性。观察表明,人总是偏爱逗留在柱子、树木、旗杆、墙壁、门廊和建筑小品的周围和附近。

2. 体验性行为习性

体验性行为习性涉及感觉、知觉、认知、情感、评估、社会交往、社会认同及其他心理状态。常见的有:

(1)看人也为人所看。这在一定程度上反映了人对于信息交流、社会交往和社会认同的需要。

(2)围观。这类看热闹的现象遍及四海,既反映了围观者对于信息交流和交往的需要,也反映了人对复杂刺激,尤其是新奇刺激的偏爱。

(3)安静与凝思。在体验到丰富、复杂和生机盎然的城市生活时,人们也非常需要在安静状态中休息和养神。可以说,寻求安静是对繁忙生活的必要补充,也是人的基本行为习性之一。这就需要在环境设计中,运用各种自然和人工元素隔绝尘嚣,创造有助于安静和凝思的场景,在一定程度上缓解城市应激,并能与富有生气的场景整合,起到相辅相成的作用。

三、公共环境的设计

1. 医院

医学上把环境、心理、疾病相互关联的医疗机理,称为临床环境医学。临床环境医学认为,医院的设置需要考虑以下几点:首先,医院选址应注意恰当的交通条件;其次,医院建筑环境具有一体性,它的各个部分都贯穿着环境对心理的影响,病人在医院中的活动基本上是一种有序的空间和时间的移动,即按就医的功能层次有序地排列,有很强的序列性,如果这种序列性过程因为环境设计因素出现了重叠的行为,如往返、重复、交叉,就会造成连贯功能的间断,引起人流的混乱、环境的无序,病人心情也容易恶化,不利于治疗。除此之外,进行医院设计时还应注意以下几点:

(1)噪声。医院里的噪声会影响病人和医生的抑郁水平和行为。噪声会使手术后病人的疼痛感增强。医院应该具有良好的隔音设计,设计时应将分散门诊区噪声作为目标,采用扩大候诊空间,分散人流量来达到目的。

(2)设计应能缓解医患冲突。大多数医院的设计都只考虑满足医护人员的需要,而忽略了病人的要求。如对病人来说,手术室要求温暖、潮湿,而这种温度却带给医护人员不舒适的感觉。病房的设计可能方便护士的工作,但病人的私密性可能减少,活动自由受到限制。因此,医院设计也应满足病人的需要,减少因环境设计不合理造成的医患冲突。

(3)护士站与病房位置的设计。护士站的形式有环形、单走廊形、双走廊形。以护士站为中心,各病房在四周的环形设计是最理想的。

(4)医院照明。设计时不能使用清一色相同的采光设计和辅助照明手段。在病房中可以有选择地使用窗帘或有色玻璃调节光照。另外,老年病人由于视力下降,房间照明度需提高到一般人的两倍以上,但老年人不适应眩光,应避免使用日光灯辅助照明,应使用光线柔和的、可调节光强的设备进行辅助照明。

(5)绿化。绿化不仅能为医院这个人造环境提供自然环境,同时还能起到防尘、消声、过滤细菌、净化空气、改善微气候的作用,使人心境平和、安定。

(6)颜色。传统医院的白色世界容易给人以气氛冷漠的感觉,为了创造适宜的生活气氛和视觉景观,应该采用一些淡雅、柔和的色调,以使人情绪平和。同时,也可根据不同种类的疾病和病人的状态采用不同的色调进行设计。

(7)针对探访者的设计。探访者实际代替护理人员做了许多照顾病人的工作,如给病人喂饭、喂水,帮病人调整睡姿,给予病人心理上的安慰和支持等。应为探访者设计专门的谈话室,或者用屏风分割出一块区域给探访者。

2.监狱

监狱的设计不同于医院和其他公共建筑,因为监狱的设计要实现两个目的:把犯人与社会隔离、限制犯人的交往。首先,监狱设计要考虑牢房内的犯人密度。在密度过高的集体牢房,犯人表现得更抑郁,攻击行为更多。住在单身牢房的犯人,在私密性和空间需求方面更容易得到满足,积极行为表现也增多,因为满足个人空间和隐私的需要对犯人同样很重要。关押在单身牢房和低密度空间的犯人,比居住在高密度牢房的犯人自我控制意识更强。其次,监狱设计中也要注意噪声、照明、气味和温度等因素。过去的监狱设计,由于考虑到要和社会隔离,因此,都是建在比较偏僻的地方,然后用高墙与外部世界隔绝开。现代的监狱设计更人性化,用自然隔离带把原来单调的土褐色建筑改变为有色彩的建筑,并且照明效果也有所增强,同时,可通过提供更多的单人牢房,满足犯人私密性的需要。

3.休闲环境

(1)步行街。步行街的设计应符合人们的心理需要,最好避免车辆通过,噪声不要太大,且最好不建在治安混乱的市区,多增加自然景观元素。总的来说,步行街的设计就是要方便人们行走,减少机动车的噪声污染。在步行街人们都有一些相同的习惯——喜欢选择走直接的、没有障碍物的捷径;会根据周围人的行走速度来决定自己的步行速度,在人多、拥挤的地方,步行速度会比平常慢得多;在地毯上行走比在地板上要慢;如果有背景音乐,步行速度和音乐节拍相一致。了解一些关于步行街上人们走动的规律或行为习惯,对于更好地设计步行街有几方面好处:一方面可以知道人们通常习惯以怎样的方式穿过购物区,这有助于设计出最理想的购物商场和布置最合理的步行街商店;另一方面,可以让阻挡人们行走的障碍减少到最小,让步行者可以通过最短、最直接的路线到达目的地。

(2)商场环境。决定各层经营内容应遵循自上而下、客流量依次减少的原则;收银台的位置,应使顾客从柜台选货,到收银台付款,再返回柜台取货,离开商店的距离最短;开架售货必须做好商品定位陈列。

4.动物园

动物园的设计形式可以分为三种:把动物单独关在一个笼子里;用铁栏杆把动物围在一个区域里,动物可以在这个区域内自由活动;模拟自然情境,让动物生活在自然环境中。另外,动物园设计还应注意以下几点:

(1)对动物园的设计应该满足游客不同的要求。不能太过分强调它的教育功能,因为大多数到动物园的游客只是想从参观动物当中获得愉快的体验,并不想对每一个说明、介绍进行详细阅读和了解;但是动物园设计也不能一点都不考虑教育的作用,要兼顾这两方面的需要。

(2)人们观看不同类型动物的时间长短有以下特点:观看好活动的动物的时间是不爱活动动物的两倍;动物的大小与游客的参观时间有关系,一般来说,越大的动物,游客参观时间也越长;动物幼仔更受游客喜爱,对其观看的时间也更长;太多的视觉信息会减少参观时间,很多种类的动物在一起,游客停留的时间会减少;和动物的接触距离决定了停留时间,游客和动物之间的距离越近,停留时间越长;视觉清晰度也和参观时间有关系,照明不足、视觉障碍等都会使游客观看动物的时间缩短;动物园自然景观的设计也和游客参观时间有关联,池塘、人造小瀑布等有水的景观,会更受人们喜欢,特别是儿童。因此,应综合考虑影响参观时间的各种因素对动物园进行设计。

(3)动物园的设计还要考虑拥挤问题,避免过高的密度,既要方便参观者观看,距离不能太远,又要让动物能自由活动。

四、公共环境设计的建议

1.加强公共环境的生气感

加强公共环境的生气感即如何吸引居民合理使用外部空间,并参与其中的公共活动,以便形成生机蓬勃和舒适怡人的环境。影响生气感的主要因素有活动人数和模式、行为特点、空间与建筑特征以及社会和自然元素等。另外,公共环境中公众使用的建筑应以开敞为主,敞廊、花架和亭子等都是符合这一特点的合适设施。向阳也是使外部空间获得生气感的必要条件之一,绿化、水景、动物等自然和生物元素也对空间的生气感起着重要的作用。

2. 兼顾私密性活动

(1)形成隔绝。与室内空间一样,形成视听隔绝是获得外部空间私密性的主要手段。

(2)提供控制。个人和群体希望不仅能控制自身向外输出的信息,而且能控制来自他人的信息。公共环境设计可通过以下途径控制这类信息交换:保持视听单向联系、设置过渡空间、设置物质或象征性提示和留有退路或余地。

3. 形成私密性—公共性层次

私密性和公共性活动系相对而言:对于私密性很强的活动、私密性较强的活动处于半私密的状态;对于公共性很强的活动、公共性较强的活动处于半公共的状态。经过观察,发现这类层次具有以下特点:自发性、不定性、相关性。

4. 合理满足人的行为习性

在设计中,合理满足人的行为习性会吸引使用者,从而增加公共环境的使用频率、时间和生气感。例如,广东中山利用废弃的工厂场地新建了岐江公园,设计者不仅保留了原有厂房的结构,而且还在园内设置了外形模仿各种机械设备的雕塑,部分可以进行简单操作,结果引起游人驻足观看,引发了好奇和探索行为,成为公园的亮点。

5. 预防和减少破坏行为

公共场所中的各种设施除自然损坏外,还会受到不同程度的人为破坏。其破坏的动机不同,有的是不爱惜和使用不当,有的是为贪小便宜而偷盗,还有的是恶作剧或泄私愤。虽然研究普遍显示,环境教育在各种对策中效果最差,对环境的态度不能完全决定在环境中的行为,更何况还有人常常口是心非,单纯依靠教育不能有效地减少破坏行为;但环境教育仍然必不可少。针对不同原因,可以采取以下保护公共场所及其设施的措施:①使用者群体与环境特征相互匹配与适应;②设计与管理相互配合;③简约实用,重视环境暗示;④适度的奖励与惩罚。

第五节　旅游与环境

自然环境是人类栖息的场所,人类生活的物质源泉,也是人们游赏观光的对象。从古至今,旅游者们都把观赏大自然的风景看作一种休闲娱乐,看作放松、调节生活压力的手段,随着人口日益增长,休闲旅游的机会越发显得重要了。在激发旅游行为的动机上,心理体验起着重要的作用,例如野外远足或者露营,可以视为应对日常生活压力的手段。旅游者们跋山涉水、寻幽探胜,充分地享受大自然的美,陶醉于大自然优美的意境中,修身养性、愉悦心情、启迪智慧。青山绿水、空气清新、干净整洁的自然环境更能够吸引人们前去游玩和观赏。旅游业的蓬勃发展给人们的生活带来巨大满足,但拥挤、杂乱以及其他与露营相关的问题可能和应对功能相违背,满地垃圾、污水混浊、喧闹无比的环境,如何能吸引旅游者的脚步?为加快我国旅游环境学的建设和发展,必须解决旅游业发展面临的旅游资源保护、旅游生态建设等问题。

一、自然环境的特点

自然环境是指非人为的各种自然条件,它不是人类活动和干预的产物,包含着不断运动的物质,如云、水、树木和日月等。自然环境的刺激强度有较大的变化范围,如潮湿和干燥、炎热和寒冷,个体无法控制这些感觉刺激的输入。人们在休闲的时候,都喜欢到优美的自然环境中,向往体验野外生活。人们对自然的憧憬是随着都市化的进程而不断增加的。

人类对自然景色的反应是先天因素和后天学习双重作用的结果。对自然环境的偏爱也不同程度地受到时代主流的影响。人们都喜爱接触大自然,到自然中寻找各种体验。在这个过程中还会碰到各种各样的新奇体验和意外的收获,这种体验与收获称为绿色体验。绿色经历是个体的一种本能需要。对自然景观的偏爱大大胜过对人造景观的偏爱。自然环境中的植被数量是吸引游客的重要原因。井然有序的自然环境更具有吸引力。自然环境中如果有水,或者有一些险峻的景观及水的清澈程度和气味也都是一个重要的影响因素。复杂性、新颖性、变化性和神秘性都处在中等水平的环境是最具有吸引力的。

二、影响个体反应的环境因素

日益多变和复杂的环境给个体带来了巨大的压力,如何应对这些压力就成为心理学家研究环境应激所关注的中心课题。在生活中,每一个个体都在使用某种方式克服环境中的应激源,用不同的策略处理压力。这些方式和策略有些是积极的,有些则是消极的,有些取得了成功,有些则遭遇了失败。任何预防、消除或减弱应激源的努力,无论健康的或不健康的,有意识的或无意识的,都是对环境应激源的应对。应激是指个体对这些环境因素作出的反应。反应包括情绪反应、行为反应和生理反应。塞尔耶把生理反应叫作生理应激,拉扎勒斯又把情绪和行为反应叫作心理应激,所以环境心理学家把它们合称为环境应激理论。环境应激理论认为,环境的许多因素都能引起个体的反应,如噪声、拥挤等都是引起反应的应激源。应激源还包括工作压力、婚姻不合、自然灾害、迁移到另一个居住环境等。

决定个体对环境的反应方式的因素有:一致性、清晰度、复杂性和神秘性。一致性和复杂性是即刻就能看到的特征。一致性是指景色被组织、结合为一个整体,一致性越强,受喜爱的程度越高。复杂性反映了环境中因素的数量和变化。清晰度和神秘性是游客在将来的参观中有可能体验到的。清晰度指环境是否容易让人看清楚和不会让人迷失方向,清晰度越高的环境越受喜爱。神秘性是指环境中包含许多求知的信息,个体通过不断地探索这些求知信息,可以获得更多有关自然环境的知识。

三、旅游景点的设计与管理

野生环境管理中的承载力反映了游客得到的资源(如食物、水和遮蔽场所)决定的某个环境中,某种生物能够生存的最大数量。旅游环境承载力则是指环境在遭到不利影响前所能容纳的最多人数。野外环境中的过度拥挤现象称为绿色锁结。随着旅游者的增多,绿色锁结现象可能会不断地恶化。可以通过限制旅游人数减轻自然环境的承载力。

游客增多还会对野外环境产生破坏,如游客乱扔垃圾,汽车所排放废气。另外,为了让游客能够方便地到达自然风景区,开通了一些道路,结果却破坏了自然环境的原始景色。既要利用资源开发旅游,又要保护好资源,这是一个不易处理的矛盾。在旅游过程中联系眼前景物,对旅游者进行生动活泼的生态学教育,不仅能增加游客的知识和游兴,还能有效地提高他们的生态意识,从而自觉地保护旅游地的生态环境。

四、加强旅游界与生态环保部门的合作

旅游活动与保护环境之间存在着相互制约与依存的关系,因此,加强旅游部门与生态环保部门的协作就十分必要。现在生态保护问题越来越引起

人们的关注,生态旅游也成了旅游业的重要议程,我国旅游界和文物、宗教部门等经历了从认识不一致到逐步达成共识的过程,由此建立起比较协调的合作关系,这对发展旅游与保护资源都是有益的。旅游部门应争取环保、林业、城建等部门的专业指导和工作配合,共同做好生态环境的保护工作,保证各自业务的顺利开展。

【反思与探究】

1. 概念解释题

(1)双因素理论;(2)公共环境;(3)动作性行为习性;(4)体验性行为习性;(5)环境的生气感;(6)绿色体验。

2. 简述题

(1)自然环境对人的心理产生哪些方面的影响?

(2)老年人的公寓有何特点?

(3)如何才能有效地保护环境资源?

(4)现代社会中人类面临的环境问题主要有哪些?

3. 论述题

请根据环境心理学的相关内容,设计一个教室。

【拓展阅读】

徐磊青,杨公侠:《环境心理学——环境、知觉和行为》,同济大学出版社,2002 年。

第十章　恢复性环境

学习目标

1. 准确理解恢复性环境理论及恢复性环境特点。
2. 掌握恢复性环境的研究方法。
3. 运用恢复性环境知识树立建设良好环境的理念。

引言

　　假如我们身边有这样一位朋友,他现阶段在绞尽脑汁地为某件棘手的事情寻找解决的办法,这件事占用了他很多的注意资源,他感到压力很大,情绪也变得烦躁。作为朋友,我们会推荐什么样的减压方法呢? 也许你会说好好睡一觉,可是这位朋友心事重重恐怕会有失眠的可能;建议他去看电影又担心他不能把注意力从剧情中转移过来;或许还有更好的方法达到放松的效果,对了,去大森林里散散步,去亲近大自然是个不错的选择。

　　在生活中,我们也常体验到这样的事情,在一段时间的忙碌之后,如果时间合适,选择一段旅行,在森林步行、露营、看日出、观瀑布等与自然亲密地接触后,自己的情绪会得到很大的改善,同时对自己也会有更深层次的认识。事实上,研究表明在高压力的现代生活中,亲近自然是众多缓解压力和疲劳的实践方式中较好的方式,这可以用恢复性环境及其相关的知识进行解释,在接下来的章节里我们会介绍恢复性环境的相关知识。

第一节　恢复性环境的概念及相关理论

一、恢复性环境的概念

　　在介绍恢复性环境之前先简单地回想这样一个问题:似乎不管我们亲近自然的原因是什么,一旦深入其境,哪怕只是观看关于自然景色的照片等,我们都会觉得心情愉悦和精神放松,同时也会有从疲劳中恢复的感觉。可见,自然环境不仅为我们提供了维持生存所必需的物质条件,也储存了现代生活所需要的心理资源,为我们维持健康及平衡身心状态起着重要的作用。

在现代社会,随着生活节奏的加快和来自各方面的压力的增大,人类心理资源被占用现象急剧增多,人们遭受着生活中的拥挤、噪声等负面环境的影响,使得心理机能耗竭的概率大大增加。同时身心耗竭综合征、过度疲劳、抑郁症等由压力引发的疾病在近几十年来呈现逐年上升的趋势,心理机能有效而快速的恢复成为亟待解决的重要问题。近年来从环境视角探讨人类心理机能恢复的研究越来越受到环境心理学家的关注。

早在 150 年前,美国的城市景观设计大师 Olmsted 就指出自然景观能够缓解城市生活中由噪声、拥挤及人工建筑等因素带来的压力,并产生放松和舒畅感,这种感觉的产生是无意识的过程。根据自然景观的恢复功能,他提出"恢复"(restoration)这一术语。所谓恢复性环境(restorative environment),是指这样一类环境设置,它可在一定程度上帮助人们减少压力或使损耗的心理机能得到一定程度的复原。"恢复性环境"这一术语最早是由美国密歇根大学的卡普兰和 Talbot 在 1983 年提出的[1],他们通过实验发现多数人在野外生活后心理机能得到了恢复,且舒展的牧场式风景是最能发挥身心再生功能的园林空间,据此,他们认为能使人们更好地从心理疲劳及伴随压力产生的消极情绪中恢复过来的环境就是恢复性环境。

（来源:R. Berto, 2005）　　　　　　　　　　　（来源:A. Kjellgren & H. Buhrkall, 2010）

图 10-1　恢复性环境图片样例

随着研究的进展,不同视角的研究者们对恢复性环境的定义略有不同。

---

① Stephen Kaplan & Janet F. Talbot, "Psychological benefits of a wilderness experience," in *Human Behavior and Environment* (*Vol. 6*): *Behavior and the Natural Environment*. New York: Plenum Press, 1983, pp. 163-203.

以资源耗竭为侧重点的学者们将恢复性环境定义为使耗竭的情感、机能资源和能力得到更新与恢复的环境(Kjellgren,2010;赵欢,吴建平,2010);以压力减少为侧重点的学者们认为恢复性环境是指能够帮助人们减轻压力及与之相伴的各种不良情绪,达到减少心理疲劳,促进心理和生理健康的环境(Velarde,Fry & Tveit,2007)。上述对恢复性环境的定义虽没有达到严格统一,但都强调特定环境对人身心的益处,这种益处主要包括定向注意的恢复、情绪的恢复和生理性恢复等三个方面。

二、恢复性环境的相关理论

在 20 个世纪 70、80 年代有关恢复性环境理论的研究开始蓬勃发展,也产生了丰富的理论观点,如文化取向的观点、唤醒理论(arousal theory)、超载观点(overload perspective)及进化观点等,其中以环境心理学家 Ulrich(1983)提出的心理进化理论(psycho-evolutionary theory)及同一时期卡普兰夫妇提出的注意恢复理论(attention restorative theory,ART)最具代表性。这些理论的共同点在于关注自然环境与城市环境在恢复效果上的区别,并对两种环境的差异各有其理论解释。

1.压力减少理论

Ulrich(1983)提出的心理进化理论又被称为压力减少理论(stress recovery theory,SRT),该理论认为当个体处于压力或应激状态时由应激源造成的生理、心理及行为上的伤害,在接触某些自然环境后可以得到缓解,即恢复性环境可以减少或缓解个体由危险等情境伴随的压力和随之产生的消极情绪。

Ulrich 在 1984 年的一个研究比较了两组外科手术患者的恢复情况,其中一组患者在病房前能够看到一棵小树,而另一组患者只能看到棕色的砖墙。实验结果表明,能够看到自然景色的患者在手术后抱怨少,恢复快。按照 Ulrich 的观点,吸引人注意力的景色会以两种方式起作用:当自然环境包含危险的成分时,注意力和压力结合在一块;当自然环境是平静的,会产生镇静的、恢复生理机能的效果。

Ulrich 在 1991 年进行了一个具有启发性的研究,该研究调查了被试在两种情况下的恢复效果。两组被试在看完有压力的录像后分别观看自然景观的录像带和城市景象的录像带,结果表明观看有流水等自然环境的被试,不仅对之前观看的片子有较为积极的评价,并且由压力引起的几个测量值,如血压、皮肤电导、肌肉紧张度等也比较低。①

　　基于 Ulrich 的研究，我们可以认为恢复的前提是个体处于压力状态下。当人们面临某个事件或情境时，首先会以自己的健康是否受到影响进行判断，如果判断或感受其对自己不利、有威胁或有所挑战，则会产生压力，这种压力将导致消极情绪、生理系统（如心血管、神经内分泌）的短期变化以及行为反应，甚至出现逃避或行为失常。

　　该理论是对以往压力理论的补充，以往的压力理论关注刺激导致压力，而压力恢复或者减少似乎只要是在不存在压力源的环境中就可以自动恢复。这一点可以通过心理进化理论找到解释，心理进化理论认为，在某些环境中，如人类在面临中等深度、中等复杂性、存在视觉焦点以及包含植物和水的环境时，注意力容易被吸引，消极的想法有被阻断的可能，进而被积极情绪代替，同时使受到干扰失调的生理功能水平运行恢复平衡。② 个体在恢复性环境中快速、积极的情感反应激起了恢复性体验，如果环境能引起个体足够的兴趣，会带来更加深刻的恢复性体验。因为 Ulrich 强调对环境刺激的首要和直接反应是情绪，而这并不需要由认知来调节，此外对这些环境的偏好是不学而会的倾向和积极反应，是长期进化的结果，由此，该理论被称为心理进化理论。

　　Ulrich 等在实证研究的基础上提出恢复性环境应满足以下条件：有适当的深度与复杂性；一定的总体结构和特定聚焦点；包含足够的植物、水体等自然元素；没有危险物存在。

　　2. 注意恢复理论

　　环境心理学家 R·卡普兰与 S·卡普兰在 20 世纪 80 年代提出极具影响力的注意恢复理论。压力减少理论认为恢复是快速的、感情驱动的过程，而注意恢复理论强调在恢复过程中较慢的、需要认知参与的重要性。

　　卡普兰的注意恢复理论强调，为了有效率地进行日常生活，人们必须保持认知清晰，清晰的认知需要定向注意（directed attention）来维持，卡普兰认为定向注意是人类效能（human effectiveness）的重要组成部分：由于需要心理努力的任务唤醒定向注意，所以若当前任务不是个体所感兴趣的或主观

---

　　① ［美］保罗·贝尔等《环境心理学》（第 5 版），朱建军，吴建平等译，中国人民大学出版社，2009 年，第 43—46 页。

　　② 苏谦，辛自强：《恢复性环境研究：理论、方法与进展》，载《心理科学进展》2010 年第 1 期，第 177—184 页。

上愿意做的,为了完成任务,个体就必须加倍努力、延缓表达不适当的情绪和行动、抑制突发分心事件,从而为任务的完成提供保障,因此,定向注意是人们有效进行工作、学习和生活的保障。然而,定向注意易使人疲劳,且疲劳或缺失是造成人类无效感(human ineffectiveness)的重要原因,这种无效感会降低个体解决问题的能力、带来负面的情绪体验及增加犯错误的概率,甚至定向注意的短暂失误在关键时刻可带来可怕的后果。(Kaplan,1995)

基于卡普兰的注意恢复理论,具有恢复性效果的环境设置须具备以下四个特点:①远离(being away),是恢复的首要条件。海边、大山、河流湖泊附近、森林、牧场这些安静惬意的自然场所都是有足够距离感的环境,在这里个体离开常规的生活环境,避开需要使用定向注意的事物,使注意恢复成为可能。同时距离感也可仅通过心理的调整得以实现,如改变思维的内容、静坐冥想等,让疲惫的定向注意得到休息。②吸引力(fascination),指环境中的信息无须努力就能获得人们的注意。③丰富性(extent),恢复性环境要具备足够的内容和一定的结构来占据视野和思维,使个体能够全身心地投入到对所处环境的探索中,为定向注意的恢复创造足够的时间。丰富性并不一定需要很大的物理规模,如日本的园艺场所,只要内容和结构充足即可。④兼容性(compatibility),环境的设置支持个体的爱好与目标,同时个体的决定也适应环境的需求,这是双向的过程。个体的爱好与目标复杂多样,而每一种环境所能提供的信息有限,因此恢复性环境有各自的适应人群,恢复并不是绝对的。

其中根据注意恢复理论,从程度上将吸引力划分为两个极端,分别是软吸引(soft fascination)和硬吸引(hard fascination)。(Kaplan,1995)软吸引力主要是自然环境的特征,包含两方面内容:第一,吸引力强度适中,不影响集中和保持注意力,从而能促进反思;第二,唤起适度吸引力的环境在审美上是让人愉悦的,以消除反思中可能伴随的疼痛。硬吸引力则是一种充满头脑的高水平的吸引,如运动娱乐环境,其可强烈地锁定人的注意力,留下较少的思考空间,具有硬吸引力的环境有利于定向注意的恢复,但很少提供反思机会。(Kaplan,1995;陈聪、赖颖慧,吴建平,2011)但具有吸引力的环境并不都能达到恢复性效果,吸引力是达到恢复性效果的必要不充分条件。(Kaplan,1995)

个体在恢复性环境中会获得认知收益,若处于具有前述四个特点的环境且时间充裕,将体验到四阶段渐进式的恢复历程:第一阶段达到"清新头脑",个体头脑中杂乱的思绪逐渐消退;第二阶段集中注意力逐渐得到补充;第三阶段在软吸引力环境中个体内心杂念减少,思绪逐渐平静,进而开始关注之前没有意识到的想法或问题;第四阶段是最高阶段,个体会反思事情的轻重缓急和可能性、个人的行为和目标甚至是自己的一生。此外,不同吸引力类型的环境和在该环境中所处时间的长短都会影响个体在恢复历程中所处的阶段。(苏谦,辛自强,2010)

3. 两个理论的比较

两个理论存在一些区别:第一,对在恢复的过程中是否有认知过程参与意见相左,压力减少理论强调情绪对环境的快速、没有认知参与的首要反应,注意恢复理论则认为对环境的情绪反应包含认知加工,且该反应可以是无意识的、快速的;第二,两个理论关注的重点不同,压力减少理论关注情绪和生理的恢复,而注意恢复理论关注定向注意的恢复。(Han,2001)

两个理论主要存在三个相似点:第一,都从心理学的角度来考察人与环境的相互影响关系;第二,两个理论都假设人们对自然环境有一种强烈而积极的趋向;第三,都认为恢复是通过和环境的视觉接触,且恢复的前提是个体的机能、资源处于正常水平之下。虽然压力减少理论和注意恢复理论被认为是相互对立的,但是二者最终会有融合在一起的可能,至少它们都认为自然有恢复性的效果。

第二节 恢复性环境的实证研究现状及进展

最初恢复性环境的研究主要是以自然环境为对象,较少关注日常生活环境。自然环境是一个能引起人们注意的、迷人的重要资源,自然中的迷人事物,如云彩、夕阳下微风中的落叶、树林中潺潺的溪流等具有软性吸引力的景观很容易被人们注意,而这种无意的被吸引,就为恢复效果创造了可能性。

在恢复性环境研究中,较为一致的意见是自然环境的恢复性效果最好,然而,恢复性环境并不只限于自然环境中,随着研究的深入,恢复性环境的类型不断被丰富和扩大。已有研究表明,设计良好和具有吸引力的城市环境在减压和改善情绪方面和自然环境同样有效。(Karmanov,2008)另外,Völker(2013)认为具有康复景观设计的城市环境如海滨城市,或有湖泊河流等的环境对人的健康及减压有很好的效果。在对城市环境的研究中,研究者与城市建筑相结合,对建筑物的物理属性如高度、层数等变量与恢复性环境的四个中心特质结合起来,探讨各个变量与中心特质的关系。(Lindal,2013)美国学者 Nasar 和 Kathryn(2010)对自然景色、夜晚的天际线及白天的天际线的恢复效果进行了比较,发现夜晚天际线的得分更高,其中夜晚天际线的愉悦度得分与自然景色得分差异不显著,甚至略高于自然景色,二者均高于白天天际线。在对高中生的研究中得出城市夜景的恢复性高于城市环境。我国学者在前人研究的基础上丰富了恢复性环境的类型,结果发现定向注意的恢复效果从高到低的环境类型依次是城市夜景、自然环境、运动娱乐环境和城市环境。(陈聪等人,2011)这一研究结果突破了自然环境的优势地位,提出城市夜景或许更能提供一个静谧安详的环境和空间,个体获得放松的机会增大,能够有更多的空间进行反思。另外,恢复性环境的恢复效果还和个体的偏好有关,如博物馆对于游客来说是恢复性环境(Kaplan,Bardwell & Slakter,1993),寺庙对于朝拜者来说是恢复性环境(Herzog,Ouellette,Rolens & Koenigs,2009;Ouellette,Kaplan & Kaplan,2005)。

一、恢复性环境的研究方法

1.测量法

恢复性环境的评估多用问卷进行。知觉到的恢复性量表(perceived restorativeness scale,PRS)是第一份恢复性环境测量问卷,在该研究领域中使用较为广泛。该量表是由 Hartig 等人于 1996 年编制,PRS 的维度划分和注意恢复理论相一致,即分为远离、吸引、丰富和兼容 4 个维度,该量表共有 16个条目,各条目均以陈述句形式出现,要求被试在 0(一点都不是)到 6(完全是)的 7 点量表上,对项目一一进行评分。某个环境的 PRS 得分越高,表明这个环境的恢复性越高。但许多研究发现,PRS 在辨识不同环境的能力与测量恢复性高低方面较薄弱。为弥补这个短处,Laumann 等以 PRS 为基础,采用了环境恢复性组成的等比量表测量,即恢复成分量表(restorative components scale,RCS),预测人们对自然或城市环境的偏好。

随着恢复性环境研究的进展,我国学者紧密围绕着恢复性环境的 4 个维度,对不同环境的认知恢复功效作出测评,开发了更适合中国人语言习惯的恢复性环境量表。我国学者叶柳红等人在国外已有研究的基础上于 2010年编制了第一份中文版恢复性环境量表,该量表采用 7 点计分,共 22 个项目，3 个维度组成，分别是远离、吸引和兼容、丰富。[①]

　　在测评的实施过程中，让被试按以下指导语进行：下面你将看到一系列自然风景图片，图片将循环播放，请认真观看图片，想象自己置身于其中，记住自己的体验，并在下面每个选项给这组图片打分，1 表示完全不符，7 表示完全符合，在最符合自己体验的分数上画"√"，请不要费时斟酌，顺其自然地依你个人的反应作答即可。

表 10-1　恢复性环境量表

维度和题目	评分
远离	
1. 在这里，我觉得远离了人们对我的期望	（完全不符）1 ____ 2 ____ 3 ____ 4 ____ 5 ____ 6 ____ 7（非常相符）
2. 这里让我远离现实生活中的许多压力	（完全不符）1 ____ 2 ____ 3 ____ 4 ____ 5 ____ 6 ____ 7（非常相符）
3. 这里和我平常生活所接触的环境相差很多	（完全不符）1 ____ 2 ____ 3 ____ 4 ____ 5 ____ 6 ____ 7（非常相符）
4. 当我在这里，我不用思考自己的责任	（完全不符）1 ____ 2 ____ 3 ____ 4 ____ 5 ____ 6 ____ 7（非常相符）
5. 在这里，我可以暂时放下日常琐事	（完全不符）1 ____ 2 ____ 3 ____ 4 ____ 5 ____ 6 ____ 7（非常相符）
吸引和兼容	
6. 这个环境给我新鲜感	（完全不符）1 ____ 2 ____ 3 ____ 4 ____ 5 ____ 6 ____ 7（非常相符）
7. 这里有一定的纪念意义	（完全不符）1 ____ 2 ____ 3 ____ 4 ____ 5 ____ 6 ____ 7（非常相符）
8. 在这里，我可以去看、听、感觉和思考很多东西	（完全不符）1 ____ 2 ____ 3 ____ 4 ____ 5 ____ 6 ____ 7（非常相符）
9. 停留于此，我常常会有些意外的发现	（完全不符）1 ____ 2 ____ 3 ____ 4 ____ 5 ____ 6 ____ 7（非常相符）

① 叶柳红，张帆，吴建平：《复愈性环境量表的编制》，载《中国健康心理学杂志》2010 年第 12 期，第 1515—1518 页。

续表

维度和题目	评分
10. 这里有吸引人的特质	（完全不符）1 _____ 2 _____ 3 _____ 4 _____ 5 _____ 6 _____ 7（非常相符）
11. 我的注意力被很多有趣的事物吸引	（完全不符）1 _____ 2 _____ 3 _____ 4 _____ 5 _____ 6 _____ 7（非常相符）
12. 在这里,我可以做我喜欢的事	（完全不符）1 _____ 2 _____ 3 _____ 4 _____ 5 _____ 6 _____ 7（非常相符）
13. 我感到自己与这里融合为一	（完全不符）1 _____ 2 _____ 3 _____ 4 _____ 5 _____ 6 _____ 7（非常相符）
14. 我想在这里待久一点	（完全不符）1 _____ 2 _____ 3 _____ 4 _____ 5 _____ 6 _____ 7（非常相符）
15. 我觉得自己属于这里	（完全不符）1 _____ 2 _____ 3 _____ 4 _____ 5 _____ 6 _____ 7（非常相符）
16. 在这个环境里,我不用去努力就可以注意到许多事物	（完全不符）1 _____ 2 _____ 3 _____ 4 _____ 5 _____ 6 _____ 7（非常相符）
17. 这里能够引起我的回忆或者想象	（完全不符）1 _____ 2 _____ 3 _____ 4 _____ 5 _____ 6 _____ 7（非常相符）
丰富	
18. 我觉得这个环境很无聊	（完全不符）1 _____ 2 _____ 3 _____ 4 _____ 5 _____ 6 _____ 7（非常相符）
19. 我觉得这个环境很单调	（完全不符）1 _____ 2 _____ 3 _____ 4 _____ 5 _____ 6 _____ 7（非常相符）
20. 这个景观包含的事物过多	（完全不符）1 _____ 2 _____ 3 _____ 4 _____ 5 _____ 6 _____ 7（非常相符）
21. 我感觉这里很乱	（完全不符）1 _____ 2 _____ 3 _____ 4 _____ 5 _____ 6 _____ 7（非常相符）
22. 在这里我会感觉很烦	（完全不符）1 _____ 2 _____ 3 _____ 4 _____ 5 _____ 6 _____ 7（非常相符）

2.实验法

恢复性环境的益处主要包括定向注意的恢复、情绪的恢复和生理性的恢复。这三个方面的益处,也就是恢复性效果的验证,主要是以实验法为主、测量为辅的方法进行的。

实验采用前后测的实验设计,常用的范式是将被试分为实验组和对照组,首先各组各自完成一个相同的注意任务,然后实验组呈现环境图片(多数是以幻灯片的形式呈现)、视频或处于真实环境中,对照组休息相同的时间,之后两组再完成注意任务,实验结果比较两组被试在前后测任务上的反应时和准确率的差别,以此来判断定向注意的恢复效果。另外,类似的实验范式在不同类型恢复性环境的应用也得到发展。虽然前测和后测任务是相同或是相似的,在一定程度上会造成被试的练习效应,但是如果实验任务足够消耗被试的定向注意,让被试需集中注意才能更好地完成任务,实验组和对照组的前后的对比可以抵消练习效应产生的影响。不过也有研究者为了确定被试在前测时达到了疲劳状态或是已产生了压力设定了基线(如图10-2)。(赵欢,吴建平,2011)

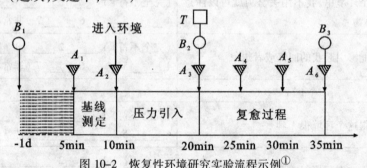

图 10-2　恢复性环境研究实验流程示例[①]

注:$A_{1 \sim 6}$,SAA 的测定;$B_{1 \sim 3}$,情绪自评;T,词语联想测验的得分

二、恢复性环境研究的主要内容

1.生理水平的恢复

生理表现包括 α 波振幅、血压、皮电、肌电等指标。根据压力减少理论,个体在生理上的恢复是迅速的。研究表明,绿色空间,也就是恢复性环境,

---

① 赵欢,吴建平:《城市绿色与灰色空间复愈作用的初步对比研究》,载《北京林业大学学报》(社会科学版)2011 年第 3 期,第 46—52 页。

在 5 分钟内就能对生理资源产生恢复效果,10 分钟内便可有效降低个体的自主唤醒水平,而灰色空间则缺乏这样的效果。(赵欢,吴建平,2011)在观看 10 分钟的环境视频后被试有自动唤醒,自然环境组中被试后测时的心率水平平均值低于城市组,表明在自然环境中被试有较低的自主唤醒水平(Laumann, Garling & kjell, 2003),也暗示自然环境的恢复效果较好。自然观看环境图片后 4 分钟以内会影响生理反应(Ulrich, et al., 1991),而 Hartig,Mang 和 Evans(1991)发现在自然或者城市环境中散步 10 分钟后的血压或者心率并没有显著差异,这说明个体在很短时间内就可能达到生理的恢复,这种效应在更长时间里可能会慢慢消失。

2. 情绪的恢复

个体的情绪状态也会在很短的时间内(约 10 ~ 15 分钟)被影响(Ulrich,1979),但个体对环境的情绪反应可能慢于生理反应。关于自然环境提高积极情绪、城市环境增加消极情绪的观点,研究者也进行了验证。

情绪的恢复研究主要有两种方法。第一种是上述提到的前后测的实验设计,首先测定被试的情绪状态,如采用正性负性情绪量表(positive and negative affect scale,PANAS)对被试的情绪状态进行前后的对比,发现绿色空间组被试的消极情绪在 15 分钟内得到有效缓解,而灰色空间组被试的积极情绪则在恢复阶段显著减少。(赵欢,吴建平,2011)已有研究表明设计良好和具有吸引力的城市环境在减压和改善情绪方面和自然环境同样有效。(Karmanov,2008)Völker(2013)认为具有康复景观设计的城市环境如海滨城市,或有湖泊河流等的环境对人的健康及减压有很好的效果。

另一种方法是采用环境的情绪启动范式,该范式首先给两组被试呈现不同类型的环境图片以启动相应情绪,之后要求被试判断随后呈现的面部表情(通常使用高兴和厌恶两种表情代表积极和消极情绪),以检验图片启动了哪类情绪。Korpela,Klemettila 和 Hietanen(2002)以低恢复性的城市环境和高恢复性的自然环境图片作为启动刺激,以情绪的口头表达(生气和高兴)作为目标刺激,结果表明,观看自然环境图片对高兴的再认速度更快,观看城市环境图片对生气的再认速度更快。Hietanen,Klemettila 和 Kettumen(2007)以自然和建筑环境的数量变化作为启动刺激,把面部表情的再认作为目标刺激进行研究,发现环境中自然和建筑数量的多少影响了人们对面部表情的再认。这些研究表明,自然环境提高积极情绪,城市环境增加消极情绪。

3. 定向注意的恢复

考察环境的注意恢复功能时,通常采用前后测的实验设计。(Berto,2005)事先将被试分成两组,两组各自完成一个注意任务,然后呈现不同类型的环境图片、视频或让被试处于真实环境中,之后再完成一个注意任务。实验结果比较两组被试在后测注意任务上的反应时和准确率,以判断被试定向注意恢复的效果。如 Berto (2005)按上述实验范式设计了三个实验,被试在经历一定时间的持续性注意反应测验(sustained attention to response test,SART),使其定向注意疲劳后分别观看恢复性环境、非恢复性环境图片和几何图形图片,结果只有恢复性环境图组在后测的注意测验中成绩得到了很大的提高。另外,将被试置于真实环境和室内模拟自然环境中,压力水平均减少,只是在真实环境下的恢复性效果显著。(Kjellgren,2010),同样的结论也见于 Felsten(2009)对刚经过考试的大学生的研究,发现窗户外有自然环境如树木、草地和河流等的恢复效果好于窗外只是建筑物的环境设施。

4. 恢复性环境研究的不足

环境心理学在我国起步较晚,最近 20 多年的研究多围绕城市景观规划、建筑设计等方面进行,是一个新兴的建筑学和心理学结合的应用学科,而国内关于恢复性环境方面的研究起步也较晚。结合国内外该领域的研究,有以下不足之处:

(1)目前恢复性环境的研究主要针对大学生群体,研究群体不够广泛,不同年龄层被试的环境感知能力是有差异的,研究较少考虑个体的差异性。实验多采用被试间实验设计,被试间的差异难以控制,同时被试当时的情绪状态等对以情绪变化为结果变量的影响较大。如恢复性环境的恢复性效果也受个体偏好、地方认同等因素的影响,池丽萍和苏谦(2012)[①]的研究表明青少年地方依恋水平影响注意恢复效果,高依恋实验组被试在观看自然环境图片的注意恢复水平高于低依恋组和观看几何图片的对照组。此外,目前恢复性环境的研究还没有考虑人格的影响,以定向注意的恢复为结果变量的研究不得不考虑与激活状态变化有关的人格特征对环境的反应,不同

---

① 池丽萍, 苏谦:《青少年依恋环境的情绪启动和注意恢复功能》,载《心理发展与教育》2012 年第 5 期,第 471—477 页。

人格特征的个体的不同激活水平及其对环境的不同感受使得其定向注意资源的损耗及恢复也不尽相同。

(2)环境图片的选择以及环境图片的呈现方式不够完善。就环境图片而言,研究者对恢复性环境图片的类型及需要呈现的特征等刺激材料的选择没有统一性,如图片中是否包括人物画面、复杂性如何、是否使用标志性建筑等,图片中包含的信息过于繁杂,无法确定到底是什么因素促进或是抑制了恢复性功能。另外,就环境图片的呈现方式而言,虽然研究者证明不同的环境呈现方式(文字、图片、视频、现场)对研究结果的影响不显著(Hartig, Korpela, Evans & Garling, 1996),但使用结构化刺激(环境图片),研究结果倾向于自然环境比城市环境恢复性效果好,这可能是因为被试受到突出物理特征的影响,从而忽略对环境感受的关注。鉴于上述问题,建议建立规范化的图片筛选规则,以利于研究者对研究结果进行比较和综合,并通过指导语让被试超越在环境中所感知的东西,进一步感受在环境中的整体感受。

(3)对恢复性结果的成因解释不够明确。恢复性环境的研究主要关注恢复结果,如对生理、情绪和定向注意的影响,而对这些恢复结果的机制无确切解释,压力减少理论和注意恢复理论在解释恢复过程中也没有明确指出其是否起着同样的作用。到底个体在恢复性环境下因压力减少引起了心理资源恢复,还是心理资源本身在恢复性环境中可以得到快速补充?如果两个理论所揭示的是不同的恢复机制,那么如何区别它们各自的作用过程则有待于深入思考和探究。如果研究结果得出环境对情绪有影响,那么是环境对情绪产生直接影响还是环境先影响注意,进而注意影响情绪?这一点仍需明确。另外,目前的研究主要阐述了环境对个体的注意、情绪和生理的影响,而对环境从影响个体的注意、情绪和生理到影响行为和健康的理论阐述稍显薄弱。

(4)目前的恢复性环境研究多从视觉的角度进行,缺乏对其他感觉通道的相关研究,如听觉或听觉与视觉的融合。在实际生活中人们接触的情境不止一种视觉刺激,而且视觉刺激较为单一、缺乏生动性。经验告诉我们悦耳的声音能让人心情愉悦,这种能改善情绪的声音情境是否能够在一定程度上使疲劳的定向注意得到恢复,成为一种听觉的恢复性环境,这一点值得进行深入的研究。尽管已有研究通过半结构式访谈让被试评价有注意恢复和压力减少作用的自然的声音,并提出在 86 种声音中鸟鸣声最具有注意恢复效果,水流声次之,(Ratcliffe,Gatersleben & Sowden,2013)但该研究只是采用定性分析法,并没有对声音的注意恢复效果进行深入研究。后续研究可以在听觉通道或者视听双通道上拓宽思路,对其恢复效果进行探索。

第三节　恢复性环境研究的应用价值

恢复性环境的研究属于环境心理学中人与环境研究中的一个新领域。在现今忙碌而快节奏的社会,尤其是生活在交通拥挤、污染严重、信息过剩、高楼林立的都市中,人们每天的生活充满着紧张、焦虑的情绪及过重的压力,而这些焦虑、压力的持续会损害健康甚至导致某些慢性疾病。在环境心理学的研究领域,愈来愈多的研究讨论什么样的环境能够促进人们的健康,进而开展了恢复性环境方面的研究,尽管恢复性环境的研究有诸多不足之处,但恢复性环境似乎仍为现代都市生活提供了可以缓解人们身心压力的途径,进而达到身心保健的作用。

一、为学习、办公等需要消耗注意资源的场所的设计提供借鉴

根据卡普兰对环境偏爱的研究,复杂性会增加环境的不定性,提高唤醒水平,易识别性则利于对复杂环境的组织和理解,减少不定性,降低唤醒水平。只有当两者达到某种平衡时,才能让人们既不失去控制又维持兴趣,并认为那是最美的环境。校园意象的组成元素为建筑、场所、道路和标志。学校应巧妙地借用材料肌理、色彩与植物配置,多种元素综合运用,发掘利用现有性质相异的元素,并加以组合和再创造。将园林引入校园,是校园园林化的一种特殊类型,校园宛若公园一般闲适,也会成为紧张学习生活的休息和放松场所,从而为生理、情绪和定向注意的恢复创造可能。

校园等场所含有自然元素的设计在一定程度上能够缓解学生紧张的学习生活,同时也为生活增添丰富乐趣。Felsten(2009)对美国中西部一个大学校园供学生社交和休息(如休息处,咖啡馆)等场所进行了研究,这些场所的布置根据窗外视野的不同分为四种类别:无窗户或窗户外只是建筑物;晚秋时节无叶树木或可见的建筑物;有田野、森林或有五颜六色树木的墙壁画;有海滨或是瀑布的墙壁画,并有植被。(如图10-3)上述四种类别的环境以图片的形式在电脑上呈现,学生对上述图片进行恢复性效果评估,结果

显示学生认为室内有引人注目的风景画,尤其是含有水元素的景观恢复性效果要好于真实世界里的建筑环境,室内自然环境的风景画为那些定向注意疲劳但又限于现实不能真正到大自然中去的学生在学习间隙提供了恢复的可能性。因此,校园景观绿化设计在一定程度上除了有美化校园功能外,对学生压力、情绪等的缓解和恢复具有重要作用。

图 10-3　Felsten 的研究环境刺激材料

　　Raanaas 等人(2011)也作了类似的研究,34 名被试被随机分到两间办公场所,其中一间办公室内放有 4 盆植物,2 个盆花放在窗台,2 个绿叶盆栽在办公桌的右侧(如图 10-4),另外一间除了无室内植物外设置均相同。被试在两个办公室内分三个阶段完成阅读广度任务(reading span task,RST),这个任务要求被试读出在电脑屏幕上呈现的句子并记住每句句尾的字,该任务是双重加工任务,一方面要求被试进行信息加工,一方面进行回忆,由于该任务试次较多,很容易造成认知疲劳。该研究探究在有无绿色植物的办公场景下记忆任务的差异,并以此验证绿色植物的恢复效果,研究结果表明,被试在两种环境中第一次的 RST 结果没有差异,而在有绿色植物的办公环境中第二次的 RST 正确率高于第二次,而在无绿色办公环境中第二次的成绩没有提高。根据卡普兰的注意恢复理论,室内绿色植物等在认知任务上会有恢复作用,在需要定向注意参与的工作场合中的微恢复性体验(micro-restorative experience)可以使定向注意通过很短时间的注意游离得到一定的恢复,而这种微恢复性体验的获得通常含有自然元素的参与,比如观看窗外的树木等自然景色,浏览风景照片或是书中的风景插图,这些微恢复体验可以增加人的幸福感,缓解人们由压力事件带来的负面影响,在人们有较轻的压力时,微恢复性体验对压力的释放是有帮助的。恢复性环境在国外办公场所的应用已有体现(如图10-5),办公场所的员工休息区除了有便于社交的花瓣型向心环境外,其办公场所的布置能使员工更为舒心地工作,进而创造出更大的价值。

图 10-4　Raanaas 等研究的办公室布置

图 10-5　美国匹兹堡的创新工场办公室和大树同为一体

鉴于上述及众多关于恢复性环境的研究,恢复性环境的研究成果可以为我们的生活及身心健康的维护提供一定的参考意见。对办公场所、学校等需要消耗认知资源的环境的设计可以借鉴恢复性环境的理论。当然,这种场景的设计不可能把以自然环境为代表的恢复性环境的各个特征集中到一起,但模拟的含有自然元素的环境布置也被证明有一定的恢复性,因此,类似办公场所等的环境布置可以参考恢复性环境的特点,在不能全面满足现实真实的环境的情况下,可以在这些场所通过摆放植物花盆、张贴风景画、设立虚拟自然模拟室等手段得到实现。

二、为城市环境规划等部门提供参考意见

城市广场空间、大型主题公园等人流常驻的场地不仅是人们体验城市的重要场所,也是使城市走向人性化的主要途径,因此广场空间等的环境设计必须考虑在其中活动的人的感受。城市公园作为一种自然的娱乐场所,主要目的是为不断扩展的城市提供安静的景致和沉思反省的机会。将自然山水园林理念融入城市广场设计,让人们在喧嚣的城市中找到优美、僻静的场所进行各种闲暇活动,在亲和的空间氛围里得以放松,将会成为城市广场的设计者们长期探索和研究的课题。研究表明,自然环境的恢复效果最好,环境中如果含有水元素的自然特征,恢复的效果会更好,因此城市环境规划等部门在城市规划中要建设一些如主题公园、开放性广场之类的场所,这些场所休憩游玩的人较多。在规划的过程中除了体现城市区域文化价值等特点外,还可以借鉴恢复性环境的特征,将自然环境的元素尽可能逼真地呈现在城市环境中,在美化城市形象的同时为广大市民创建一处恢复性环境的园地,为国民的身心健康提供"健康地带",同时也为定向注意耗竭者提供快速有效的恢复途径。

另外,在某个大城市管辖范围内但离城市历史文化中心相对较远的城市郊区,也是城市规划者应该考虑的对象。郊区多有着天然的自然风光,同时也是生活在喧嚣中的城市人在闲暇之余的度假之地,郊区的自然环境可以满足市民在城市生活中实现不了的活动和体验,如曲径通幽的美妙与神奇感、临溪观光的畅然。因此,城市规划部门与开发商等不可只考虑政绩和经济利益而破坏了郊区美好的自然风景,从而损坏潜在的、可以为市民带来愉悦体验的恢复性环境。在此基础上,对于城市郊区比较好的自然风景带,相关部门可以和旅游等部门进行结合,开发出集旅游度假、缓解压力等于一体的恢复性体验,突出环境的恢复性作用,同时弱化商业作用,为广大市民在周末等闲暇之余提供快速有效的恢复性体验途径。

三、辅助临床治疗效果

医院治疗在疗效上除了采用药物等医疗手段外,医院环境的作用也不容忽视,如卫生、通风等条件是必备的。除此之外,医院环境的自然要素在促进康复方面也起到辅助作用,当代医院建筑环境中促进康复的有利自然

元素主要包括植物、水、新鲜空气和阳光。1972—1981 年 Ulrich 教授对医院环境的康复治疗效果进行了一项调查,两组胆囊切除手术后的病人被分配在不同的病房内,在窗外有自然景色的病房中,患者的人均康复时间为7.96天,而窗外只有砖墙外景的病房患者其人均康复时间为 8.70 天,而前者止痛药用量也远小于后者。[①] 因此,为了使医院的环境符合康复与治疗需求,建筑设计中有必要向自然学习、引进自然要素,并按照自然的规律和美学标准去设计,促进医院建筑环境的良性发展和其本身的治疗康复效果。

医院内的康复庭院是院内人员康复、休息、活动和交往的庭院空间,传统的康复庭院是通过接触自然景观来达到康复治疗效果,如有治疗效果的温泉、鲜花、树木等绿色植物很早便出现在医疗建筑中。对于患者的病体和抑郁的心情而言,康复庭院是可以帮助患者精神放松、缓解心理压力,并提供室外活动和体育运动的场地,同时也是医务人员休息和恢复体力的场所,此外,康复庭院为患者家属和探视人员也提供了一个交往空间。[②] 北京英智康复医院[③]的室内设计和多数医院不同,采用中西合璧的室内设计,为患者提供了整洁清新、温暖如家的环境。(如图 10-6)康复大厅的墙面、灯光色彩设计和设备摆放偏于家庭化,这样的氛围不仅有利于减轻患者心理压力,提升信心,也有利于患者之间的相互鼓励。另外,患者站在康复大厅,可以随时看到绿意盎然的中央花园。通过绿色植物和园林设计,医院既给患者提供了室外休闲场所,又为他们在室内时提供了模拟的自然景色,使得室外环境和室内环境融为一体,营造了温馨的生活气息,进而缓解病人紧张、焦急等负面情绪和心理压力,以促进患者的康复。

因医院多在城市的中心,建造专门的康复庭院会受到用地紧张的限制,那么在真实自然环境难以重现的情况下,医院环境布置和自然环境的逼近还是可以实现的,如可尽可能地通过绿色植物的作用或是窗外视野的补充等手段得到实现。也许建造一个温馨清新、绿意盎然的医院康复环境是未

① R. Ulrich, "View through a window may influence recovery from surgery," in *Science*, Vol. 224(1984), pp. 420-421.

② 晃军, 刘德明:《趋近自然的医院建筑康复环境设计》,载《建筑学报》2008 年第 5 期,第83—85 页。

③ 马孝民:《中西合璧,营造室内温馨康复环境——北京英智康复医院室内设计探访》,载《中国医院建筑与装备》2012 年第 2 期,第 56—57 页。

来医院可持续发展的途径之一。

图 10-6　北京英智康复医院的中心花园及病房区设计

　　恢复性环境的研究起源于人与自然环境关系,研究的理论基础为在恢复性环境中个体快速恢复、无须认知参与的压力减少理论和强调定向注意恢复的、须认知参与的注意恢复理论。这两个理论都源于解释景观偏好的研究。越来越多的研究表明接触自然环境有从压力和心理等疲劳中恢复的体验,这种恢复性体验与人类在自然环境中经历的进化历程有关,人类对于自然环境有一种生物的接受性。自然环境的实证恢复性研究也被用于康复医学和城市景观设计等领域,研究基于恢复性环境的认知收益等身心保健作用、现有研究的不足之处。但恢复性环境的研究还有待于进一步深入的探究,以优化其应用价值。

【反思与探究】

1. 简述题

　　(1)你对自然环境的评价和感受是什么? 恢复性环境和微恢复性环境有哪些差别?

　　(2)列举在你看来令人愉快的室外环境,总结这些环境的特点,并与注意恢复理论中提到的恢复性环境的四个特点相比较看是否一致。

　　(3)除了自然环境外,你认为还有哪些环境类型有恢复性的效果?

2. 讨论题

（1）找出你身边的恢复性环境，对它给你的感受进行描述，并和身边的朋友分享。讨论：你们的意见是否一致？ 是否和个人偏好有关？ 来自城市环境和农村环境朋友间的评估是否有差异？

（2）观察你所在校园的环境设计，并和当地的三所院校相比较，就环境设计带给你们的感受进行评估，并找出其中潜在的恢复性环境。

（3）在现实允许的情况下，给自己生活的小空间进行布置，给自己创造一个有恢复性效果的恢复性环境。

【拓展阅读】

1. 苏谦，辛自强：《恢复性环境研究：理论、方法与进展》，载《心理科学进展》2010 年第 1 期，第 177—184 页。

2. 吴建平，訾非，李明：《环境与人类心理：首届中国环境与生态心理学大会论文集》，中央编译出版社，2011 年。

3.［美］保罗·贝尔等：《环境心理学》（第 5 版），朱建军，吴建平等译，中国人民大学出版社，2009 年。

4. Stephen Kaplan, "The restorative benefits of nature: Toward an integrative framework," in *Journal of Environmental Psychology*, Vol. 15, No. 3 (1995), pp. 169-182.

5. Rita Berto, "Exposure to restorative environments helps restore attentional capacity," in *Journal of Environmental Psychology*, Vol. 25, No. 3 (2005), pp. 249-259.

第十一章　环境问题与行为对策

学习目标

1. 理解自然环境的重要性及其与人类行为的关系。

2. 了解人类活动环境对人类行为的影响,深刻认识人类对生态环境的破坏的严重性,理解环境破坏对人类的影响和环境破坏行为的原因。

3. 掌握生态环境心理学的概念内涵以及生态学和心理学的关系。

4. 掌握环境问题的行为策略,并重点掌握应用行为分析中强化、奖赏和惩罚的运用。

引言

当人类处于原始社会时,由于生产力极其落后,人类对于自然环境只能处于被动的适应状态,对自然界的改造力量很微弱。人类对自然环境真正产生影响,主要是在跨入文明社会以来的几千年时间,尤其是资本主义工业革命以来的 200 多年。20 世纪以来,科学技术突飞猛进,工业发展的速度大大超越以往任何历史时期。人类从开垦荒地、采伐森林、兴修水利到开采矿藏、兴建城市、发展工业,创造了丰富的物质财富和灿烂的文化。现在人类的足迹上及太空,下至海洋,可以说是无处不有。然而,人与自然环境是相互依存、相互影响、对立统一的整体。人类对环境的改造能力越强大,自然环境对人类的反作用也越大,于是在人类改造自然环境的同时,人类的生活环境也随之发生了变化,环境问题就是这种反作用引起的必然后果。随着人类向自然界索取的物质日益增多,抛向自然环境的废弃物与日俱增,一旦达到大自然无法承载的程度,其在漫长岁月里建立的平衡就遭到了破坏,这就是近 100 年来在全球范围内环境问题日益突出的根本原因。

那么,人类赖以生存的自然环境与人类行为到底有什么关系? 人类对生态环境造成了哪些具体的破坏? 这些破坏反过来对人类又产生了怎样的影响? 减少破坏环境行为的策略有哪些? 这些问题将在本章中逐一得到答案。

第一节　自然环境与人类行为

　　自然环境是我们人类赖以生存的最重要的条件,但是,现实中对破坏自然视而不见的情形却很常见。值得庆幸的是,现在人们对自然环境的关注和热爱不断加大,关注自然环境的意识和行为越来越多。

　　自然或者自然事物有极强的时空特点,即不同时代、不同场所同一自然会表现出不同的内容和特征。即便是对于居住在相同环境的人类来说,每个人对环境的看法也各自有自己的理解。因此,对于"自然"这一定义的操作就有极其重要的意义。

一、自然

　　在日常生活中,我们对自然的理解主要来自两种定义:一是对汉语"自然"二字的理解,二是对英文 nature 的翻译。自然和 nature 的共同点是二者都把"人为"作为自然的对立面。区别是 nature 只能作名词使用,而自然不仅可以作名词,也可以作副词,过去还可以作形容词和动词使用。由此可见,nature 无论在什么时候都可以指现实生活中实实在在存在的实体。与nature 相比,汉字的"自然"也有指向实体的意义,但是指向轮廓不清晰的事物也不少。

　　我们常说的宇宙自然、地球自然和人的自然是依据我们在使用"自然"这一概念时大脑的反应状况决定的。就此意义上讲,自然被分为物质自然、生命自然与心理自然三个领域。因此自然是物质的、生命的及心理的结合体。

二、自然环境

　　人类生活在地球表面,这里包含一切生命体生存、发展、繁殖所必需的种种优越条件:新鲜而洁净的空气、丰富的水源、肥沃的土壤、充足的阳光、适宜的气候以及其他各种自然资源。这些环绕在人类周围自然界中的各种因素,如水、空气、土壤、岩石、植物、动物、阳光等综合起来,就是人类的自然环境。

　　自然环境是指人类生存和发展所依赖的各种自然条件的总和。自然环境不等于自然界，只是自然界的一个特殊部分，是指直接和间接影响人类社会的那些自然条件的总和。随着生产力的发展和科学技术的进步，越来越多的自然条件对社会发生作用，自然环境的范围也会逐渐扩大。然而，由于人类是生活在一个有限的空间中，人类社会赖以存在的自然环境是不可能膨胀到整个自然界的。

　　构成自然环境的物质种类很多，主要有空气、水、植物、动物、土壤、岩石矿物、太阳辐射等。这些是人类生存的物质基础，而且在地表上各个区域的自然环境要素及其构成形式是不同的，因此各处的自然环境也就不同。低纬度地区每年接受的太阳能比高纬度地区多，形成热带环境；高纬度地区形成寒带环境。雨量丰沛的地区形成湿润的森林环境；雨量稀少的地区形成干旱的草原或荒漠环境。高温多雨地区，土壤终年在淋溶作用下形成酸性；半干旱草原地带，土壤常呈中性或碱性。不同的土壤特征又会影响植被和作物：在广阔的大平原上，植被表现出明显的纬度地带性；在起伏较大的山地，则形成垂直的景观带。

　　自然环境中的各个环境要素是相互影响和相互制约的。例如西欧、北欧地区温润多雨，在这里工业区和城市向大气中排放的大量二氧化硫，使云、雾增加，雨水酸度增大，酸雨降到地表，不仅有侵蚀作用，而且加强了溶蚀、腐蚀作用，造成土壤和湖泊酸化，影响植物和鱼类生长。

　　在自然环境中，按生态系统可分为水生环境和陆生环境。水生环境包括海洋、湖泊、河流等水域。水体中的营养物质可以直接溶于水，便于生物吸收，水温变化幅度小于气温变化，生物容易适应，水中的氧和氮的比值大于大气中二者的比值，因此水生环境的变化比陆生环境缓和简单，水中生物进化也缓慢。水生环境按化学性质分为淡水环境和咸水环境。淡水环境主要是陆地上的河流和湖泊，是目前受人类环境影响最大的区域，环境质量的改变相当复杂。咸水环境主要是指海洋和咸水湖。海洋中又可以分为浅海环境和深海环境。浅海环境中营养较丰富，光线较充足，是海洋中生物最多的部分；深海环境范围广大，生物资源不如浅海丰富。

　　陆生环境范围小于水生环境，但其内部的差异和变化却比水生环境大得多。这种多样性和多变性的条件,促进了陆生生物的发展,使其生物种属远多于水生生物,并且空间差异很大。如按热量带来分,有热带生物群系、温带生物群系、寒带生物群系;按水分条件来分,有湿润区的生态类型、干燥区的生态类型;按地势来分,有低地区生态类型、高山区生态类型。陆生环境是人类居住地,生活资料和生产资料大多直接取自陆生环境,因此,人类对陆生环境的依赖和影响亦大于对水生环境的依赖和影响,如农业大发展,就大面积地改变了地球上绿色植物的组成。

　　自然环境按人类对它们的影响程度以及它们目前所保存的结构形态、能量平衡可分为原生环境和次生环境。前者受人类影响较少,那里的物质交换、迁移和转化,能量、信息的传递和物种的演化,基本上仍按自然界的规律进行,如某些原始森林地区、人迹罕至的荒漠、永久冻土区、大洋中心区等都是原生环境。随着人类活动范围的不断扩大,原生环境日趋缩小。次生环境是指在人类活动影响下,其中的物质交换、迁移和转化,能量、信息的传递等都发生了重大变化的环境,如耕地、种植园、城市、工业区等。它们虽然在景观和功能上发生了改变,但是它们的发展和演变的规律,仍然受自然规律的制约,因之仍属自然循环的范畴。人类改造原生环境,使之适应于人类的需要,促进了人类的经济文化发展。如在黄河下游修建大堤,控制河水泛滥,垦殖农田,使华北平原的次生环境优于原始状况。但是如果在生产过程中不重视环境中的物质、能量的平衡,就会使次生环境的质量变劣,给人类带来危害。

三、生态环境心理学

(一)概念内涵

　　ecopsychology 是一个合成词,它是由 eco 和 psychology 合成的。eco 是 ecological 的简写。罗扎卡(Roszak,2001)创造的“ecopsychology”这一合成词被越来越多的生态心理学家借用。如费希尔(Fisher,2002)出版的《激进的生态心理学:为生命服务的心理学》(*Radical Ecopsychology*: *Psychology in the service of life*)一书中也使用了“ecopsychology”这一合成词。ecological 是 ecology 的形容词,“ecology”一词源于希腊文 oikos 和 logos,oikos 意为居住、栖息地、家庭,暗含了动物与其栖息地、人与其生存环境之间的关系以及生活环境的整体性、系统性的含义。logos 意为学问、研究。"生态学"一词原意为研究生物栖息环境的科学。在《英汉简明词典》中,ecology 有生态学、(社会)环境适应学、均衡系统等义。从词源上理解,ecopsychology 可理解为使心灵靠近她自然的家和天生的住所,为心灵找到家园的心理学。生态心理学是为了给我们的心灵找到家,这个家便是自然,自然是人类心灵的家园。

(二)生态学与心理学之间的联系

人类心灵与滋养人类以及所有生命的地球之间的联系是什么? 人类的精神健康与更大的生物圈的健康之间的联系是什么? 生态心理学探索了人类自己的心智健全和比人类更大的世界之间的关系,为心理学和生态学悠久古老的分裂之间寻找了一座桥梁,架起了心理学与生态学之间的桥梁。"生态心理学"(ecopsychology)这一概念的提出,让人们看到了地球的需要和人类的需要是连续体,地球的哭泣是我们自己的哭泣。以罗扎卡(1995)为代表的生态心理学家把生态学、心理学和治疗学结合起来。从环境和心理的互动关系出发,寻找环境行为背后深层的心理根源,寻找解决环境危机的心理学途径,认为心理是宇宙大生态系统的一部分,心理的失衡会影响整个生态系统的失衡,整个生态系统的失衡又会影响心理健康。他们把精神健康和生态环境的问题以及它们之间的关系作为研究对象,把心理与环境之间的关系放到心理健康标准的考察之中,重新定义心理健康的概念。

另一方面,生态心理学家要寻找自然对人类的心理价值,寻找治疗之外的力量。他们关注的重点集中在关系和关系周围的环境上,从关注患者转移到对患者周围关系的注意,从内部治疗走向外部治疗。提倡用生态疗法(ecotherapy)去医治人的心理问题。生态疗法认为自然世界塑造着人类的心理世界,人类的心理世界也塑造着自然世界。生态疗法以大自然作为一种治疗介质帮助人们重新适应社会。这种具有疗效的工作包括园艺、野生动物保护、荒野疗法等。生态疗法通过建立与大自然的连接,让人们接触大自然,与自然沟通,体验生活的意义,带来积极的情绪和幸福的感觉。

生态心理学家认为:"生态心理学源于人与自然的疏离感。"人类对自然的破坏,使人类感受到了与自然的分离。人类与自然的分离导致人类对自然的无情掠夺。人类在破坏自然的时候,似乎忘记了自己本身也是大自然的一部分。生态危机不仅是人类的生存危机,而且也是人类的心灵危机。人类对自然的破坏也引起了人的生理、心理失调和各种疾病。人类与自然的分离是现代社会产生诸多心理问题的自然根源。人类与自然沟通的缺乏预示着人类归属感的缺失,产生了人类的孤独和寂寞。生态心理学家将自我的治疗与地球的治疗联系起来,力图恢复人与自然的联系,寻找生命本身的意义,让人们努力记起人类是自然的一部分,也使人们懂得如何成为自然的一部分。帮助人们重新找回人类自然的本性,让我们的心灵回归自然。寻找与自然亲近的体验,在自然中找到回家的感觉。当人的心灵回到自然家园时,保护家园将是人类自觉的事情,是人类本性的自然体现。

(三)ecopsychology 的八项主张

罗扎卡在其著作《地球的呐喊:生态心理学的探索》(*The Voice of the Earth: An Exploration Ecopsychology*)中提出了 ecopsychology 的八项主张:

(1)生态潜意识是生态心理学的核心思想。对生态潜意识的抑制是工业社会破坏环境的深层根源。解除对生态潜意识的抑制是通向心智健全的道路。

(2)在某种程度上生态潜意识阐明的内容表明自然是有秩序的,"宇宙"是终极的"自然系统",包括物理、生物、心理和文化系统的系列。

(3)生态心理学的目标是恢复受抑制的生态潜意识,唤醒固有的、在生态潜意识之内的环境交互性意识。其他疗法是寻找治愈人与人之间、人与家庭之间、人与社会之间的疏离。生态心理学寻找治愈人与自然环境之间更多根本的疏离。

(4)生态潜意识发展的关键阶段是儿童的生命期。生态心理学寻找恢复儿童天生就有的万物有灵论的特质,通过自然神秘主义中所表达的宗教和艺术、荒野体验、深层生态学观点,去适应建立生态自我的目标。

(5)生态自我的成熟是走向对地球负有道德责任的感觉,就像对其他人负有道德责任的生动体验一样。

(6)生态心理学最重要的治疗项目是对某些具有强制的男性化性格特征的重新评估,男性化性格特征贯穿于我们的政治权力组织,它驱使我们去主宰大自然,就好像大自然是一个另类和无权力的领域。在这方面,生态心理学富有意义地描绘了对某些而不是全部的生态女权主义和带有非神秘化性别成见的女权主义者精神。

（7）生态心理学提出在庞大的城市工业文化中保持心智健全的必要性，在社会方向上，生态心理学是后工业化的而不是反工业化的。

（8）生态心理学主张，在地球的和个人的幸福感之间有一个协同的相互影响。"协同作用"这个词的生态学解释是地球的需要是人的需要，人的权利是星球的权力。①

第二节　活动环境与人类行为
——关于场所的社会心理学

一、社会心理学中的场所

在过去的几十年里，心理学以及各种社会科学中已经对场所问题有过很多探讨。在这里应该明确指出我们所说的"场所"（place）是什么意思。"场所"一词有很多含义，它可以指一个住处、一个地点或某一个所在。牛津在线词典将场所定义为：空间的一个特定部分；被一个人或物品占据的某部分空间；一个特有的或自然而成的地点、情形、环境。虽然地理位置容易辨认，但社会科学家们持续争论，说应当使场所的含义越过一个特定区域的界限，延伸到标识一个地方的特征或定位。当下场所的定义包括发生在一个地方的物理的、社会的或文化的过程。这意味着场所同样与背景有关，也就是说，要考虑的因素还有很多。如 Rodman（1993）所说，"场所这个名词瞬间变得如此简单，又如此复杂。任何有关场所的认识都在个体和集体的层面上，与空间、建筑形式、行为和思想交织起来。并且这些都发生于特定的社会、经济、政治和历史的背景中"。一些心理学家倾向于关注个体或小群体的行为，就仿佛人们存在于物理真空中一样，这是有局限的。

似乎为了迎合20世纪70年代的社会心理学危机，环境心理学家在那时提出，社会心理学个人主义流派中的思想与行为以及主客观联系的传统观

① 吴建平：《生态心理学探讨》，载《北京林业大学学报》（社会科学版）2009 年第 3 期，第 40 页。

点都太过狭隘了,并且不能解释环境对人类行为的影响。环境心理学通过将内在关注(关注态度、认知、心理表征和感知,以及人怎样影响环境)与外在关注(关注物质背景以及物理环境如何影响人)相结合而得到了发展。这个领域的发展越来越多样化,并同时包含生理和社会定向的心理学。比如《环境心理学杂志》主题范围十分广泛:对冒险的认知与对自然灾难的准备之关系、青少年个体特征与其周围环境的关系、社会资本在研究场所与健康时所占的地位、宗教信仰在圣地评估中起的作用,以及观察不同照片时是否出现不同眼动。这些广泛的主题反映出环境心理学发展成了一个研究人与环境交互作用的跨学科领域。它包括运用心理学知识去理解人类行为与经历怎样被环境所影响,同时也考察人们如何影响和塑造他们的环境。环境心理学还包含对生理机能问题的关注,比如个体使用环境线索而穿行于世间,也包含更多的社会心理学定向的问题,比如发生在特定区域的群际关系。①

二、活动环境

(一)环境与行为

社会关系内嵌于特定的物理环境或活动环境之中。人与环境是"相互定义"的,因为两者相互塑造,并赋予对方意义。活动环境是社会生态与文化传统的显著可见的表现形式。活动环境同时包括物理环境特征和个人特征,包括规则、意义、价值等,这些都形成了人们的行为方式。

若想了解特定人类行为发生的环境,以及环境对人们在不同环境中做与不做什么所产生的影响,则"活动环境"这个概念是十分有用的。它可被用作一个灵活的概念,使我们思考人们在特定环境中,怎样通过他们的活动来塑造他们的行为。简单的活动形成了关于适宜行为的社会规范。比如,在一个体育比赛中,人们通过叫喊与跺脚来支持某个队,这是适宜的行为,但如果我们在丧礼仪式上做同样的行为,一定会被逐出门外。因此,这些活动有助于定义在不同场所中,何为适宜行为,何为非适宜性行为。

---

① [英]霍杰茨等:《社会心理学与日常生活》,张荣华等译,中国轻工业出版社,2012年,第 167—173 页。

日常活动有助于形成场所的意义,这种思想在社会心理学中已非常明确。社会心理学有多个研究视角,可以研究社会环境中的个体、人与人之间的关系、群体对个体的影响等,这些都需要对特定环境中的可接受与不可接受行为进行探索考察。因为人们需要调节他们的行为,人的行为是在一定环境中得到体现的,人们的自我感也正来自他们认为自己所归属的那些场所。

因此,环境为人类行为提供了发展的空间和方式,环境也为人类成长提供了参照标准。人类行为中的个人问题,其真正的原因常常不是个人原因,而是深层次的环境原因和社会原因。

(二)环境的特征

环境的易识别性、生气感和舒适感是环境心理学中十分重要的方面。

从识别性讲,人的行为与环境的易识别性,一方面反映了环境结构模式的导向性和识别性,另一方面也反映了人对环境结构的理解方式和识别能力。因此,环境的易识别性是人的空间行为的识别能力与环境结构模式的统一表现形式。

环境的易识别性对人的行为有着重要的影响。第一,环境的易识别性不仅有利于人们形成清晰的表象,对定向和交往有着积极的作用,而且使人在情绪上感到安全和安定。当人无法根据环境提供的信息确定方位时,人会产生不安的情绪。如果被感知的信息表明一切都在控制之下,都符合人的期待,人就会感到放心。第二,环境的易识别性使人们觉得对环境产生了一种控制感,有行为的自由。第三,一个方向混乱的环境总是使人觉得特别厌烦。不易识别的环境常常引起人们的消极反应,最不易识别的抽象图案甚至会引起人们的愤怒。总之,环境越容易识别,人们的表象越加清晰,人们的行为就有依据,人们对环境的比较、评价乃至欣赏就越有基础。

空间的生气感与环境的封闭性、采光、绿化、结构设计以及活动人数、活动方式等都有密切的关系。从环境与人的空间行为的关系来看,没有人的活动就谈不上空间的生气感,同时阳光、绿化等生态实体也非常重要。人们虽然在不断适应自己创造的人工环境,但仍然有渴望接近自然的迫切需要,这也说明了人向往自然的天性。

而环境的舒适感主要和个体主观感受的空间位置、环境与客体的依靠性有关。凡是人感到舒适的空间都有两个特点：它是一个较小的部分封闭的空间，可以作为人们的依靠；人们可以通过它开放的部分看到另一个较大的空间。不过，舒适的空间还涉及个人的需要特点和社会文化背景的因素，只有综合考虑各种因素，才能创设出更适合人的令人舒适的环境。

一个生气勃勃、舒适宜人的环境可以激发人积极的态度，有助于情绪的调节并形成健康、和睦的人际关系，满足人的生理和心理需要，使环境与人的行为更为和谐。

三、基于场所的身份认同

社会心理学的核心是个体与集体特征的问题。这些问题显然与在某些场所的经历相关联。基于场所的身份认同是通过对环境（包括整体布局和社会交互作用）的深入了解，且环境能给予一种归属感来形成的。对足球场的研究显示，主场为球迷们提供了一种强烈的连续感、归属感以及所有者的感觉，当他们与此地产生社会关系的时候，便会产生这种感觉。在每场比赛中，因举行的仪式、相互间的友谊和诸如服饰、旗帜、标语等实物的一致性，球迷能建立强烈的身份认同。

在某个环境中，我们每个人或多或少都会形成"地盘感"（领域感），这大抵是因为我们的记忆大概都与这个特定的场所相联系，这些场所为我们提供了一种联结感、历史感以及共同的活动。这种联系是通过相关积极情绪的经历建立培养起来的。对贯穿我们生活的居于场所的身份认同来说，场所联结极为重要。对于这一点，只需要看看人们作自我介绍时，说自己来自哪里就十分了然了。他们也许会说我来自某个国家或者城市或者区，这取决于谈话的背景。物理环境往往有助于人们形成自我效能感和自我独特感。这种与场所的关联也可以联结到特定群体中去，并且与声誉或是耻辱、文化、宗教、种族以及社会地位相联系。场所与特定群体相联系，并在此过程中形成他们自己的特征。在剪草坪、做水景以及擦除涂鸦的时候会发现，破碎的窗户、废弃物品、涂鸦，这些都透露出关于一个地方的大量信息。

场所依恋是指一个人在某一特定地点产生了积极经历并形成了一种依附于此地的感情。特定地点会使人留下难忘的记忆，即使我们只能在思维里重游此地，这种记忆的影响依然存在。然而，我们对在日常生活中经常重游的地方,则会产生一种特别强烈的场所依恋。积极的场所依恋对维持身心健康有着重要而持久的作用。待在喜欢的地方是很有益的,比如放松、减轻焦虑、自由联想、增加积极情感、减少消极情感、有思考问题的空间以及想起我们关注与在乎的东西等。

引入本节的本意是,人类不是只存在于个体肉体中的基于个性的不变实体,在不同环境下,人可以有可预测的态度和行为。人的行为和场所密切相关,这个观点和基于场所的特征概念是一致的。这种主张并不排斥个性、个体独立或人的能动性,而是认为人们与存在于社会结构中的生活世界是交织在一起的。所以,从根本上来讲,人们都是受他人、机构和物理环境影响的。从自我发展来讲,研究者们都认为自我是一个持续的发展过程,并能在不同背景与交互作用中转换。我们随着环境而转变、适应与成长。我们在与这个世界的交往中,慢慢认识自己。概括起来,一个人可以经由自己的声音、身体、服装与财产、习惯、场所(家)、朋友以及家庭去感受自我。

社会心理学家越来越认为,场所远不只是心理过程的发生背景而已。场所塑造着我们的自我感知和我们与他人的深刻关系。同样,被一个场所拒绝,则会带来不得其所的感觉以及失去自我的感觉,两种感觉联系在一起最终会导致心理健康问题。

第三节　环境问题

一、人类对生态环境的破坏

在 20 世纪 60、70 年代,人们越来越意识到环境污染问题,而且,人们也越来越清楚像石油那样的自然资源是有限的。于是,有人提出"地球日"这个口号,来唤起公众对环境问题的关注,以期改变某些生活方式,使能量和资源得以保护,污染得以减少。但遗憾的是,由于政治和经济的动荡,局部战争的纷扰,环境问题不再使世人瞩目,地球日也仅给人们留下了一个淡淡的回忆。直到 20 年后,环境问题再度成为热点。森林锐减、大面积的草原破坏、沙漠化、水土流失、盐碱化、土地污染、生物多样性丧失。环境污染加剧,大气中存在的污染物种类增多,空气质量严重下降,全球有 8 亿人生活在空气污染的城市中。江河湖海的污染日趋严重,人们的饮用水受到污染,水质污染引发的疾病死亡率已成为人体健康的主要危害。城市垃圾、污水、船舶废物、石油和工业污染、放射性废物等大量涌入海洋,造成海洋水质污染,一些海洋生物因海水污染发生性别变异。由于温室气候增加了海水的酸度,加大了海洋噪声,影响了海洋哺乳动物之间的交流,使得鲸鱼无法集体行动,无法交配繁衍后代。资源锐减、物种灭绝,生物多样性的世界正在发生着严重的危机。世界森林的不断减少直接导致生物品种多样化的消失和物种灭绝。淡水资源短缺,世界上很多地区和国家处于严重缺水的状态。

环境危机问题并非我们这个时代特有的问题。人类早期文明(如美索不达米亚文明、中美洲的玛雅文明)也因过度依靠农业,大大改变了自然环境,使生态系统日益恶化,直到无法维持原有人口的生存。彼时于此时的不同之处,在于早期的环境危机一般是局部的,而我们现在的环境危机则是全球性的。[①]

二、环境破坏对人类的影响

环境破坏行为损害了人类的生存空间,环境恶化的影响和危害是多方面的,这种危害对人类的影响是深远的。

(一) 影响人类的生理健康

现代医学的发展使现代人比半个世纪以前活得更长寿、更健康,但工业化、城市化造成的日益恶化的大气和水污染,在一定程度上导致呼吸道疾病和癌症发病率提高。流行病学调查已经确定了空气污染和呼吸道疾病之间的相关性,特别是烧煤导致空气中致癌物质苯并芘颗粒和二氧化硫的增多,与肺癌和呼吸道疾病的发病数成正比。据推测,空气污染每年在中国导致1500万例支气管炎,2.3万人死于呼吸道疾病,1.3万人死于心脏病。

《2002年中国人类发展报告》指出,人通过饮用水接触到过多的有机物和无机化学品是导致慢性病的重要原因。据世界银行估计,环境污染给中国带来的损失相当于中国国内生产总值的3.5% ~ 8%,最大的影响就是大气污染、室内空气污染和水污染导致慢性病所带来的健康损失。白血病、肿瘤疾病都与空气污染有关。有专家指出,农业化肥及除草杀虫剂的有毒物

质,装饰材料,让动物快速增肥的饲料以及受污染的土壤、水源等直接或间接地毒害了人类的精子,使现代社会男性精子的密度和精液量严重下降,男性性功能衰退出现得越来越早,男性性功能障碍的比例在不断上升。另一方面,女性早熟严重提前。

(二)影响人类的心理健康

空气污染、城市的交通噪声、城市拥挤的人口、鳞次栉比的高楼大厦,对现代人而言,环境成为压力的来源,使人们处于环境压力的应激状态。噪声会使人产生焦虑、厌烦、易怒等不愉快的情绪体验。拥挤导致人际冲突增多,城市暴力犯罪现象上升。噪声还降低了儿童的学习能力和阅读能力。高楼大厦导致城市气候的热岛效应。自然灾害和科技灾害会使人感到恐惧、紧张、不安和无助。这些都成为影响人类心理健康的环境压力源。

三、环境破坏行为的原因

(一)社会认同原理的作用

社会认同原理由欧洲社会心理学家特纳(Turner)等人提出,该理论指出,我们进行是非判断的标准之一就是看别人是怎么想的,尤其是当我们决定什么是正确的行为的时候。如果我们看到别人在某种场合做某件事情,我们就会断定这样做是有道理的。

在电影院里,看到地上有别人扔掉的爆米花袋子,我们就会把自己手中的爆米花袋子心安理得地扔到地上。别人做的总是对的,我们周围人的做法对我们决定自己应该怎么做有重要的影响。当证据是由其他许多人的行动提供的时候,社会认同原理更加有效。有一项试验验证了这种情况,地上已有传单的数量与往地上丢弃传单者的人数呈正比。公共场所有废弃物的存在,暗示着此处可以扔废弃物。采取一种行为的人越多,我们就越会觉得这种行为正确。周围的许多人适应了自己生活的环境,对城市的噪声、灰蒙蒙的天空已没有任何异样的感觉,就如同天空本来就是灰色一样。你作为他们其中的一员,看到大家都是这样生活,这样感知环境,你也觉得这样的情况很正常。

前文已介绍过著名的"温水煮蛙"实验,现在人类对地球环境恶化的感知就像那只生活在温水中的青蛙,环境恶化是渐变的,森林减少、大气臭氧层破坏、温室效应等环境问题对人类个体而言,就像青蛙感知水温的变化,浑然不知其生存的环境正在慢慢向其反面转化。生物个体对突变的环境会产生急性应激反应,而对于渐变的环境会产生适应和习惯行为,而当环境的变化超过了生物个体所能承受的极限时,生物个体的最终消亡是不可避免的结局。

(二)公共资源困境

1968 年,英国的哈丁教授(Garrett Hardin)在《科学》杂志上发表了一篇题为《公共地悲剧》(*The Tragedy of the Commons*)的文章,首次提出公共资源困境的理论模型。他表述了这样一种象征:任何时候只要许多人共同使用一种稀缺资源,环境的退化便会发生。在这篇文章中,哈丁描述了一个"对所有人开放"的牧场,每个牧民都可以自由地在这个牧场放牧。由于每个牧民从自己的牲畜中得到直接的收益,所以他们不断增加自己的牲畜。不久牧场的牲畜数量急剧上升,并达到了过度放牧的状态。这时,每个牧民都因公共牧场退化而承受损失,但是,因为这种损失是由全体牧民分摊的,也即每个牧民承担的只是由于过度放牧所造成的损失的一部分,所以,他们依然增加其牲畜的数量,当牲畜量远大于最佳的放牧量时,牧场的资源无法更新,草场退化,土地沙漠化,这样就导致了牧场最后的荒废。这就是公共资源的悲剧。

我们的环境就是一个最大的公共地,当代生活的许多方面都跟这一情境具有极大的类似性。许多资源都被过度消耗,这危害到我们将来对资源的利用。对个人来说,我们常常发现自己面临作出与资源相关的决定,这些决定等同于是否为自己的羊群多加一只羊。我们会为保护树木而避免使用一次性筷子吗? 我们会为减少空气污染而少开汽车去坐公交车吗? 在某种意义上,我们的需求与社会的要求相矛盾,即短期内的个人所得与长期的社会需要相冲突。环境资源既具有稀缺性,又具有公共性,同时具有外部不经济性。人们过度使用公共资源,几乎不用承担成本,而限制自己使用所产生的收益,却分散到所有共同使用公共资源的人身上。因此个体在作决策时更不会主动考虑自身行为所包含的所有社会成本,所以行使该公共产权的人会倾向于尽量多、尽量快地利用公共资源,从而造成资源过度使用。

另一方面,每个人都具有强烈的责任规避与"搭便车"诱惑。当资源系统是由许多使用者共同使用时,系统的维护和改进也为所有的使用者共享。所有的使用者都会从维护资源系统中受益,不管他们是否对此作出贡献。而规避维护资源系统的责任能够改变行为者的收入和成本,行为者从其活动中获得了利益,但并未承担相应的成本或贡献,因此责任规避者成了"搭便车者"。人们在环境资源供给和消费上存在"搭便车"的动机,都等着消费别人供给的环境资源,结果是谁都不生产,这就是一种公共资源困境。

第四节　环境问题的行为策略

与环境相关的行为技术的目标就是增加环境保护行为的出现频率,例如修旧利废、节约能量等,并减少破坏环境行为的出现频率,这些技术大致可分为三类:环境教育、提示和强化技术。

环境教育和使用提示常称为先导策略(antecedent strategies),因为它们在相关行为出现之前使用,旨在鼓励和阻止这些行为。强化技术则是最常见的后发策略(consequence strategies),就是对行为的结果加以操作,使特定行为导致愉悦或不愉悦。

一、环境教育与环境伦理观的培养

(一)早期社会化与环境教育

改变危害环境行为的最常见方式大概是教育活动。人们通常在广告栏上作宣传,或通过电视和广播进行宣传,即公益广告,还设计了许多教育计划旨在培养中小学生保护环境的行为。无论是反对乱扔垃圾,还是呼吁节约能源,采用教育的方法都很合适,既简便易行,又普及面广。教育活动的依据在于宣传使人更加关注环境问题,使人们改变态度,进而改变行为。

解决环境问题的困难之一,是人们往往把环境问题看作由工程师、物理学家以及其他"硬科学"的学者来处理的工程技术问题,但从本质上看,环境危机是不良行为造成的危机。尽管如此,在寻求解决环境危机的办法时,人们还是忽视从社会、政治和心理因素上寻找根源,各级政府还不能有效地使用科学技术去处理环境问题。

环境问题是由人类行为引起的,环境危机是不良行为造成的危机,它们也能由人类行为得以扭转,通过环境教育和行为指导,可以有效地增强人们的环境意识和环境保护行为。社会化是指通过社会知识的学习和社会经验的获得,形成一定社会所认可的心理—行为模式,成为合格社会成员的过程。我们的环境行为依赖于我们建立在幼儿期的教育和社会化基础上的基本价值和信念。由于不同时代对自然的不同态度,不同时代的人形成了不同的环境价值观。19 世纪发展起来的以人为中心的价值观、以消费为导向的生活方式是当代成人世界基本的价值观和生活方式。改变这一代人的价值观和生活方式,让正在成长中的幼儿建立一种对自然的新的态度和生活方式,建立一种新的价值观,需要从早期社会化开始对儿童进行环境教育,从家庭、幼儿园、学校对儿童进行环境教育。在儿童形成价值观的过程中要充分接受生态环境知识的教育,使环境保护意识成为儿童价值观的主要内容。未来社会中,一个合格的社会成员必须是一个具有环境保护意识和环境保护行为的人。

　　1998 年,国家环境保护总局、教育部在全国范围内进行了我国首次样本量最大的全国规模公众环境意识调查,调查结果显示,中国人的环保知识水平普遍很低,年龄增长与环保知识总体成反比,青少年的环保知识水平高于中年人,中年人高于老年人。中小学生的环境意识在对环保的重视程度、自然观、环保行为等各个方面均明显高于成人。环境教育在未成年身上产生的作用通过反向社会化影响他们的父辈。反向社会化又称逆向社会化,即传统的受教育者对施教者反过来施加影响,向他们传授社会变化知识、价值观念和行为规范的社会化过程。通过反向社会化,影响当代人的生活方式和对自然的态度。即通过儿童青少年对其家长以及社会大众进行环境教育的“反哺”,如孩子向家长宣传不吃青蛙及蛇等有益动物,节约地球水资源,讲解空气和河流不是不花钱的“无偿资源”、大海和河流不是垃圾回收厂,传播什么是环境成本,谁污染谁付费等环保知识;而且要把知识引入各种专业教科书中。一个健康的环境,即清洁的空气,清洁的水,未受污染的土壤和干净的城市,是与良好的秩序和完善的教育同样重要的公共社会财富。让下一代从小懂得,保持健康的环境条件是人类生存的基本需要。尽管过去自然界曾经作为无偿的资源,但是今天应纳入人类文明所必需的预算之中。

(二)通过环境教育,建立新的伦理道德观

1982 年 10 月 28 日,联合国大会通过《世界自然宪章》,它宣告:"生命的每种形式都是独特的,不管它对人类的价值如何,都应当受到尊重;为使其他动物得到这种尊重,人类的行为必须受到道德准则的支配。"要建立新的价值观,建立新的伦理道德观,要把爱的原则扩展到动物,要懂得善待自然环境就是保护人类自身。

美国环境伦理学家霍尔姆斯·罗尔斯顿(2000)曾说:"大自然其实给人类的最重要的教训就是只有适应地球才能分享地球上的一切。只有最适应地球的人,才能其乐融融地生存于其环境中。"①未来的教育中,培养最适应地球的人、最善待自然的人是我们的主要任务。

(三)促进可持续发展的生活方式,倡导绿色消费

可持续发展是 20 世纪 80 年代提出的一个新概念,它是随着对全球环境与发展问题而提出的。可持续发展是既满足当代人的需求,又不对后代满足其需求的能力构成危害的发展。为了不再向子孙后代索取资源,我们应提倡一种可持续发展的生活方式,如通过公共政策限制人们强烈的购买欲望,提高能源税,控制消费支出,提倡绿色消费,进行合理消费。

绿色环保式购物的含义是指购买和消费对环境无害的产品(例如,使用可循环利用的产品,使用最少或可重复利用的包装,使用由可生物降解原料制成的产品),携带布料购物袋逛超市,当我们购物时,可以选择环保的对环境造成较少危害的产品。

改变人类食肉的饮食习惯对环境保护也是非常重要的。当考虑对环境有利的食物选择时就需要考虑食肉的问题。因为对于食谷物和大豆的家畜而言,肉是一种能量不充分的食物形式。一般说来只要注意营养搭配,素食是不会有任何坏处的,有人说素食容易使人老或是素食会造成激素失衡,这些都是没有任何科学证据的言论。素食能让人神清气爽,素食者反而会比荤食者更加年轻态。

---

① [美]霍尔姆斯·罗尔斯顿:《环境伦理学——大自然的价值以及人对大自然的义务》,杨通进译,中国社会科学出版社,2000 年,第 484 页。

(四)倡导东方哲学

在人类历史中支撑人类理性的是传统文化的力量,西方基督教与环境问题的产生存在着内在的关系。基督教明确地将人与其他生灵间的关系定义为统治与被统治的关系。唯有人是按上帝的形象造的,上帝造人是要人在地上行使统治万物的权利。在环境问题日益严重的今天,基督教面临的最大挑战是为了生态保护问题肩负起伦理责任。

中华民族有着自身的文化优势。道家提出万物平等自化等生态伦理思想,如庄子所说"号物之数谓之万,人处一焉",意思是如果我们将自然的一切说成一万件东西的话,那么人只是其中的一件。人类没有特权,只是地球上的普通一物。面对人与自然矛盾冲突日益严重的今天,倡导中国的传统文化,把中国传统文化中体现出的态度和行为教于年轻一代,要使中国传统文化中"天人合一"的宇宙观、中庸节制的取物观等思想发扬光大,成为东西方人普遍接受的价值观和文化理念。让人们从中国文化的内涵中理解与自然合一的本质,去思考人类漫长历程中的种种因果机制。

不同的文化观念构成了人们对自然的基本概念,也形成了人们对自然的不同态度和行为。藏族采用的是一种简朴自然的生活态度和生活方式。人们的日常生活极为简单,一壶酥油茶、一碗糌粑或一把风干的牛羊肉,就是长期的饮食内容;一件藏袍,白天当衣穿,夜间当被盖,一顶小小的帐篷就是自己的家;牛粪是生活中不可缺少的燃料。这种简朴的生活,被藏民视为正常的生活,没有对物质财富过多的贪欲,使人对自然的索取减到了最低的限度,从而保证尽可能少地改变环境的原生性,使人和环境长期和谐相处。

二、提示

同教育一样,采用提示使人们意识到保护环境的必要性,也是先导策略之一。在人们进行某种活动之前,将提示物呈现在人们面前,以期对人们的行为产生影响。大多数提示物是文字、图片或是声音,使人们对已知的事情加以注意,如不要乱扔垃圾,离开房间要关灯等。

1.各种各样的提示

提示(传达信息的提醒)被用来促进环境保护。电视台播音员提醒听众明智地使用能源,大学宿舍走廊中的标记提醒我们"空屋喜欢黑暗"。模仿是指我们观察其他人从事环保行为,也可以被视为一种提示。趋近提示暗示了一种使你从事特定行为的刺激,如"请你在离开教室时关灯"。回避提示暗示了一种阻碍,如"禁止践踏草坪"。

提示有些时候确实可行,特别是一些具体明确的提示。在正确的时间、恰当的地点,而且提示所要求的行为很容易付诸行动时,提示效果会非常好。贝克尔(Becker)和塞里格曼(Seligman)在1978年设计了一个很有效果的提示牌。他们很聪明地在厨房里安了一盏灯,如果室外温度在20℃以下而空调还开着,那么提示灯就会亮起来,它告诉你空调现在是多余的,应当关掉,所以直到你关掉空调,灯才会自动灭掉。这一措施可以节能15%。

许多地方都把提示牌和提示语作为防止乱扔垃圾的预先措施,如贴了"禁止扔垃圾"提示的地方比不贴的地方要干净。所以,那些写明了希望把垃圾怎样处理的提示(请把废纸扔进垃圾箱)比那些不具体的提示(请保持这里清洁)更有效。而且在越接近垃圾箱的地方,扔垃圾相对方便的地方贴出的提示效果会越好。此外,礼貌和非强制性的语言也能带来更好的效果。即使在最理想的环境下,这些措施改变行为的规模也是很小的,要想得到一个更显著的效果,需要经过许多人长时间的探索。

另一种提示是提醒人们哪里有可以扔垃圾的地方。大量的垃圾桶出现之后,乱扔的垃圾量下降了许多。垃圾桶以及类似垃圾桶的东西作为禁止乱扔垃圾的提示信息时,其作用要取决于它们的吸引力和形状、颜色的特殊性。有研究观察到彩色垃圾桶可以使垃圾量比基础水平下降14.9%。与此相比,普通垃圾桶只能降低3.15%。还有研究显示,亮颜色的形状像鸟的垃圾桶比普通垃圾桶更能吸引人们适当地处理垃圾。还有,设计精巧的垃圾桶如足球场附近的垃圾桶设计成足球形状,也会在很大程度上减少足球场附近的垃圾量。

2. 垃圾带来垃圾

其他作为提示信息的先行因素还包括环境中已有的垃圾数量和榜样的行为。一般来说,存在"垃圾带来垃圾"的效应。环境中本来的垃圾越多,它就会变得更脏。正如同前面所述,地上已有传单的数量与往地上丢弃传单者的人数成正比。在被垃圾污染的环境里,垃圾的增长5倍于干净的环境。

直接观察榜样的行为可以作为降低或增加垃圾量的一种提示。这是一种社会学习行为。让个体观察榜样的行为,榜样在干净或肮脏的环境中丢弃垃圾或不乱扔垃圾,当我们看到榜样或公众人物在干净的环境中不乱扔垃圾之后,我们乱扔垃圾的行为就会减少。在看过榜样在肮脏的地方乱扔垃圾后,观察者或旁观者乱扔垃圾的行为也会出现得最多。[①]

三、应用行为分析:奖赏和惩罚的效果

(一)应用行为分析

应用行为分析是广泛采用的行为科学技术,也常用于解决环境问题。它源于斯金纳(Skinner)的激进行为主义,是一种后发策略,通过在行为之后施以奖赏和惩罚来改变与环境有关的行为。实质上,应用行为分析就是操作性条件反射在人类实际生活中的应用。

斯金纳是最先把资源匮乏、污染和人口膨胀问题和人类生存联系在一起的心理学家之一。他最畅销的小说——《桃源二村》,从行为学的角度研究了乌托邦问题,并且对行为学原则如何重新规划一个更健康、更有效果的社会,提出了深入的、大胆的看法。对人类问题的行为学方法有着更加严肃的探讨出现在他的后一本书里,叫作《超越自由与尊严》。在两本著作里,他都对重新形成一个可持续性文化的问题进行了测验,并且提出即将发生的生态灾难是由不合适的人类行为造成的。他主张我们应该重新塑造文化以期更加合理的行为,那就是,我们需要一种关注保持行为发生时环境健康程度的行为技术。

要了解操作性条件反射,首先要了解"强化"这个概念。强化刺激物或称强化物,是指继现在某种行为之后,加强此行为或增加此行为在将来再次出现的可能性的刺激。你或许会想到食物、金钱、分数之类的事物是强化物,这当然无可非议。但实际上,强化物可能会是任何事物,只要它能增加目标行为(或称靶行为)出现的可能性。

在某种行为出现之后,给人以惬意的、奖赏性的刺激,称为正强化。比如鼓励使用公共交通工具以减少交通拥挤和空气污染。在目标行为出现之后,消除令人厌恶的、不快的刺激,就是负强化。负强化与正强化的区别在

---

① 朱建军,吴建平:《生态环境心理研究》,中央编译出版社,2009 年,第 202—218 页。

于：前者是取消不快的刺激，而后者是施加愉快的刺激。在两种情况下，出现在强化之前的行为都是被加强了的。人们往往把"惩罚"与"负强化"这两个概念混淆，实质上两者是截然相反的。在目标行为出现之后，给人施加厌恶的、不快的刺激，就是惩罚。惩罚的效果是减弱某种行为，而非加强，也就是减少此行为再次出现的可能性。对乱扔垃圾、污染水源和空气等破坏环境的行为施以罚款，是政府部门最常用的惩罚方法。

给人施以强化的程序是影响强化效果的重要因素。虽然说存在多种不同的程序，但它们一般可以归为两类：连续强化和间歇强化（或称间隔强化）。在连续强化中，每次出现目标行为，行为者都会得到强化；在间歇强化中，则依预定的程序，仅对某些目标行为进行强化。虽然两种程序都有一定的优点，但在用于与环境有关的行为时，多采用间歇强化。因为间歇强化费用较低，并且不会消退。采用连续强化的程序，一旦不给行为者实施强化时，其行为很快退回到自然发生的频率；而使用间歇强化的程序，不再给行为者实施强化后，其行为也会保持较长的时间。

针对与环境有关的行为，人们采用了不同的间歇强化程序，其中之一就是固定个体比例（fixed person ratio）。采用固定个体比率程序时，对一些做出目标行为的个体，只在其中一个特定行为之后，给予正强化。比如，若鼓励人们交回装满废物的垃圾袋，则在回收中心对那些交回垃圾袋的人们，逢五给予一次奖励。对大群体的许多个体进行强化，不同于那些用于单一个体的传统的行为强化程序。其他用于鼓励环境保护行为的程序还有可变个体比率（variable person ratio）、固定个体间隔（fixed person interval）、可变个体间隔（variable person interval）。在间隔程序中，给予一次强化后经过的时间是实验程序的决定性因素，而给予强化后反应的数量则不是决定性因素。例如，若用固定个体间隔的程序鼓励回收垃圾的行为，就可以每三小时给一次奖赏，而不管实施最后一次强化后有多少人交回垃圾袋。

当使用强化来控制行为的时候，强化物是否有效是至关重要的。虽然说没有万无一失的方法来确定强化物的效果，但还是有一些方法可以用来评估强化物是否有效。在确定强化物的效果时，研究者必须对情景加以严格的控制：目标行为必须明确，目标行为的自然发生率（基线）也必须明确。稳定的基线水平对结论是否有意义非常重要。如果基线本身杂乱波动、上下起伏,则难以确定其变化是否由强化物引起。一旦确立了稳定的基线,则可用一些技术来评估强化物,其中之一就是取消法(withdrawal design):引入强化物,再取消强化物,看行为是否返回基线水平;然后再引入,再取消,如果行为随强化物的呈现与否出现与其一致的变化,则有理由认为是强化物引起了这种变化。例如,假定一个城市的卫生部门希望居民将其垃圾分成可回收的与不可回收的,当居民这样做时,他们可以免费进入社区的高尔夫球场和游泳池。为了了解这种方法是否行之有效,先要知道平时将垃圾分开的居民占多大比例,即基线。确定基线之后,城市实施强化措施。在周三实施期间,卫生部门人员给那些将垃圾分开的居民发放有效期为一周的免费证。在此期间,统计一下将垃圾分开放置的居民人数。周三强化期之后,取消强化三周,看将垃圾分开的居民比例是否回到基线;如果是这样,再实施强化三周,再取消强化三周。如果将垃圾分开放的居民人数随免费证的发放与否上下波动,就有理由得出结论:这个城市找到了有效的强化物。如果两者没有关系,这个城市就只有另想办法了。

有时,取消可能有效的强化物会有实际困难,会涉及伦理问题。在这种情况下,研究者采用多重基线方法(multiple baseline procedure),依然可以评估强化物的效果,且可避免取消强化物引起的麻烦。多重基线方法是用一系列不同的目标行为来验证同一强化物。例如,这个城市如果不愿意冒险使居民恢复以前不将垃圾分开的行为,它可以用免费证来鼓励其他行为,如节约能源、拾起公园的垃圾等。如果在这些情况下,实施强化都会增加目标行为出现的频率,则强化物的有效性就更加令人信服。

(二)奖励和惩罚

1. 操作性条件反射原理对环境行为的调节

操作性条件反射原理的一个基本方法是对行为给予奖励(强化),行为就可以保持。对行为给予惩罚,行为得以减少或终止。对环保行为的奖励可以鼓励人们的回收垃圾行为,而惩罚可以有效减少人们破坏环境的行为。强化分连续强化和间隔强化,固定比率强化是间隔强化的一种方法,是指按一定的比率,根据累加给予不同的奖励。固定比率式的强化方法可以很好地刺激人们行为的积极性(见课后题)。

德国政府通过奖励措施鼓励人们的节能行为。如德国铁路在周末有一项特惠项目,那就是用极低的票价,可以在两天内搭乘除特快以外的任何火车,到德国的任何地方,而且一张票可以乘五个人。这项措施的目的就是为了鼓励人们少开私家车旅行,而火车在周末因为公务往来人少,空着也是空着,电力资源依然支出。

但要注意的是,应用奖励办法要因地、因时而异,方法变通,灵活多样,而且要把奖励的支出控制在最低限度内。超市购物设"瓶子费",购买瓶装和铝罐装的产品会收取 5 元的押金,退还瓶子和铝罐就能拿回押金,如果你没有退瓶子,就损失了 5 元钱,这种方式也可以促使人们回收垃圾。

惩罚是终止一个行为最直接的办法。制定严格的《环境保护法》,用法律的惩罚力度,去终止环境破坏行为。《环境保护法》要具有可操作性,具体到每一项环境破坏行为,而且惩罚的力度要大,要产生威慑力。如新加坡政府在环境保护方面的严密执法力度,细到一枚烟蒂、一块泡泡糖,使每一位去新加坡的外国人都会约束自己的行为。中央政府对企业排污不达标让企业停产的处罚对规范企业环保行为非常有效。

2. 增加行为代价

当行为的代价大于行为所获得的结果时,一个行为即会停止。心理学家曾以獾取食为实验,来研究行为代价与行为终止的关系。獾要经过一片电网到达另一侧去取食,开始电网中的电压很小,对獾的刺痛小,獾足以忍受轻微的疼痛,而行为的结果(即得到食物)大于行为所付出的代价(即轻微的疼痛),所以獾会忍着电压的刺痛爬过电网取食。而随着电压强度的增加,獾的疼痛感越来越强,取食所付出的行为代价越来越大,獾就会最终放弃取食行为。所以,从生物个体的生物性行为去分析,终止一个行为最直接的办法是增大行为所付出的代价。

趋利避害是生物的共同行为准则,也是其生存法则。企业是环境污染的主要制造者,企业的经济行为体现了人的生物性行为的本质。所以,增加企业行为的代价,促使企业建立起环境成本的概念,为环境污染承担费用,是解决企业环境污染的最直接的办法。

当行为的预期结果小于行为所付出的代价时,一个行为即会停止。如果企业因自己的排除物而受到政府的制裁,而使企业的实际利润小于成本,企业就会采取新技术降低污染。如英国 1956 年的空气净化法,在许多方面规定若不设法降低污染,就禁止使用煤炭,并且指定了无烟区,在此区内,任何未经处理的煤炭都不准使用。因此,虽然人口增加了 10%,能量消费增加了 70%,空气中烟尘和二氧化硫的含量却在逐年降低。对于日照不足的英国来说,还有一个重大的收获就是伦敦中心区冬季日照量增加了 50%。[①]

环境问题具有外部不经济性。外部不经济性继承了早期的工业传统,在计算产品成本时,市场主体行为对环境资源的不利影响,如废气、废渣、废旧物品的最终处理等费用,现代的工业体制依然没有把它们计算在成本里。这样,就将一笔隐蔽而沉重的费用转嫁于社会、将环境成本转嫁给他人和未来,其后果是公用开支的增加,环境破坏的加剧。所以,政府要作出防止污染的决策和制定相应的政策法规,如征收"排出物附加税"、对废弃的产品征收税款、制定谁污染谁付费等政策,这样企业就会把环境成本考虑在其产品的生产中,企业为降低成本,提高利润,就会采取或发明一些防治污染的新技术,开发和利用清洁能源,发展循环经济,对废旧材料循环利用。按照排出物征税,意味着给工业以经常的压力,促使人们去发明无污染的而且可以省税的技术。如德国宝马公司 2002 年的国内汽车回收处理再利用部件达到 90%;丹麦联合酿酒公司诚实遵守丹麦政府颁行的法规,建立饮料包装回收和重复使用的系统,约 99% 的瓶子回收后重复利用。[②]

(三)反馈

从行为主义的强化理论出发,反馈即知道行为的结果。及时知道行为的结果可以有效地控制一个行为,而延迟反馈会削弱对一个行为的控制。及时反馈消费的支出,可以有效地节约能源和消费支出。如果只号召大家尽量减少对家用电器的使用,节约能源的效果不会很显著。其中一个主要的问题是对能源浪费情况没有进行及时反馈,比如,你总是不关灯就离开,

---

① [美]芭芭拉·沃德,勒内·杜博斯:《只有一个地球》,《国外公害丛书》编委会译,古林人民出版社,1997 年,第 74 页。

② 欧阳润平:《有关企业环境教育的三点认识》,载《生态环境与保护》2004 年第 10 期,第 53 页。

而电费的账单要到月底才能看到。因此,心理学家建议,应当每天一次把使用燃气、水、电的情况用账单的方式反馈给住户,这项措施可以利用手机短信服务把用户的当日消费支出及时反馈给用户。如学校的淋浴房装上插卡水表后,学生一边洗澡一边能看到卡上金额在减少,有效缩短了学生洗澡的时间,节水效果非常显著。

对能源消耗的反馈,可以有效地降低能源的消耗。能源消费反馈越频繁,节省就越多。当人们的能源消费支出相对于其收入来说很高的时候,当人们认为反馈精确反映了他们的能源消费行为时,反馈在降低能源消耗使用上更为有效。[①]

【反思与探究】

1. 概念解释题

(1)自然环境;(2)生态环境心理学;(3)活动环境;(4)场所;(5)社会认同原理;(6)先导策略;(7)后发策略;(8)强化物;(9)正强化;(10)负强化。

2. 简述题

(1)简述生态学与心理学之间的联系。

(2)简述活动环境的哪些特征对人类行为有重要影响。

(3)阐述如何正确运用奖励和惩罚塑造环境行为。

3. 论述题

联系实际论述如何提升环境教育的有效性。

4. 案例分析:

(一)

自然环境是人类和其他一切生命赖以生存和发展的基础。从组成人体的元素看,人体90%以上是由碳、氢、氧、氮等多种元素组成。此外还含有一些微量元素,到目前为止已经发现了50多种,其质量不到人体的1%,主要有铁、铜、锌、锰、钴、氟、碘等。据科学家分析,人体内微量元素的种类和海洋中所含元素的种类相似。地球科学家们分析了空气、海水、河水、岩石、土

① 朱建军、吴建平:《生态环境心理研究》,中央编译出版社,2009年,第218—221页。

壤、蔬菜、肉类和人体血液、肌肉以及各器官的化学元素含量,也发现它们和低壳岩石中化学元素的含量具有相关性。这种人体化学元素组成与环境的化学元素组成有很高统一性的现象,证明了人体和自然环境关系密切。

阅读上文后,你是如何理解自然环境与人的平衡关系的?

(二)

人类健康和人类生存息息相关。气候环境、气候灾害和气候变化直接影响人类健康,极端气候事件的危害更为惊人。由于全球变暖,极端气候事件将会更为频繁,气候灾害对人类生命和健康的危害也会增大。许多通过昆虫传播的传染性疾病对气候变化非常敏感,例如全球变暖将加剧疟疾和登革热的传播。据统计,伴随全球变暖,仅疟疾和登革热两种疾病就将祸及世界人口的40%。最不可忽视的是,气候变化造成部分旧物种灭绝的同时必然产生出新的物种,物种的变化可能打破病毒、细菌、寄生虫和敏感原的现有格局,产生新的变种。如2003年春季,相继在我国广东、北京、山西等地爆发的SARS病毒传染病,给社会和人民的健康及生命带来极大的危害。

结合身边实例,谈谈环境破坏对人类的影响。

(三)

曼谷的"垃圾银行"用固定比率奖励的办法,鼓励社区内的少年回收垃圾,收到了非常显著的效果。在曼谷的班加比区的苏珊26社区内,设立有"垃圾银行",专门鼓励社区内闲游的少年儿童去收集垃圾,再教他们依照垃圾分类法把垃圾分类装袋,然后交给垃圾银行,他们因此所得到的报酬都要储存在垃圾银行里,每3个月计算一次利息——不是现金,而是上学必需品。在一些垃圾银行里,人们可以看到挂着的利息明细表:存款超过100泰铢,利息是一个水壶;存款在31泰铢至100泰铢间,得袜子一双;存款在21泰铢至30泰铢间,获铅笔、削铅笔刀、书本和胶水各一;存款在11泰铢至20泰铢的,获铅笔、削铅笔刀各一;存款在10泰铢以下,可获一支铅笔。垃圾银行的"客户"若急需缴纳学费还可以向垃圾银行贷款,再以垃圾还债。这样做的最大好处是其社区内垃圾大减,街道上游逛的孩子也越来越少。

讨论:为什么固定比率奖励的办法可以起到良好的效果?

【拓展阅读】

1.俞国良,王青兰,杨治良:《环境心理学》,人民教育出版社,2000年。

2.朱建军,吴建平:《生态环境心理研究》,中央编译出版社,2009年。

3.[英]霍杰茨等:《社会心理学与日常生活》,张荣华等译,中国轻工业出版社,2012年。

4.秦晓利:《生态心理学》,上海教育出版社,2006年。

5.徐磊青,杨公侠:《环境心理学——环境、知觉和行为》,同济大学出版社,2002年。

参考文献

[1]刘婷,陈红兵. 生态心理学研究述评[J]. 东北大学学报(社会科学版),2002,4(2):83-85.

[2]欧阳润平. 有关企业环境教育的三点认识[J]. 湖南师范大学教育科学学报,2004,3(4):79-81.

[3]肖志翔. 生态心理学思想反思[J]. 太原理工大学学报(社会科学版),2004,22(1):66-68.

[4]小钢. 国外保护环境新举措[N]. 中国环境报,2002-03-02(4).

[5]易芳. 生态心理学的理论审视[D].南京:南京师范大学教育科学学院,2004.

[6]易芳. 生态心理学之界说[J]. 心理学探新,2005(2):12-16.

[7]霍尔姆斯·罗尔斯顿. 环境伦理学——大自然的价值以及人对大自然的义务[M]. 杨通进,译.北京:中国社会科学出版社,2000.

[8]巴巴拉·沃德,雷内·杜博斯. 只有一个地球:对一个小小行星的关怀和维护[M]. 国外公害资料编译组,译.北京:石油化学工业出版社,1976.

[9]FISHER A. Radical ecopsychology: Psychology in the service of life [M]. Albany,New York:State University of New York Press, 2002.

[10]WINTER D D N & KOGER S M. The Psychology of environmental problems[M]. 2nd ed. Mahwah, New Jersey: Lawrence Erlbaum Associates, Inc. ,Publishers, 2004.

[11]BELL P A,GREENE T C,FISHER J D,et al. Environmental psychology[M].5th ed. Belmont CA:Thomson and Wadsworth, 2001.

[12]ROSZAK T. The voice of the earth: An exploration of ecopsychology [M].2nd ed. New York: Simon & Schuster, 2001.